21世纪普通高校计算机
公共课程系列教材

计算机基础

（Windows 10+Office 2016）

◎ 罗晓娟 主编

吴新华 刘熹 邬思军 何志芬 副主编

U0378168

清华大学出版社

北京

内 容 简 介

本书根据"教育部高等学校大学计算机课程教学指导委员会"提出的"大学计算机基础"课程教学大纲并结合中学信息技术教育的现状编写。

本书共分为 10 章,其中前面 6 章为必修模块,第 1 章介绍计算机系统与数据表示,第 2 章介绍计算机网络与信息安全,第 3 章介绍 Windows 10 操作系统,第 4 章讲述使用 Word 2016 进行文档编辑,第 5 章讲述使用 Excel 2016 进行电子表格操作和数据分析,第 6 章讲述使用 PowerPoint 2016 进行演示文稿设计;后面 4 章为选修模块,包括计算机新技术、计算思维与算法基础、数据库技术基础和多媒体技术基础,这些章节的内容可根据不同的专业需求进行选修。理论知识部分介绍的是计算机领域最新技术的发展,办公自动化应用部分使用案例方式从零起点进行讲述。本书融入了课程思政的理念,适当地加入了课程思政的元素。

本书可作为高等学校非计算机专业的"计算机基础"课程教材,也适合各种层次的读者学习使用。

图书在版编目(CIP)数据

计算机基础:Windows 10＋Office 2016/罗晓娟主编. —北京:清华大学出版社,2021.8 (2023.8 重印)
21 世纪普通高校计算机公共课程系列教材
ISBN 978-7-302-58876-4

Ⅰ. ①计…　Ⅱ. ①罗…　Ⅲ. ①Windows 操作系统－高等学校－教材 ②办公自动化－应用软件－高等学校－教材　Ⅳ. ①TP316.7 ②TP317.1

中国版本图书馆 CIP 数据核字(2021)第 158840 号

责任编辑:贾　斌
封面设计:刘　键
责任校对:胡伟民
责任印制:曹婉颖

出版发行:清华大学出版社
　　　网　　　址:http://www.tup.com.cn, http://www.wqbook.com
　　　地　　　址:北京清华大学学研大厦 A 座　　　　　　邮　　编:100084
　　　社 总 机:010-83470000　　　　　　　　　　　　　邮　　购:010-62786544
　　　投稿与读者服务:010-62776969, c-service@tup.tsinghua.edu.cn
　　　质量反馈:010-62772015, zhiliang@tup.tsinghua.edu.cn
　　　课件下载:http://www.tup.com.cn,010-83470236
印 装 者:三河市龙大印装有限公司
经　　销:全国新华书店
开　　本:185mm×260mm　　　　　印　　张:22.25　　　　字　　数:553 千字
版　　次:2021 年 9 月第 1 版　　　　印　　次:2023 年 8 月第 7 次印刷
印　　数:12501～14000
定　　价:69.00 元

产品编号:092880-01

前　言

　　近年来,教育部为新一轮"大学计算机基础"教学改革召开了一系列会议,在很多会议中均把"培养学生计算思维,确保学生创新能力"作为核心议题,所以培养计算思维应成为计算机基础教育的核心任务。本书是根据"教育部高等学校大学计算机课程教学指导委员会"提出的"大学计算机基础"课程教学大纲并结合中学信息技术教育的现状编写而成的。

　　本书共分为10章,其中前面6章为必修模块,第1章介绍计算机系统与数据表示,第2章介绍计算机网络与信息安全,第3章介绍 Windows 10 操作系统,第4章讲述使用 Word 2016 进行文档编辑,第5章讲述使用 Excel 2016 进行电子表格操作和数据分析,第6章讲述使用 PowerPoint 2016 进行演示文稿设计;后面4章为选修模块,包括计算机新技术、计算思维与算法基础、数据库技术基础和多媒体技术基础,这些章节的内容可根据不同的专业需求进行选修。理论部分有配套的习题,操作部分配套了上机实验任务,便于学生进行知识的巩固。其中第1章和第3章由吴新华编写,第2章和第6章由邬思军编写,第4章和第9章由刘熹编写,第5章和第10章由罗晓娟编写,第7章和第8章由何志芬编写,罗晓娟还完成了全书的统稿工作。

　　本书内容丰富,层次清晰,图文并茂,在注重基础知识、基本原理和基本方法的同时,采用案例教学的方式培养学生的计算机应用能力。本书也融入了课程思政的理念,适当地加入了课程思政的元素。

　　由于时间仓促和作者水平有限,书中不妥之处在所难免,敬请读者批评指正。

编　者

2021 年 6 月

目　录

X

第1章 计算机系统与数据表示

　　现代计算机技术是人类历史发展以来最伟大的发明之一,从第一台电子计算机 ENIAC (Electronic Numerical Integrator And Calculator,电子数字积分计算机)的诞生到现在,虽然只经历短短的不到 80 年的时间,但计算机技术的发展风驰电掣,从最初的单一计算功能到现在高速的数据存储和处理等多项功能,计算机技术已经渗透到社会的各个领域,它不仅改变了人类社会的面貌,而且正改变着人们的工作、学习和生活方式,如最新的人工智能无人驾驶技术、微信和支付宝的二维码扫描技术、大数据处理技术等。计算机已经成为人们工作和生活不可或缺的工具,学习最新的计算机技术,掌握计算机的基础知识和操作技能是每一个大学生应具备的基本素质。

1.1　认识计算机系统

1.1.1　计算机的诞生

　　计算机最初是第二次世界大战中美国军方为解决弹道轨迹而研制的,并于 1946 年生产了第一台电子计算机 ENIAC,ENIAC 的计算速度达到了每秒 5000 次加法运算,将原来用台式计算器计算弹道的时间所需的 7~8h 缩减到 30s 以下,这是一个非常了不起的进步,第一台电子计算机如图 1-1 所示。

图 1-1　第一台电子计算机

　　ENIAC 是一个庞然大物,使用了 70 000 多个电阻、18 000 多个电子管、10 000 多个电容、1500 多个继电器,占地面积 170m^2,重达 30t。它的存储容量很小,只能存储 20 个字长为 10 位的十进制数;另外,它采用线路连接的方法编排程序,每次编程需要人工手动连线。

ENIAC 采用十进制进行计算，存储量很小，程序是用线路连接的方式来表示。由于计算和程序是分离的，程序指令存放在机器的外部电路中，每当需要计算题目时，首先必须由人工连接数百条线路，往往几分钟的计算需要人工几天的时间准备。针对 ENIAC 的这些缺陷，美籍匈牙利数学家冯·诺依曼提出了将指令和数据一起存储在计算机的存储中，让机器能自动地执行程序，即"存储程序"思想。虽然 ENIAC 的性能相对于现代计算机来说微不足道，但它的诞生宣布了电子计算机时代的到来，标志着人类计算工具由手工转到了自动化，产生了质的飞跃，具有划时代的意义。

1.1.2 计算机的发展

从第一台电子计算机 ENIAC 每秒 5000 次的运算到目前我国国防科技大学研制的"天河二号"超级计算机达到每秒 61.4 千万亿次浮点运算，计算机系统结构、元器件、存储设备和软件配置等都发生了巨大的变化。

电子计算机的发展阶段通常以构成计算机的电子器件来划分，至今已经历了四代，目前正在向第五代过渡。每一个发展阶段在硬件和软件技术上都是一次新的突破，在整体性能上都是一次质的飞跃。

1. 第一代（1946—1957 年）电子管计算机

第一代计算机的采用电子管代替继电器和机械齿轮作为基本元器件，因此称为电子管计算机。其主要特征如下：

（1）电子管元器件，体积庞大、耗电量高、可靠性差、维护困难。

（2）采用二进制代替十进制，即所有指令和数据用 0 和 1 组成的数字串表示。

（3）使用机器语言编写程序，没有系统软件。

（4）采用磁鼓、小磁芯作为存储器，存储空间有限。

（5）输入、输出设备简单，采用穿孔纸带或卡片。

（6）运算速度慢，一般为每秒钟 1 千次到 1 万次，主要用于科学计算。

2. 第二代（1958—1964 年）晶体管计算机

第二代计算机采用的主要元件是晶体管，称为晶体管计算机。计算机体系结构与硬件性能发生了很大变化，计算机软件也有了较大发展，第二代计算机有如下特征：

（1）采用晶体管元件作为计算机的元器件，体积大大缩小、功耗小、速度快、成本低、可靠性增强、寿命延长、运算速度加快，达到每秒几万次到几十万次。

（2）主存采用磁芯存储器，外存采用磁盘与磁带，存储容量增大、存取速度变快、可靠性提高，为系统软件的产生提供了条件，出现了监控程序，后面发展成操作系统。

（3）程序设计语言，逐渐由汇编语言代替机器语言，然后又产生了如 FORTRAN 和 COBOL 等高级程序设计语言和批处理系统，高级语言的出现使程序的编写变得更为简单和方便。

（4）计算机体系结构的许多新技术相继出现，例如中断、寻址、浮点数据表示、变址寄存器、输入输出处理机等。

（5）计算机应用领域扩大，从军事研究、科学计算扩大到数据处理和实时过程控制等领域，并开始进入商业市场。

3. 第三代(1965—1970 年)中小规模集成电路计算机

20 世纪 60 年代中期,随着半导体工艺的发展,已制造出了集成电路元件。集成电路用特殊的工艺在几平方毫米的单晶硅片上集成十几个甚至上百个电子元件。计算机开始采用中小规模的集成电路元件,这一代计算机比晶体管计算机体积更小、耗电更少、功能更强、寿命更长,综合性能也得到了进一步提高。具有如下主要特征:

(1) 采用中小规模集成电路元件,体积进一步缩小,寿命更长,运算速度达到每秒几百万次。

(2) 使用半导体存储器取代了磁芯存储器,性能优越,容量增大并且存取速度加快。

(3) 普遍采用了微程序设计技术,体系结构具有兼容性,使计算机走向了系统化、标准化、通用化。

(4) 系统软件和应用软件都有较大发展,操作系统的出现使计算机功能更强,高级语言进一步发展,提出了结构化程序的设计思想。

(5) 出现了成本较低的小型计算机,计算机应用范围扩大到企业管理和辅助设计等领域。

4. 第四代(1971 年至今)大规模集成电路计算机

随着 20 世纪 70 年代初集成电路制造技术的飞速发展,产生了大规模集成电路元件,使计算机进入了一个新的时代,即大规模和超大规模集成电路计算机时代。这一时期的计算机的体积、重量、功耗进一步减少,运算速度、存储容量、可靠性有了大幅度的提高,计算机的性能价格比基本上以每 18 个月翻一番的速度上升,即著名的摩尔定律。其主要特征如下:

(1) 采用大规模和超大规模集成电路逻辑元件,体积与第三代相比进一步缩小,可靠性更高、寿命更长、运算速度加快,每秒可达几千万次到几十亿次。

(2) 系统软件和应用软件获得了巨大的发展,高级程序设计语言 Pascal、Ada、C、C++ 、Java 等得到了广泛应用。

(3) 微型计算机迅速发展和普及,成为人们工作、学习、生活的基本工具。

(4) 数据通信、计算机网络、分布式处理有了很大的发展,计算机技术和通信技术紧密结合,形成了世界一体的互联网,很大程度上改变了人们的工作生活方式。

(5) 计算机应用朝着更深更广的方向发展,在办公自动化、数据库管理、图像处理、语言识别和专家系统等各个领域得到应用,电子商务已开始进入到了家庭,计算机的发展进入到了一个新的历史时期。

5. 我国计算机技术的发展

1956 年 3 月,由闵乃大教授、胡世华教授、徐献瑜教授、张效祥教授、吴几康副研究员和北京大学的党政人员组成的代表团,参加了在莫斯科主办的"计算技术发展道路"国际会议。这次参会可以说是到苏联"取经",为我国制定 12 年规划的计算机部分作技术准备。随后在制定的 12 年规划中确定中国要研制计算机,并批准中国科学院成立计算技术、半导体、电子学及自动化四个研究所。当时的计算技术研究所筹备处由中国科学院、总参三部、国防五院(七机部)、二机部十局(四机部)四个单位联合成立,北京大学、清华大学也相应成立了计算数学专业和计算机专业。为了迅速培养计算机专业人才,这三个方面联合举办了第一届计算机和第一届计算数学训练班,计算数学训练班的学生有幸听到了刚刚归国的国际控制论权威钱学森教授以及在美国有 3～4 年编程经验的董铁宝教授的讲课。

在苏联专家的帮助下,中国科学院计算技术研究所,由七机部张梓昌高级工程师领衔研制的中国第一台数字电子计算机103机(定点32二进制位,每秒2500次)在1958年交付使用,骨干有董占球、王行刚等。随后,由总参张效祥教授领衔研制的中国第一台大型数字电子计算机104机(浮点40二进制位,每秒1万次)在1959年也交付使用,骨干有金怡濂、苏东庄、刘锡刚、姚锡珊、周锡令等。其中,磁心存储器由中国科学院计算技术研究所副研究员范新弼和七机部黄玉珩高级工程师领导完成。在104机上建立的,由钟萃豪、董蕴美领导的中国第一个自行设计的编译系统也在1961年试验成功。

(1) 第一代电子管计算机研制(1958—1964年)

我国从1957年在中国科学院计算技术研究所开始研制通用数字电子计算机,1958年8月1日该机可以表演短程序运行,标志着我国第一台电子数字计算机诞生。机器在738厂开始少量生产,命名为103型计算机(即DJS-1型)。1958年5月我国开始了第一台大型通用电子数字计算机(104机)研制。在研制104机同时,夏培肃院士领导的科研小组首次自行设计并于1960年4月研制成功一台小型通用电子数字计算机107机。1964年我国第一台自行设计的大型通用数字电子管计算机119机研制成功。

(2) 第二代晶体管计算机研制(1965—1972年)

1965年中国科学院计算技术研究所研制成功了我国第一台大型晶体管计算机——109乙机;对109乙机加以改进,两年后又推出109丙机,109丙机在我国两弹试制中发挥了重要作用,被用户誉为“功勋机”。华北计算所先后研制成功108机、108乙机(DJS-6)、121机(DJS-21)和320机(DJS-8),并在738厂等五家工厂生产。1965—1975年,738厂共生产320机等第二代产品380余台。哈军工(国防科技大学前身)于1965年2月成功推出了441B晶体管计算机并小批量生产了40多台。

(3) 第三代中小规模集成电路的计算机研制(1973—1980年)

1973年,北京大学与北京有线电厂等单位合作研制成功运算速度每秒100万次的大型通用计算机。1974年清华大学等单位联合设计,研制成功DJS-130小型计算机,后来又研制出DJS-140小型机,形成了100系列产品。与此同时,以华北计算所为主要基地,组织全国57个单位联合进行DJS-200系列计算机设计,同时也设计开发DJS-180系列超级小型机。20世纪70年代后期,电子部32所和国防科技大学分别研制成功655机和151机,速度都在百万次级。进入20世纪80年代,我国高速计算机,特别是向量计算机有新的发展。

(4) 第四代超大规模集成电路的计算机研制(1980—至今)

和国外一样,我国第四代计算机研制也是从微机开始的。1980年初我国不少单位也开始采用Z80、X86和6502芯片研制微机。1983年12电子部六所研制成功与IBM PC机兼容的DJS-0520微机。10多年来我国微机产业走过了一段不平凡道路,以联想微机为代表的国产微机已占领一大半国内市场。

1.1.3　计算机的分类

随着超大规模集成电路技术的不断发展以及计算机应用领域的不断扩展形成了对计算机的不同的分类。按计算机结构原理可分为模拟计算机、数字计算机和混合计算机;按计算机用途可分为通用计算机和专用计算机;更多的是按计算机的字长、运算速度、存储容量等相关性能指标,将计算机分为巨型机、大型机、小型机、微型机和嵌入式计算机等。

1. 巨型机

巨型机是指发展高速度、大存储容量和功能强的超级巨型计算机。这既是诸如天文、气象、原子、核反应等尖端科学技术的需要，也是为了让计算机具有人脑学习、推理的复杂功能。现在的超级巨型计算机，其运算速度每秒有的超过百亿次，有的已达到亿亿次。

中国在超级计算机方面发展迅速，已跃升到国际先进水平。中国是第一个以发展中国家的身份制造了超级计算机的国家。中国在 1983 年就研制出第一台超级计算机"银河一号"，使中国成为继美国、日本之后第三个能独立设计和研制超级计算机的国家。中国以国产微处理器为基础制造出本国第一台超级计算机名为"神威蓝光"。2019 年 11 月 TOP 500 组织发布的最新一期世界超级计算机 500 强榜单中，中国占据了 227 个，神威·太湖之光超级计算机位居榜单第三位，天河二号超级计算机位居第四位。

神威·太湖之光超级计算机由 40 个运算机柜和 8 个网络机柜组成。每个运算机柜比家用的双门冰箱略大，打开柜门，4 块由 32 块运算插件组成的超节点分布其中。每个插件由 4 个运算节点板组成，一个运算节点板又含 2 块"申威 26010"高性能处理器。一台机柜就有 1024 块处理器，整台"神威·太湖之光"共有 40960 块处理器，每个单个处理器有 260 个核心，主板为双节点设计，每个 CPU 固化的板载内存为 32GB DDR3-2133。神威·太湖之光超级计算机如图 1-2 所示。

图 1-2　巨型机

2. 大型机

大型机称大型主机(MainFrame)。大型机使用专用的处理器指令集、操作系统和应用软件。"大型机"一词最初是指装在非常大的带框铁盒子里的大型计算机系统，同小一些的迷你机和微型机有所区别，大多数时候它却是指 System/360 开始的一系列的 IBM 计算机，这个词也可以用来指由其他厂商，如 Amdahl、Hitachi Data Systems(HDS) 制造的兼容的系统。

大型主机和超级计算机(旧称巨型机)的主要区别如下：

大型主机使用专用指令系统和操作系统，超级计算机使用通用处理器及 UNIX 或类 UNIX 操作系统(如 Linux)。大型主机长于非数值计算(数据处理)，超级计算机长于数值计算(科学计算)。大型主机主要用于商业领域，如银行和电信，而超级计算机用于尖端科学领域，特别是国防领域。大型主机大量使用冗余等技术确保其安全性及稳定性，所以内部结构通常有两套。而超级计算机使用大量处理器，通常由多个机柜组成。为了确保兼容性，大型主机的部分技术较为保守。大型机如图 1-3 所示。

3. 小型机

小型机是指采用精简指令集处理器,性能和价格介于 PC 服务器和大型主机之间的一种高性能 64 位计算机。小型机对应英文名是 Minicomputer 和 Midrange Computer。Midrange Computer 是相对于大型主机和微型机而言,该词汇被国内一些教材误译为中型机,MiniComputer 一词是由 DEC 公司于 1965 年创造。在中国,小型机习惯上用来指 UNIX 服务器。1971 年贝尔实验室发布多任务多用户操作系统 UNIX,随后被一些商业公司采用,成为后来服务器的主流操作系统。该服务器类型主要用于金融证券和交通等对业务的单点运行具有高可靠性的行业应用。

小型机和普通的服务器(也就是常说的 PC-SERVER)是有很大差别的,最重要的一点就是小型机的高 RAS 特性。RAS 是 Reliability、Availability、Serviceability 三个英文单词的缩写,反映了计算机的高可靠性、高可用性、高服务性三个显著特点,具体含义分别如下:

高可靠性(Reliability):计算机能够持续运转,从来不停机。

高可用性(Availability):重要资源都有备份;能够检测到潜在问题,并且能够转移其上正在运行的任务到其他资源,以减少停机时间,保持生产的持续运转;具有实时在线维护和延迟性维护功能。

高服务性(Serviceability):能够实时在线诊断,精确定位出根本问题所在,做到准确无误的快速修复。小型机如图 1-4 所示。

图 1-3　大型机

图 1-4　小型机

4. 微型机

微型计算机,简称“微型机”“微机”,由于其具备人脑的某些功能,所以也称其为“微电脑”。微型计算机是由大规模集成电路组成的、体积较小的电子计算机。它是以微处理器为基础,配以内存储器及输入输出(I/O)接口电路和相应的辅助电路而构成的裸机。

微型机主要包括台式机、电脑一体机、笔记本式计算机、掌上电脑和平板电脑等。

(1) 台式机:台式机是应用非常广泛的微型计算机,也叫桌面机,是一种独立分离的计算机,体积相对较大,主机、显示器等设备一般都是相对独立的,需要放置在电脑桌或者专门的工作台上,因此命名为台式机。台式机的机箱空间大、通风条件好,具有很好的散热性;独立的机箱方便用户进行硬件升级,如光驱、硬盘;台式机机箱的开关键、重启键、USB 音频接口都在机箱前置面板中,方便用户使用。

(2) 电脑一体机:电脑一体机是由一台显示器、一个键盘和一个鼠标组成的计算机。它的芯片、主板与显示器集成在一起,显示器就是一台计算机,因此只要将键盘和鼠标连接到显示器上,机器就能使用。随着无线技术的发展,电脑一体机的键盘、鼠标与显示器可实现无线连接,机器只有一根电源线,在很大程度上解决了一直为人诟病的台式机线缆多而杂乱的问题。电脑一体机如图1-5所示。

(3) 笔记本式计算机:笔记本式计算机是一种小型、可携带的个人计算机,通常质量为1~3kg。它和台式机架构类似,但是它具有更好的便携性。笔记本式计算机除了键盘外,还提供了触控板(TouchPad)或触控点(Pointing Stick),提供了更好的定位和输入功能。笔记本电脑外观如图1-6所示。

图 1-5　电脑一体机

图 1-6　笔记本电脑

(4) 掌上电脑(PDA):PDA(Personal Digital Assistant)是个人数字助手的意思。顾名思义它是辅助个人工作的数字工具,主要提供记事、通讯录、名片交换及行程安排等功能,可以帮助人们在移动中工作、学习、娱乐等。按使用来分类,它可分为工业级 PDA 和消费品PDA。工业级 PDA 主要应用在工业领域,常见的有条形码扫描器、RFID 读写器、POS 机等;消费品 PDA 包括的比较多,如智能手机、手持的游戏机等。

(5) 平板电脑:平板电脑也叫平板式计算机(Tablet Personal Computer,简称 Tablet PC、Flat PC、Tablet、Slates),是一种小型、方便携带的个人计算机,以触摸屏作为基本的输入设备。它拥有的触摸屏(也称为数位板技术)允许用户通过触控笔或数字笔来进行作业而不是传统的键盘或鼠标。用户可以通过内置的手写识别、屏幕上的软键盘、语音识别或者一个真正的键盘(如果该机型配备的话)实现输入。

5. 嵌入式计算机

嵌入式技术就是"专用"计算机技术,这个专用是指针对某个特定的应用,如针对网络、通信、音频、视频、工业控制等。从学术的角度,嵌入式系统是以应用为中心,以计算机技术为基础,并且软硬件可裁剪,适用于应用系统对功能、可靠性、成本、体积、功耗有严格要求的专用计算机系统,它一般由嵌入式微处理器、外围硬件设备、嵌入式操作系统以及用户的应用程序四个部分组成,嵌入式计算机如图1-7所示。

嵌入式系统一般指非 PC 系统,有计算机功能但又

图 1-7　嵌入式计算机

不称之为计算机的设备或器材。简单地说,嵌入式系统集系统的应用软件与硬件于一体,类似于 PC 中 BIOS 的工作方式,具有软件代码小、高度自动化、响应速度快等特点,特别适合于要求实时和多任务的体系。

嵌入式系统几乎包括了生活中的所有电器设备,如掌上 PDA、计算器、电子表、电话机、收音机、录音机、影碟机、手机、电话手表、平板电脑、电视机顶盒、路由器、数字电视、多媒体播放设备、汽车、火车、地铁、飞机、微波炉、烤箱、照相机、摄像机、读卡器、POS 机、洗衣机、热水器、电磁炉、家庭自动化系统、电梯、空调、安全系统、导航系统、自动售货机、蜂窝式电话、消费电子设备、工业自动化仪表、医疗仪器、互动游戏机、VR、机器人、视频学习机、点读机等。

1.1.4　计算机新技术

5G 作为 2020 年开始密切关注的技术,通过 5G 的应用可以将处理速度提高 10 倍以上。没有 5G 网络,就不可能有自动驾驶汽车、无人机、物联网和超级计算机。

1. 机器学习

机器学习早已环绕在人们身边。当你使用搜索引擎时,机器学习可帮助搜索引擎判断哪个结果更适合你,也可判断哪个广告更适合你。大部分垃圾邮件不会被你注意到,是因为它们早就被机器学习过滤掉了。你去亚马逊买书或者去迅雷视频看外文电影时,是机器学习在推荐书目并且帮你匹配字幕。知乎用机器学习来决定哪个回答更适合排在前面,微博也做了同样的事情。当你浏览今日头条时,机器学习也会根据大数据的筛选结果推送你最感兴趣的内容。可以说,你在用计算机的时候总是会在某处碰到机器学习。

计算机去做某件事情的传统方法就是工程师写好算法解释如何实现,但机器学习算法并不是这样,它们会自己找到答案。换句话说,在机器学习中,并不是我们给机器编程,而是机器自己给自己编程。

机器学习可应用到多媒体、图形学、网络通信等计算机应用技术领域,尤其是计算机视觉、自然语言处理领域。机器学习是交叉学科的技术支撑,例如生物信息学,它的研究涉及从"生命现象"到"规律发现"的整个过程,包括数据处理整个流程,其中"数据分析"就是机器学习的舞台。

数据科学的核心即通过分析数据获取价值。机器学习是大数据时代必不可少的核心技术,因为收集存储管理大数据的目的,就是利用大数据,没有机器学习分析数据,利用则无从谈起。数据挖掘与机器学习的联系和区别:数据挖掘是从海量数据中发现知识的技术,在20 世纪 90 年代形成,数据库、机器学习、统计学对其影响最大;数据库技术提供数据管理技术,机器学习和统计学习则为数据挖掘提供数据分析技术,统计学界成果通常要经由机器学习研究形成有效的学习算法,然后用于数据挖掘,因此,统计学主要通过机器学习对数据挖掘发挥影响,机器学习和数据库技术则是数据挖掘的两大支撑。

如今,机器学习和人工智能已被嵌入到业务平台中,以创建并实现智能业务运营。机器学习技术和算法训练的进步将带来更新更高级的 AI。自动驾驶汽车和机器人技术是发展最快的两个行业。到目前为止,人类只开发了窄人工智能。但是,人类的未来将拥有卓越的AI,人类应该在多大程度上发展人工智能仍是一个有争议的话题。

2. 量子计算（超级计算）

2019 年是量子计算发展的高光时刻。2019 年年初,IBM 推出了 20 个比特的量子计算原型机,并且已经开始售卖。2019 年年底,谷歌实现了"量子霸权",仅仅用了 53 位的量子芯片就解决了一个经典超级计算机需要 1 万年才能解开的数学问题。谷歌的量子霸权不亚于当年人工智能界的"阿尔法狗",AI 下围棋打败了所有人类,人类认识到机器学习的强大,把人工智能推向高速发展的道路。专家们认为谷歌的量子霸权,完全有可能点燃量子计算热潮。IBM 也将在德国建造欧洲首台量子计算机,使研究人员能在没有违反欧盟对数据安全主导问题的立场上,利用该技术。预计,这台量子计算机将于 2021 年初在斯图加特附近投入使用。在国内本源量子在 2019 年 9 月 10 日发布全球第一个量子计算机应用软件 ChemiQ,ChemiQ 是一套量子化学应用系统,可用于模拟计算化学分子在不同键长下对应的能量,为量子计算在化学领域的应用提供基础,帮助相关人员探索量子计算应用、推动生物科技研发进程。除此之外,我国在 2020 年搭建了中国第一台量子计算原型机,具有全自主知识产权的。原型机将搭载 6 比特超导芯片,技术指标达到 IBM 在 2016 年时的工作水准;同时,原型机将搭载另一款 2 比特的半导体芯片,这相当于 Intel 在 2018 年的水准。

量子计算机将在不久的将来成为云服务,而不是本地机器。IBM 已经在提供基于云的量子计算服务。所谓的云量子计算现在由 IBM、Google 和 Rigetti 等几家公司提供(中国科学院和阿里巴巴也提供了类似的量子计算云平台),量子芯片与互联网相连,经过认证的用户只需将他的量子程序代码发送到其中一个量子计算云平台,在那里就可以运行操作并返回结果,用户无需离开办公室,甚至不需要了解有关量子"硬件"的任何复杂细节。

3. AR 和 VR

增强现实(AR)、虚拟现实(VR)和混合现实(MR)的进展在 2019 年继续成为关注的焦点,并为工业带来一些新的实用应用程序,这将改变人们跨地区的工作和协作方式,最新的应用案例如下。

触感 VR 手套。VR 虚拟现实欺骗的不只是你的眼睛,还有触觉。例如,有一款名为 HaptX glove VR 的智能手套,通过 300 多个微小空气气泡将气体传输到手的表面,通过这些充气和放气的效果,就能感到石头的重量,手拂过的草地,感受植物茎脉的波纹。尽管这些物体都不存在,但却能够利用 VR 设备真切地感受到这些东西,就像用手亲自触摸一般。

VR 头盔。美国滑雪板协会正在使用虚拟现实技术训练滑雪运动员,备战冬奥会。运行软件的 VR 头盔以最快速度模拟了在山上跑步的体验,而滑雪形状的平衡板也提供了一些触觉反馈。

VR 示证。北京市检察院第一分院使用了"出庭示证可视化系统",进行证据展示,目击证人可带上 VR 眼镜,"身临其境"地还原杀人现场情况。

AR 新闻。《纽约时报》和 BBC 最近先后推出了 AR 应用,作为新闻报道的补充。

AR 面罩。ODG 知名的 AR 智能眼镜制造商研发出了一种新产品,使用了 AR 技术的面罩将允许飞行员在充满烟雾的驾驶舱内清晰地看到其他场景,旨在帮助飞行员在紧急情况下(如烟雾中)安全着陆。

AR 医疗。医生通常借助 X 射线来判断患者伤势,然而这非常耗时,并强调医生的经验。太和智胜(北京)科技有限公司独立研发的 AR 医疗技术,提供了一种手术新方式,可将微型传感器通过预置件并紧固连接,配带头显扫描 AR 标记点,实现快速手术,降低射线伤害。

MR 家居。在试装宝家居 MR 试装体验中心,消费者可以 1 分钟绘制户型图,按 1:1 进行产品 VR 试装,借助 MR 设备身临其境体验未来的家。这一方面满足了消费者,设计家、试装家、体验家、得到家的迫切需求,另一方面从引流、转化、成本等环节助力家居商进行新零售营销升级。

MR 航空。微软与西密歇根大学合作,开始将微软 HoloLens 等 MR 技术整合到航空教育中。目前有两种使用方式,其一是可以帮助飞行员为天气的各种变化做准备的新模拟方式,其二是一款交互式 MR 应用程序,可让学生摸索飞机的各种组件。

随着 VR/AR/MR 普及化,商业品牌将有能力为消费者提供前所未有的新方式来尝试激动人心的新体验。技术与商业的融合让品牌脱颖而出,这就是 VR/AR/MR 黑科技的魅力所在。

4. 区块链技术

以比特币(Bitcoin)为代表的数字货币的崛起,其底层支撑架构——区块链(Blockchain)凭借去中心化信用、数据不可篡改等特点,吸引了世界许多国家政府部门、金融机构及互联网巨头公司的广泛关注,已经成为当前学术界和产业界的热点课题。区块链是分布式数据存储、点对点传输、共识机制、加密算法等计算机技术在互联网时代的创新应用模式。区块链技术被认为是继大型机、个人电脑、互联网之后计算模式的颠覆式创新。目前,区块链的应用已延伸到物联网、智能制造、供应链管理、数字资产交易等多个领域。

区块链技术处于萌芽期,虽然现在已经达到了膨胀预期的顶峰值,但区块链成为主流应用仍然需要 5~10 年的发展时间。区块链将多个事务存储在一个集中的分布式账簿中,所有的参与方和活动都可以通过一个分散的网络进行管理。纳斯达克宣布推出区块链数字账簿技术计划,该技术将有助于扩大和增强其股票管理能力。

现阶段的区块链技术和应用尽管有很大的缺陷,但是它所突出的技术优势仍然让非常多的创业者积极投身于区块链的创业项目中。区块链技术可以解决效率低、能耗高、可用性差等内容产业发展中的痛点,也因此被认为会成为金融领域之后应用项目较多的产业。但随着区块链技术的成熟以及对区块链认识的不断深入,区块链问题最终也会得到解决,当成熟的区块链技术广泛应用于各个领域时,"区块链+"时代将随之而来。

2016 年 12 月,《国务院关于印发"十三五"国家信息化规划的通知》中将区块链写入"十三五"国家信息化规划,将区块链列为重点加强的战略性前沿技术。区块链已经成为国家信息化战略的重要组成部分。

5. 物联网技术

物联网(Internet of Things,IoT)技术起源于传输介质领域,是信息科技产业的第三次革命。物联网是指通过信息传感设备,按约定的协议,将任何物体与网络相连接,物体通过信息传播媒介进行信息交换和通信,以实现智能化识别、定位、跟踪、监管等功能。

物联网技术目前主要应用于以下场景。

(1)医学。1999 年,物联网概念由麻省理工学院提出,早期是指依托射频识别(Radio Frequency Identification,RFID)技术和设备,按约定的通信协议与互联网的结合,使物品信息实现智能化管理。而医学物联网,就是将物联网技术应用于医疗、健康管理、老年健康照护等领域。

医学物联网中的"物"，就是各种与医学服务活动相关的事物，如健康人、亚健康人、患者、医生、护士、医疗器械、检查设备、药品等。医学物联网中的"联"，即信息交互连接，把上述"事物"产生的相关信息交互、传输和共享。医学物联网中的"网"是通过把"物"有机地连成一张"网"，就可感知医学服务对象、各种数据的交换和无缝连接，达到对医疗卫生保健服务的实时动态监控、连续跟踪管理和精准的医疗健康决策。

什么是"感""知""行"呢？"感"就是数据采集和信息获取，例如，连续监测高血压患者的人体特征参数、周边环境信息、感知设备和人员情况等。"知"特指数据分析，例如，测得高血压患者连续的血压值之后，计算机会自动分析出他的血压状况是否正常，如果不正常，就会生成警报信号，通知医生知晓情况，调整用药，加以处理，这就是"行"。

（2）安防。无锡传感网中心的传感器产品在上海浦东国际机场和上海世博会被成功应用。首批1500万元的传感安全防护设备销售成功，设备由10万个微小传感器组成，散布在墙头、墙角及路面。传感器能根据声音、图像、震动频率等信息分析判断，爬上墙的究竟是人还是猫狗等动物。多种传感手段组成一个协同系统后，可以防止人员的翻越、偷渡、恐怖袭击等攻击性入侵，由于它的效率高于美国和以色列的"防入侵产品"，国家民航总局正式发文要求，全国民用机场都要采用国产传感网防入侵系统。上海浦东国际机场直接采购传感网产品金额为4000多万元，加上配件共5000万元。若全国近200家民用机场都加装防入侵系统，将产生上百亿的市场规模。

（3）污水处理行业。基于物联网、云计算的城市污水处理综合运营管理平台为污水运营企业安全管理、生产运行、水质化验、设备管理、日常办公等关键业务提供统一业务信息管理平台，对企业实时生产数据、视频监控数据、工艺设计、日常管理等相关数据进行集中管理、统计分析、数据挖掘，为不同层面的生产运行管理者提供即时、丰富的生产运行信息，为辅助分析决策奠定良好的基础，为企业规范管理、节能降耗、减员增效和精细化管理提供强大的技术支持，从而形成完善的城市污水处理信息化综合管理解决方案。

武汉市污水处理综合运营管理平台，依托云计算技术构建，利用互联网将各种广域异构计算资源整合，形成一个抽象的、虚拟的和可动态扩展的计算资源池，再通过互联网向用户按需提供计算能力、存储能力、软件平台和应用软件等服务。该系统可以对污水处理企业的进、产、排三个主要环节进行监控，将下属提升泵站和污水处理厂的水量、水位、水质、电耗、药耗、设备状态等信息通过云计算平台进行收集、整合、分析和处理，建立各个环节的相互规约模型，分析生产环节水、电、药的消耗与处理水排水、生产、排放之间的隐含关系，找出污水处理厂的优化生产过程管理方案，实现对污水处理企业生产过程的实时控制与精细化管理，达到规范管理、节能降耗、减员增效的目的。

物联网把新一代IT技术充分运用在各行各业中，具体地说，就是把感应器嵌入和装备到电网、铁路、桥梁、隧道、公路、建筑、供水系统、大坝、油气管道等各种物体中，然后将"物联网"与现有的互联网整合起来，实现人类社会与物理系统的整合。在这个整合的网络当中，存在能力超级强大的中心计算机群，能够对整合网络内的人员、机器、设备和基础设施实施实时的管理和控制，在此基础上，人类可以以更加精细和动态的方式管理生产和生活，达到"智慧"状态，提高资源利用率和生产力水平，改善人与自然间的关系。

毫无疑问，如果"物联网"时代来临，人们的日常生活将发生翻天覆地的变化。然而，不谈什么隐私权和辐射问题,单把所有物品都植入识别芯片这一点现在看来还不太现实。人们正走向"物联网"时代,但这个过程可能需要很长的时间。

6. 非冯·诺依曼体系结构

由于传统冯·诺依曼计算机体系结构天然所具有的局限性,从根本上限制了计算机的发展。而非数值处理应用领域对计算机性能的要求越来越高,这就需要突破传统计算机体系结构的框架,寻求新的体系结构来解决实际应用问题。随着计算机发展,人们提出了若干非冯·诺依曼型的新型计算机系统结构,目前在体系结构方面已经有了重大的变化和改进,如并行计算机、数据流计算机以及量子计算机、DNA 计算机等非冯·诺依曼型计算机,它们部分或完全不同于传统的冯·诺依曼型计算机,很大程度上提高了计算机的计算性能。未来计算机将向着神经网络计算机、生物计算机和光学计算机等方向发展。

1.2 计算机系统的组成

计算机系统包括硬件系统(Hardware)和软件系统(Software)两大部分。硬件系统是指组成计算机的物理装置,是计算机进行工作的物质基础。硬件系统由中央处理器、内存储器、外存储器和输入、输出设备组成。软件系统是运行在硬件系统基础之上,并管理、控制计算机各种硬件设备的程序、数据的总称,软件系统分为两大类,即计算机系统软件和应用软件。计算机通过执行程序而运行,计算机工作时,软、硬件协同工作,两者缺一不可。计算机系统的组成如图 1-8 所示。

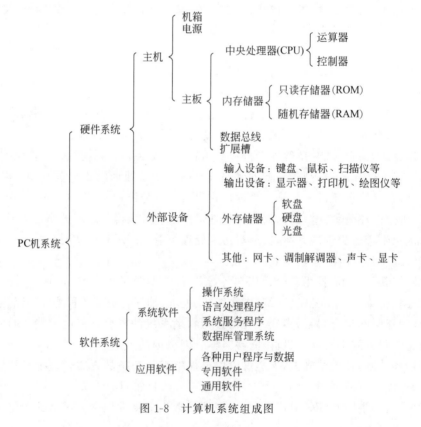

图 1-8 计算机系统组成图

1.2.1 硬件系统

根据著名应用数学家冯·诺依曼设计思想,计算机硬件系统由5个基本组件组成:运算器、控制器、存储器、输入设备和输出设备。这个方案与 ENIAC 相比,有两个重大改进,一是采用二进制,二是提出了"存储程序"的设计思想,即用记忆数据的同一装置存储执行运算的命令,使程序的执行可自动地从一条指令进入到下一条指令。这个概念被誉为计算机史上的一个里程碑。

硬件是计算机运行的物质基础,计算机的性能如运算速度、存储容量、计算和可靠性等,很大程度上取决于硬件的配置。仅有硬件而没有任何软件支持的计算机称为裸机。在裸机上只能运行机器语言程序,使用很不方便,效率也低。所以,早期只有少数专业人员才能使用计算机。

计算机的硬件设备主要包括以下几部分。

1. 中央处理器

计算机中央处理器简称 CPU,它是计算机硬件系统的核心,CPU 品质的高低直接决定了计算机系统的档次,它主要包括控制器、运算器和寄存器等部件。微型机的 CPU 一般集成在一块火柴盒大小的芯片上,如图 1-9 所示。

(1)控制器

控制器是计算机的指挥中心,它根据软件程序中指令控制计算机各个部件协调一致的工作,主要任务是从存储器访问取出指令,分析指令,然后对指令译码,按时间顺序和节拍向其他部件发出控制信号。

(2)运算器

运算器是专门负责处理数据的部件,即对各种信息进行加工处理,它既能进行算术运算,也能执行关系和逻辑运算。

(3)寄存器

寄存器是 CPU 内部的存储单元,空间小但存取速度快,用来暂时存放指令、即将被处理的数据、下一条指令地址及处理的结果等,它的位数可以代表计算机的字长。

2. 存储器

存储器的主要功能是存放程序和数据。使用时,可以从存储器中取出信息来查看、运行程序,称其为存储器的读操作;也可以把信息写入存储器、修改原有信息、删除原有信息,称其为存储器的写操作。存储器通常分为内存储器和外存储器。内存条如图 1-10 所示。

图 1-9　CPU 的正反面

图 1-10　内存条

计算机系统与数据表示

（1）内存储器（内存）

内存可以与 CPU 直接进行数据交换，用于存放当前 CPU 要用的数据和程序，存取速度快、价格高、存储容量较小。内存可分为只读存储器（Read Only Memory，ROM）和随机存储器（Random Access Memory，RAM）。

只读存储器（ROM）的特点：存储的信息只能读（取出）不能写（存入或修改），其信息在制作该存储器时就被写入，断电后信息不会丢失。用途：一般用于存放固定不变的、控制计算机的系统程序和数据。

随机存储器（RAM）的特点：既可读，也可写，断电后信息丢失。用途：临时存放程序和数据。

高速缓冲存储器（Cache）：随着 CPU 主频的不断提高，运行速度不断加快，对内存的存取速度要求越来越高，然而内存的速度总是无法匹配 CPU 的速度。为了协调两者的速度差异，在这二者之间采用了高速缓冲存储器技术。高速缓冲存储器是指在 CPU 与内存之间设置的一级或两级高速小容量存储器，固化在主板上。在计算机工作时，系统先将数据由外存读入 RAM 中，再由 RAM 读入 Cache 中，然后 CPU 直接从 Cache 中读取数据进行操作，如图 1-11 所示。

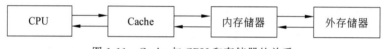

图 1-11　Cache 与 CPU 和存储器的关系

（2）外存储器（外存）

外存储器一般用来存储需要长期保存的各种程序和数据。外存储器是通过适配器或多功能卡与 CPU 连接，它不能被 CPU 直接访问，必须先调入内存才能被 CPU 利用。与内存相比，外存存储容量比较大，但速度比较慢，目前，微型计算机系统常用的外存储器有硬盘、U 盘和光盘等。

硬盘是电脑主要的存储媒介之一，由一个或者多个铝制或者玻璃制的碟片组成。碟片外覆盖有铁磁性材料。硬盘有固态硬盘（SSD 盘，新式硬盘）、机械硬盘（HDD 传统硬盘）、混合硬盘（HHD，一块基于传统机械硬盘诞生出来的新硬盘）。SSD 采用闪存颗粒来存储，HDD 采用磁性碟片来存储，HHD 是把磁性硬盘和闪存集成到一起的一种硬盘。绝大多数硬盘都是固定硬盘，被永久性密封固定在硬盘驱动器中。硬盘如图 1-12 所示。

图 1-12　硬盘

U 盘，全称 USB 闪存盘，英文名 USB Flash Disk。它是一种使用 USB 接口的无需物理驱动器的微型高容量移动存储产品，通过 USB 接口与电脑连接，可热插拔，实现即插即用。U 盘的称呼最早来源于朗科科技生产的一种新型存储设备，名曰"优盘"，使用 USB 接口进行连接。U 盘连接到电脑的 USB 接口后，U 盘的资料可与电脑交换。

3. 输入和输出设备

输入设备是将外界的各种信息，如程序、数据、命令等，输入到计算机内部的设备。常用的输入设备有键盘、鼠标、扫描仪、条形码读入器等。输出设备是将计算机处理后的信息以人们能够识别的形式,如文字、图形、数值、声音等,进行显示和输出的设备。常用的输出设备有显示器、打印机、绘图仪等。如图 1-13 所示。

(a) 显示器　　　　　　　(b) 键盘鼠标　　　　　　　(c) 打印机

图 1-13　输入输出设备

4. 主板和总线

主机由中央处理器和内存储器、数据总线等组成,用来执行程序、处理数据,主机芯片都安装在一块电路板上,这块电路板称为主机板(主板)。为了与外围设备连接,在主机板上还安装有若干个接口插槽,可以在这些插槽上插入与不同外围设备连接的接口卡。主板是微型计算机系统的主体和控制中心,它几乎集合了全部系统的功能,控制着各部分之间的指令流和数据流。如图 1-14 所示。

图 1-14　主板外观

为了实现中央处理器、存储器和外部输入/输出设备之间的数据连接,微型计算机系统采用了总线结构,主板上包含总线和接口,具体如下。

(1) 总线

计算机中传输信息的公共通路称为总线(BUS),总线可以分为地址总线(AB)、数据总线(DB)和控制总线(CB)3 种。

地址总线是 CPU 向内存、输入和输出接口传送地址的通路。地址总线的根数反映了微型计算机的直接寻址能力,地址总线的根数决定了微处理器能够访问的内存空间的大小,例如有 32 根地址总线,则最多能访问 4 GB(2^{32} B)的内容空间。数据总线是用于 CPU 向内存、输入和输出接口之间传送数据,一次能够在总线上同时传输的信息二进制位数被称为总线宽度。不同位数的计算机一次传送的数据长度是不一样的,32 位 CPU 就是有 32 根电线传递数据,64 位 CPU 就是有 64 根电线传递数据,电线数越多 CPU 功能越强大。控制总线是 CPU 向内存、输入和输出接口发送命令信号的通路,同时也是内存或输入和输出接口向 CPU 回送状态信息的通路。总线结构图如图 1-15 所示。

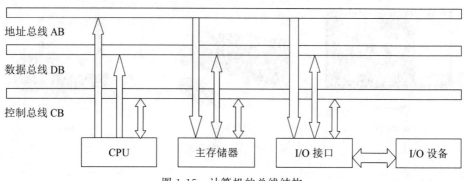

图 1-15　计算机的总线结构

（2）接口

现在的微型机上都配备了串行接口与并行接口。

串口叫作串行接口,PC 机一般有两个串行接口 COM 1 和 COM 2。串行接口不同于并行接口之处在于它的数据和控制信息是一位接一位地传送出去的。虽然这样速度会慢一些,但传送距离较并行口更长,因此若要进行较长距离的通信时,应使用串行接口。USB 即 Universal Serial Bus,中文名称为通用串行总线。这是近几年逐步在 PC 领域广为应用的新型串行接口技术。USB 接口具有传输速度更快,支持热插拔以及连接多个设备的特点,已经在各类外部设备中被广泛采用。

并行接口主要作为打印机端口,采用的是 25 针 D 形接头。所谓"并行",是指 8 位数据同时通过并行线进行传送,这样数据传送速度大大提高,但并行传送的线路长度受到限制,因为长度增加,干扰就会增加,数据也就容易出错。计算机基本上都配有并行接口。

1.2.2　软件系统

计算机软件是计算机程序和对该程序的功能、结构、设计思想以及使用方法等的整套文字资料说明(即文档)。通常计算机软件系统分为系统软件和应用软件两大类。

1. 系统软件,包括操作系统、计算机语言、语言处理系统等。

（1）操作系统

操作系统(Operating System,OS)是管理计算机硬件与软件资源的计算机程序。操作系统需要处理如管理与配置内存、决定系统资源供需的优先次序、控制输入设备与输出设备、操作网络与管理文件系统等基本事务。操作系统也提供一个让用户与系统交互的操作界面。在计算机中,操作系统是其最基本也是最重要的基础性系统软件。从计算机用户的角度来说,计算机操作系统体现为其提供的各项服务;从程序员的角度来说,其主要是指用户登录的界面或者接口;如果从设计人员的角度来说,就是指各式各样模块和单元之间的联系。

计算机的操作系统根据不同的用途分为不同的种类,从功能角度分析,分别有实时系统、批处理系统、分时系统、网络操作系统等。

实时系统主要是指系统可以快速地对外部命令进行响应,在对应的时间里处理问题,协调系统工作。批处理系统在 1960 年左右出现,可以将资源进行合理地利用,并提高系统的吞吐量。

分时系统可以实现用户的人机交互需要,多个用户共同使用一个主机,很大程度上节约了资源成本。分时系统具有多路性、独立性、交互性、可靠性的优点,能够将用户—系统—终端任务实现。

网络操作系统是一种能代替操作系统的软件程序,是网络的心脏和灵魂,是向网络计算机提供服务的特殊的操作系统。借由网络达到互相传递数据与各种消息,它可分为服务器及客户端。服务器的主要功能是管理服务器和网络上的各种资源和网络设备的共用,加以统合并管控流量,避免瘫痪的可能性。而客户端就是有着能接收服务器所传递的数据功能,以便于客户端可以清楚搜索所需的资源。

(2) 计算机语言

程序设计语言是指用于编写计算机程序的计算机语言。计算机语言可分为机器语言、汇编语言和高级语言三种。

机器语言(Machine Language)是用二进制代码指令(由 0 和 1 组成的计算机可识别的代码)来表示各种操作的计算机语言。用机器语言编写的程序称为机器语言程序。机器语言的优点是它不需要翻译,可以为计算机直接理解并执行,执行速度快,效率高;缺点是这种语言不直观,难于记忆,编写程序烦琐而且机器语言随机器而异,通用性差。

汇编语言是一种用符号指令来表示各种操作的计算机语言。汇编语言指令比机器语言指令简短,意义明确,使人容易读写和记忆,大大方便了人们的使用。汇编语言编写的源程序,不能为计算机直接识别执行,必须翻译(编译)为机器语言程序(目标程序)才能为计算机执行。把汇编语言源程序翻译为机器语言目标程序的过程,称为汇编,汇编是由专门的汇编程序(编译系统)完成的。机器语言和汇编语言均是面向机器(依赖于具体的机器)的语言,统称为低级语言。

高级语言是一种接近于自然语言和数学语言的程序设计语言,用高级语言编写的程序可以移植到各种类型的计算机上运行(有时要进行少量修改)。高级语言的优点是其命令接近人的习惯,它比汇编语言程序更直观,更容易编写、修改、阅读,使用更方便。目前常用的高级语言如 C、C++、Java、Python 等。

(3) 语言处理系统

用汇编语言和高级语言编写的程序(称为源程序),计算机并不认识,更不能直接执行,而必须由语言处理系统将它翻译成计算机可以理解的机器语言程序(即目标程序),然后再由计算机执行目标程序。语言处理系统一般可分为 3 类:汇编程序、解释程序和编译程序。

汇编程序是把用汇编语言写的源程序翻译成等价的机器语言程序。汇编语言是为特定的计算机和计算机系统设计的面向机器的语言,其加工对象是用汇编语言编写的源程序。

解释程序可将用交互会话式语言编写的源程序翻译成机器语言程序。解释程序的主要工作是每当遇到源程序的一条语句,就将它翻译成机器语言并逐句逐行执行,非常适用于人机会话。

高级编译程序是把高级语言编写的源程序翻译成目标程序的程序。其中,目标程序可以是机器指令的程序,也可以是汇编语言程序。如果是前者,则源程序的执行需要两步,先编译后运行；如果是后者，则源程序的执行就需要三步，先编译，再汇编，最后运行。编译程序与解释程序相比，解释程序不产生目标程序，直接得到运行结果，而编译程序则产生目标程序。一般来说，解释程序运行时间长，但占用内存少，编译则正好相反，大多数高级语言都是采用编译的方法执行。

2. 应用软件

应用软件是为满足用户不同领域、不同问题的应用需求而提供的那部分软件。它可以拓宽计算机系统的应用领域，放大硬件的功能。应用软件种类繁多，如账务管理软件、压缩软件、办公自动化软件、图像处理软件、教学辅助软件等。

1.3 计算机工作原理

1.3.1 指令和程序

计算机之所以能脱离人的直接干预，自动地进行计算，是由于人把实现整个计算的一步步操作用命令的形式（即一条条指令）预先输入到存储器中，在执行时，机器把这些指令一条条地取出来，加以分析和执行。通常一条指令对应着一种基本操作。计算机能执行什么样的指令，有多少条指令，这是由设计人员在设计计算机时决定的。计算机所能直接执行的全部指令，就是计算机的指令系统（Instruction Set）。

以二进制编码表示的指令叫机器指令，它通常包括操作码和操作数两大部分。操作码表示计算机执行什么操作，操作数指参加操作的数的本身或操作数所在的地址。因为计算机只认识二进制数，所以计算机指令系统中的所有指令都必须以二进制编码的形式来表示。

程序即解题步骤，计算机的解题程序必须用计算机能识别的语言来描述，因此程序是指令的集合，用指令描述的解题步骤就称为程序。

1.3.2 计算机的工作过程

计算机基本工作原理即"存储程序"原理，它是由冯·诺依曼于 1946 年提出的。他对计算机工作原理描述为：将编好的程序和原始数据，输入并存储在计算机的内存储器中（即"存储程序"）；计算机按照程序逐条取出指令加以分析，并执行指令规定的操作（即"程序控制"）。这一原理称为"存储程序"原理，是现代计算机的基本工作原理，至今的计算机仍采用这一原理，如图 1-16 所示。

计算机的存储程序和程序控制原理被称为冯·诺依曼原理，按照上述原理设计制造的计算机称为冯·诺依曼机。

概括起来，冯·诺依曼结构有 3 条重要的设计思想：

（1）计算机应由运算器、控制器、存储器、输入设备和输出设备 5 大部分组成，每个部分有一定的功能。

（2）以二进制的形式表示数据和指令，二进制是计算机的基本语言。

（3）程序预先存入存储器，使计算机在工作中能自动地从存储器中取出程序指令并加以执行。

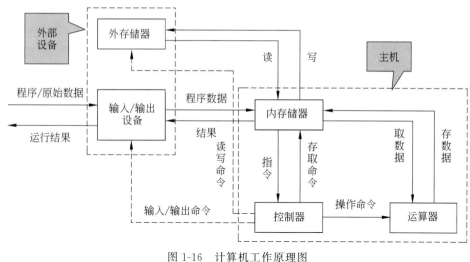

图 1-16 计算机工作原理图

1.4 计算机进制

1.4.1 数制

信息在现实世界中无处不在,它们的表现形式也是多种多样,如数字、字母、图表、音频、视频等。计算机的主要功能是处理信息,在计算机内部所有信息都是用二进制编码表示的,各种信息必须经过数字化编码才能被传送、存储和处理。

人们在日常生活和生产实践中,创造了多种表示数的方法,这些数的表示规则称为数制,其中按照进位方式计数的数制称为计数制。在日常生活中,人们已经习惯使用的进制有多种,如十进制、七进制(一周有 7 天)、十二进制(一年有 12 月)、六十进制(1 小时 60 分钟)等。在计算机内部数据都是以二进制的形式存储和运算的。数据的表示常用到以下几个概念。

1. 位

二进制数据中的一个位(bit)简写为 b,音译为比特,是计算机存储数据的最小单位。一个二进制位只能表示 0 或 1 两种状态,要表示更多的信息,就要把多个位组合成一个整体,一般以 8 位二进制组成一个基本单位。

2. 字节

字节是计算机数据处理的最基本单位,并主要以字节为单位解释信息。字节(Byte)简记为 B,规定一个字节为 8 位,即 1B=8bit。每个字节由 8 个二进制位组成。一般情况下,一个 ASCII 码占用一个字节,一个汉字国际码占用两个字节。

3. 字

一个字通常由一个或若干个字节组成。字(Word)是计算机进行数据处理时,一次存取、加工和传送的数据长度。由于字长是计算机一次所能处理信息的实际位数,所以它决定了计算机数据处理的速度,是衡量计算机性能的一个重要指标,字长越长,性能越好。字的数据的换算关系如下所示:

计算机系统与数据表示

1Byte ＝ 8bit，1KB ＝ 1024B，1MB ＝ 1024KB，1GB ＝ 1024MB，1TB ＝ 1024GB，1PB＝1024TB。

1.4.2　四种进位记数制

数制是用一组固定数字和一套统一规则来表示数目的方法。进位计数制是指按指定进位方式计数的数制，表示数值大小的数码与它在数中所处的位置有关，简称进位制。人们习惯使用十进制，但由于技术的原因，计算机内部采用二进制来描述数据与信息。

1. 十进制（Decimal Notation）

十进制的特点如下：

（1）有 10 个数码：0、1、2、3、4、5、6、7、8、9。

（2）运算规则：逢十进一，借一当十。

（3）进位基数是 10。

设任意一个具有 n 位整数、m 位小数的十进制数 D，可表示为

$$D = D_{n-1} \times 10^{n-1} + D_{n-2} \times 10^{n-2} + \cdots + D_1 \times 10^1 + D_0 \times 10^0 + $$
$$D_{-1} \times 10^{-1} + \cdots + D_{-m} \times 10^{-m}$$

上式称为"按权展开式"。

举例：将十进制数 $(528.65)_{10}$ 按权展开。

解：$(528.65)_{10} = 5 \times 10^2 + 2 \times 10^1 + 8 \times 10^0 + 6 \times 10^{-1} + 5 \times 10^{-2} = 500 + 20 + 8 + 0.6 + 0.05$

2. 二进制（Binary Notation）

二进制的特点如下：

（1）有 2 个数码：0、1。

（2）运算规则：逢二进一，借一当二。

（3）进位基数是 2。

设任意一个具有 n 位整数、m 位小数的二进制数 B，可表示为

$B = B_{n-1} \times 2^{n-1} + B_{n-2} \times 2^{n-2} + \cdots + B_1 \times 2^1 + B_0 \times 2^0 + B_{-1} \times 2^{-1} + \cdots + B_{-m} \times 2^{-m}$

权是以 2 为底的幂。

举例：将 $(100101.10)_2$ 按权展开。

解：

$(100101.10)_2 = 1 \times 2^5 + 0 \times 2^4 + 0 \times 2^3 + 1 \times 2^2 + 0 \times 2^1 + 1 \times 2^0 + 1 \times 2^{-1} + 0 \times 2^{-2} = (37.5)_{10}$

3. 八进制（Octal Notation）

八进制的特点如下：

（1）有 8 个数码：0、1、2、3、4、5、6、7。

（2）运算规则：逢八进一，借一当八。

（3）进位基数是 8。

设任意一个具有 n 位整数、m 位小数的八进制数 Q，可表示为

$Q = Q_{n-1} \times 8^{n-1} + Q_{n-2} \times 8^{n-2} + \cdots + Q_1 \times 8^1 + Q_0 \times 8^0 + Q_{-1} \times 8^{-1} + \cdots + Q_{-m} \times 8^{-m}$

举例：将 $(154.4)_8$ 按权展开。

解：$(154.4)_8 = 1 \times 8^2 + 5 \times 8^1 + 4 \times 8^0 + 4 \times 8^{-1} = (108.5)_{10}$

4. 十六进制（Hexadecimal Notation）

十六进制的特点如下：

（1）有 16 个数码：0、1、2、3、4、5、6、7、8、9、A、B、C、D、E、F。16 个数码中的 A、B、C、D、E、F 6 个数码，分别代表十进制数中的 10、11、12、13、14、15。

（2）运算规则：逢十六进一，借一当十六。

（3）进位基数是 16。

设任意一个具有 n 位整数、m 位小数的十六进制数 H，可表示为

$$H = H_{n-1} \times 16^{n-1} + H_{n-2} \times 16^{n-2} + \cdots + H_1 \times 16^1 + H_0 \times 16^0 + H_{-1} \times 16^{-1} + \cdots + H_{-m} \times 16^{-m}$$

权是以 16 为底的幂。

举例：$(A6E.4)_{16}$ 按权展开。

解：$(A6E.4)_{16} = 10 \times 16^2 + 6 \times 16^1 + 14 \times 16^0 + 4 \times 16^{-1} = (2670.25)_{10}$

十进制、二进制、八进制和十六进制数的转换关系，如表 1.1 所示。

表 1.1　各种进制数值对照表

十　进　制	二　进　制	八　进　制	十六进制
0	0	0	0
1	1	1	1
2	10	2	2
3	11	3	3
4	100	4	4
5	101	5	5
6	110	6	6
7	111	7	7
8	1000	10	8
9	1001	11	9
10	1010	12	A
11	1011	13	B
12	1100	14	C
13	1101	15	D
14	1110	16	E
15	1111	17	F
16	10000	20	10
17	10001	21	11

在程序设计中，为了区分不同进制数，通常在数字后用一个英文字母为后缀以示区别。

（1）十进制数。数字后加 D 或不加，如：16D 或 16。

（2）二进制。数字后加 B，如：10101B。

（3）八进制。数字后加 O，如：675O。

（4）十六进制。数字后加 H，如：A5EH。

1.4.3 不同进制之间的转换

1. R 进制转换成十进制

R 进制转换成十进制只需按权展开，然后累加即可。

【例 1-1】 将二进制$(11010.01)_2$转换成等值的十进制

解：$(11010.01)_2=1\times2^4+1\times2^3+0\times2^2+1\times2^1+0\times2^0+0\times2^{-1}+1\times2^{-2}=(26.25)_{10}$

【例 1-2】 将 8 进制$(257.2)_8$转换成等值的十进制

解：$(257.2)_8=2\times8^2+5\times8^1+7\times8^0+2\times8^{-1}=(175.25)_{10}$

【例 1-3】 将 16 进制$(1AB.4)_{16}$转换成等值的十进制

解：$(1AB.4)_{16}=1\times16^2+10\times16^1+11\times16^0+4\times16^{-1}=(427.25)_{10}$

2. 十进制转换成 R 进制

十进制转换成二进制时，整数部分的转换与小数部分的转换是不同的。

（1）整数部分：除 2 取余，逆序排列。将十进制数反复除以 2，直到商是 0 为止，并将每次相除之后所得的余数按次序记下来，第一次相除所得余数是 K_0，最后一次相除所得的余数是 K_{n-1}，则 $K_{n-1} K_{n-2}\cdots K_2 K_1 K_0$ 即为转换所得的二进制数。

【例 1-4】 将十进制数$(42)_{10}$转换成二进制数。

解：

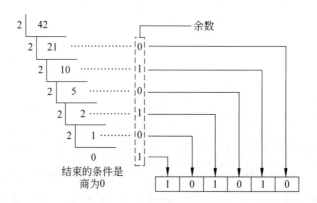

$(42)_{10}=(101010)_2$

（2）小数部分：乘 2 取整，顺序排列。将十进制数的纯小数反复乘以 2，直到乘积的小数部分为 0 或小数点后的位数达到精度要求为止。第一次乘以 2 所得的结果是 K_{-1}，最后一次乘以 2 所得的结果是 K_{-m}，则所得二进制数为 $0. K_{-1} K_{-2}\cdots K_{-m}$。

【例 1-5】 将十进制数$(0.254\ 1)_{10}$转换成二进制。

解：

取整数部分

$0.2541\times2=0.5082$　　　　　　$\cdots\cdots0=(K_{-1})$

22

$$0.5082 \times 2 = 1.0164 \qquad \cdots\cdots 1 = (K_{-2})$$

$$0.0164 \times 2 = 0.0328 \qquad \cdots\cdots 0 = (K_{-3})$$

$$0.0328 \times 2 = 0.0656 \qquad \cdots\cdots 0 = (K_{-4})$$

高
低

$$(0.2541)_{10} = (0.0100)_2$$

举例:将十进制数$(123.125)_{10}$转换成二进制数。

解:对于这种既有整数又有小数的十进制数,可以将其整数部分和小数部分分别转换为二进制,然后再组合起来,就是所求的二进制数。

$$(123)_{10} = (1111011)_2$$

$$(0.125)_{10} = (0.001)_2$$

$$(123.125)_{10} = (1111011.001)_2$$

同理,十进制数转换成八进制、十六进制数值时遵循类似的规则,即整数部分除基取余、反向排列,小数部分乘基取整、顺序排列。

3. 二进制与八进制和十六进制之间的转换

同样数值的二进制数比十进制数占用更多的位数,书写长,容易混淆,为了方便读写,人们就采用八进制和十六进制表示数。由于 $2^3 = 8$,$2^4 = 16$,八进制与二进制的关系是 1 位八进制数对应 3 位二进制数,十六进制与二进制的关系是 1 位十六进制数对应 4 位二进制数。

【例 1-6】 将二进制整数 1110111100 转换为八进制。

解:二进制整数转换为八进制整数时,每三位二进制数字转换为一位八进制数字,运算的顺序是从低位向高位依次进行,高位不足三位用零补齐。

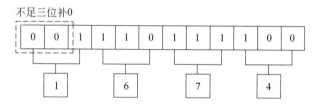

可以看出,二进制整数 1110111100 转换为八进制的结果为 1674。

【例 1-7】 将八进制整数 2743 转换为二进制。

解:八进制整数转换为二进制整数时,思路是相反的,每一位八进制数字转换为三位二进制数字,运算的顺序也是从低位向高位依次进行。

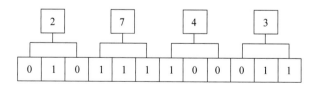

可以看出,八进制整数 2743 转换为二进制的结果为 10111100011。

【例 1-8】 将二进制整数 10 1101 0101 1100 转换为十六进制。

解:二进制整数转换为十六进制整数时,每四位二进制数字转换为一位十六进制数字,运算的顺序是从低位向高位依次进行,高位不足四位用零补齐。

第 1 章

计算机系统与数据表示

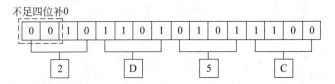

可以看出,二进制整数 10 1101 0101 1100 转换为十六进制的结果为 2D5C。

【例 1-9】 将十六进制整数 A5D6 转换为二进制。

解:十六进制整数转换为二进制整数时,思路是相反的,每一位十六进制数字转换为四位二进制数字,运算的顺序也是从低位向高位依次进行。

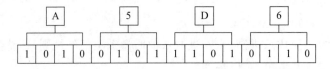

可以看出,十六进制整数 A5D6 转换为二进制的结果为 1010 0101 1101 0110。

1.4.4 二进制数及其运算法则

1. 采用二进制的优越性

二进制不符合人们的使用习惯,在日常生活中,不经常使用。计算机内部的数据全部是用二进制表示的,其主要原因是:

(1)电路简单:电子元器件有可靠稳定的两种对立状态,例如电位的高电平和低电平状态,晶体管的导通与截止,开关的通与断等,可以用这些两种对立稳定的状态分别表示数字 0 和 1。

(2)可靠性强:用电气元件的两种状态表示两个数码,数码在传输和运算中不易出错。

(3)简化运算:二进制的运算法则很简单,例如:求和法则只有 3 个,求积法则也只有 3 个,而如果使用十进制,加法和减法有几十条,线路设计相当困难。

(4)逻辑性强:计算机在数值运算的基础上还能进行逻辑运算,逻辑代数是逻辑运算的理论依据。二进制的两个数码,正好代表逻辑代数中的"真"(True)和"假"(False)。

2. 二进制加法运算法则

$0+0=0$

$0+1=1$

$1+0=1$

$1+1=0$(逢 2 向高位进 1)

【例 1-10】 用二进制加法算 $(1101)_2+(1011)_2=?$

解:

$$\begin{array}{r} 解:\quad 1101 \\ +1011 \\ \hline 11000 \end{array}$$

$(1101)_2+(1011)_2=(11000)_2$

3. 二进制减法运算法则

$0-0=0$

$1-0=1$

$1-1=0$

$0-1=1$(或 $0-1=1$,借 1 当 2)

【例 1-11】 用二进制减法算 $(10110.01)_2-(1100.10)_2=?$

解:

$$
\begin{array}{r}
解:\quad 10110.01 \\
-\ 1100.10 \\
\hline
1001.11
\end{array}
$$

$(10110.01)_2-(1100.10)_2=(1001.11)_2$

结果: $(10110.01)_2-(1100.10)_2=(1001.11)_2$

【例 1-12】 用二进制乘法算 $(110010)_2\times(1011)_2=?$

解:

$$
\begin{array}{r}
110010 \\
\times)\quad 1011 \\
\hline
110010 \\
110010 \\
+)\ 1100100 \\
\hline
1000100110
\end{array}
$$

结果: $(110010)_2\times(1011)_2=(1000100110)_2$。

【例 1-13】 用二进制除法算 $(10111010)_2\div(110)_2=?$

解:

$$
\begin{array}{r}
11111 \\
110\overline{)10111010} \\
110 \\
\hline
1011 \\
110 \\
\hline
1010 \\
110 \\
\hline
1001 \\
110 \\
\hline
110 \\
110 \\
\hline
0
\end{array}
$$

结果: $10111010\div110=11111$

1.5　计算机数值表示法

1.5.1　机器数与真值

1. 机器数

一个数在计算机中的二进制表示形式,叫作这个数的机器数。机器数是带符号的,在计算机用一个数的最高位存放符号,正数为 0,负数为 1。

例如,十进制中的数＋5,计算机字长为 8 位,转换成二进制就是 00000101,如果是－5,就是 10000101,那么,这里的 00000101 和 10000101 就是机器数。

2. 真值

因为第一位是符号位,所以机器数的形式值就不等于真正的数值。例如,上面的带符号数 10000011,其最高位 1 代表负,其真正数值是－3 而不是形式值 131(10000011 转换成十进制等于 131)。所以,为区别起见,将带符号位的机器数对应的真正数值称为机器数的真值。例:0000 0001 的真值＝＋000 0001＝＋1,1000 0001 的真值＝－000 0001＝－1。

1.5.2 数值编码的基础概念和计算方法

在探求为何机器要使用补码之前,先了解原码、反码和补码的概念。对于一个数,计算机要使用一定的编码方式进行存储。原码、反码、补码是机器存储一个具体数字的编码方式。

1. 原码

原码就是符号位加上真值的绝对值,即用第一位表示符号,其余位表示值。例如,如果是 8 位二进制:

[＋1]原＝0000 0001

[－1]原＝1000 0001

第一位是符号位。因为第一位是符号位,所以 8 位二进制数的取值范围就是:

[1111 1111,0111 1111]即[－127,127],原码是人脑最容易理解和计算的表示方式。

2. 反码

反码的表示方法是:正数的反码是其本身。负数的反码是在其原码的基础上,符号位不变,其余各个位取反。

[＋1]＝[00000001]原＝[00000001]反

[－1]＝[10000001]原＝[11111110]反

可见,如果一个反码表示的是负数,人脑无法直观地看出它的数值,通常要将其转换成原码再计算。

3. 补码

补码的表示方法是:正数的补码就是其本身,负数的补码是在其原码的基础上,符号位不变,其余各位取反,最后＋1(即在反码的基础上＋1)。

[＋1]＝[00000001]原＝[00000001]反＝[00000001]补

[－1]＝[10000001]原＝[11111110]反＝[11111111]补

对于负数,补码表示方式也是人脑无法直观看出其数值。通常也需要转换成原码再计算其数值。

1.5.3 使用原码、反码和补码的原因

在开始深入学习前,建议是先"死记硬背"上面的原码、反码和补码的表示方式以及计算方法。现在知道了计算机可以有三种编码方式表示一个数。

对于正数因为三种编码方式的结果都相同:

[＋1]＝[00000001]原＝[00000001]反＝[00000001]补

所以不需要过多解释。但是对于负数:

[−1]＝[10000001]原＝[11111110]反＝[11111111]补

可见原码、反码和补码是完全不同的。既然原码才是被人脑直接识别并用于计算表示方式,为何还会有反码和补码呢?

首先,因为人脑可以知道第一位是符号位,在计算时会根据符号位,选择对真值区域的加减。但是对于计算机,加减乘除已经是最基础的运算,要设计得尽量简单。计算机辨别"符号位"显然会让计算机的基础电路设计变得十分复杂! 于是人们想出了将符号位也参与运算的方法。根据运算法则,减去一个正数等于加上一个负数,即:1−1＝1＋(−1)＝0,所以机器可以只有加法而没有减法,这样计算机运算的设计就更简单了。

于是人们开始探索将符号位参与运算,并且只保留加法的方法。首先来看原码:

计算十进制的表达式:1−1＝0

1−1＝1＋(−1)＝[00000001]原＋[10000001]原＝[10000010]原＝−2

如果用原码表示,让符号位也参与计算,显然对于减法来说,结果是不正确的。这也就是为何计算机内部不使用原码表示一个数。

为了解决原码做减法的问题,出现了反码:计算十进制的表达式:1−1＝0

1−1＝1＋(−1)＝[0000 0001]原＋[1000 0001]原＝[0000 0001]反＋[1111 1110]反＝[1111 1111]反＝[1000 0000]原＝−0

发现用反码计算减法,结果的真值部分是正确的。而唯一的问题其实就出现在"0"这个特殊的数值上,虽然人们理解＋0和−0是一样的,但是0带符号是没有任何意义的。而且会有[0000 0000]原和[1000 0000]原两个编码表示0。

于是补码的出现,解决了0的符号以及两个编码的问题:

1−1＝1＋(−1)＝[0000 0001]原＋[1000 0001]原＝[0000 0001]补＋[1111 1111]补＝[0000 0000]补＝[0000 0000]原

这样0用[0000 0000]表示,而以前出现问题的−0则不存在了。而且可以用[1000 0000]表示−128:

(−1)＋(−127)＝[1000 0001]原＋[1111 1111]原＝[1111 1111]补＋[1000 0001]补＝[1000 0000]补,−1−127的结果应该是−128,在用补码运算的结果中,[1000 0000]补 就是−128。但是注意,因为实际上是使用以前的−0的补码来表示−128,所以−128并没有原码和反码表示(对−128的补码表示[1000 0000]补算出来的原码是[0000 0000]原,这是不正确的)。

使用补码,不仅仅修复了0的符号以及存在两个编码的问题,而且还能够多表示一个最低数。这就是为什么8位二进制,使用原码或反码表示的范围为[−127,＋127],而使用补码表示的范围为[−128,127]。因为机器使用补码,所以对于编程中常用的32位int类型,可以表示范围是:[$−2^{31}$,$2^{31}−1$]。因为第一位表示的是符号位,而使用补码表示时又可以多保存一个最小值。

1.6 计算机中常用的信息编码

在计算机中所有信息都是由0和1两个基本符号组成,计算机不能直接处理英文字母、汉字、图形、声音,需要对这些对象进行编码后才能传送、存储和处理,编码过程就是将信息在计算机中转化为二进制代码串的过程。

1.6.1 字符编码定义

由于文字中存在着大量的重复字符,而计算机天生就是用来处理数字的。为了减少需要保存的信息量,可以使用一个数字编码来表示一个字符,对每一个字符规定一个唯一的数字代号,然后对应每一个代号,建立其相对应的图形。这样,在每一个文件中,只需要保存每一个字符的编码,这就相当于保存了文字,在需要显示出来的时候,先取得保存的编码,然后通过编码表,查到字符对应的图形,再将这个图形显示出来,这样就可以看到文字。这些用来规定每一个字符所使用的代码的表格,称为编码表。编码就是对日常使用字符的一种数字编号。

1.6.2 第一个编码表 ASCII

美国人制定了第一张编码表《美国标准信息交换码》,简称 ASCII(American Standard Code for Information Interchange),它总共规定了 128 个符号所对应的数字代号,使用了 7 位二进制的位来表示这些数字。其中包含了英文的大小写字母、数字、标点符号等常用的字符,数字代号从 0～127,ASCII 的表示内容如下。

0～31:	控制符号
32:	空格
33～47:	常用符号
48～57:	数字
58～64:	符号
65～90:	大写字母
91～96:	符号
97～127:	小写字母

注意,32 表示空格,33～127 共 95 个编码用来表示符号、数字和英文的大小写字母。例如,数字 1 对应的数字代号为 49,大写字母 A 对应的代号为 65,小写字母 a 对应的代号为 97。所以代码 hello、world 保存在文件中时,实际上是保存了一组数字。在程序中比较英文字符串的大小时,实际上也是比较字符对应的 ASCII 的编码大小。由于 ASCII 出现最早,因此各种编码实际上都受到了它的影响,并尽量与其相兼容。

1.6.3 扩展 ASCII 编码 ISO 8859

美国人顺利解决了字符的问题,可是欧洲的各个国家还没有解决,例如法语中就有许多英语中没有的字符,因此 ASCII 不能帮助欧洲人解决编码问题。为了解决这个问题,人们借鉴 ASCII 的设计思想,创造了许多使用 8 位二进制数来表示字符的扩充字符集,这样就可以使用 256 种数字代号表示更多的字符。在这些字符集中,从 0～127 的代码与 ASCII 保持兼容,从 128～255 用于其他的字符和符号。由于有很多种语言,它们有着各自不同的字符,于是人们为不同的语言制定了大量不同的编码表。在这些编码表中,从 128～255 表示各自不同的字符,其中国际标准化组织的 ISO 8859 标准得到了广泛的使用。

在 ISO 8859 的编码表中,编号 0～127 与 ASCII 保持兼容,编号 128～159 共 32 个编码

保留给扩充定义的 32 个扩充控制码,160 为空格,161～255 的 95 个数字用于新增加的字符代码。编码的布局与 ASCII 的设计思想如出一辙,由于在一张编码表中只能增加 95 种字符的代码,所以 ISO 8859 实际上不是一张编码表,而是一系列标准,包括 14 个字符码表。例如,西欧的常用字符就包含在 ISO8859-1 字符表中,在 ISO 8859-7 中则包含了 ASCII 和现代希腊语字符。

　　ISO 8859 标准解决了大量的字符编码问题,但也带来了新的问题。例如,没有办法在一篇文章中同时使用 ISO 8859-1 和 ISO 8859-7,也就是说,在同一篇文章中不能同时出现希腊文和法文,因为它们的编码范围是重合的。例如,在 ISO 8859-1 中 217 号编码表示字符 Ù,而在 ISO8859-7 中则表示希腊字符 Ω,这样一篇使用 ISO 8859-1 保存的文件,在使用 ISO 8859-7 编码的计算机上打开时,将看到错误的内容。为了同时处理一种以上的文字,出现了一些同时包含原来不属于同一张编码表的字符的新编码表。

1.6.4　中文字符编码

　　无论如何,欧洲的拼音文字都还可以用一个字节来保存,一个字节由 8 个二进制的位组成,用来表示无符号的整数,范围正好是 0～255。但是,更严重的问题出现在东方,如中国、朝鲜和日本的文字包含大量的符号。例如,中国的文字不是拼音文字,汉字的个数有数万之多,远远超过区区 256 个字符,因此 ISO8859 标准实际上不能处理中文的字符。

　　通过借鉴 ISO 8859 的编码思想,中国的专家灵活地解决了中文的编码问题。既然一个字节的 256 种字符不能表示中文,那么就使用两个字节来表示一个中文,在每个字符的 256 种可能中,为了与 ASCII 保持兼容,不使用低于 128 的编码。借鉴 ISO 8859 的设计方案,只使用从 160 以后的 96 个数字,两个字节分成高位和低位,高位的取值范围从 176～247 共 72 个,低位从 161～254 共 94 个,这样两个字节就有 72 × 94＝6768 种可能,也就是可以表示 6768 种汉字,这个标准就是 GB 2312-80。

1. 汉字编码分类

汉字在不同的处理阶段有不同的编码。

(1) 汉字的输入:输入码。

(2) 汉字的机内表示:机内码。

(3) 汉字的输出:字形码(字库 Font)。

各种编码之间的关系如图 1-17 所示。

图 1-17　各种编码之间的关系

2. 汉字的机内表示—机内码

计算机在信息处理时表示汉字的编码,称为机内码。现在我国都用国标码(GB 2312)作为机内码,GB 2312-80 规定如下。

(1) 一个汉字由两个字节组成,为了与 ASCII 码区别,最高位均为 1。

(2) 汉字 6763 个:一级汉字 3755 个,按汉字拼音字母顺序排列;二级汉字 3008 个,按部首笔画汉字排列。

(3) 汉字分区：94 行(区)，94 列(位)(区位码)。

3. 汉字的输入—汉字输入码

(1) 数字码(或流水码)。如：电报码、区位码、纵横码。优点：无重码，不仅能对汉字编码，还能对各种字母、数字符号进行编码。缺点：人为规定的编码，属于无理码，只能作为专业人员使用。

(2) 字音码。如：全拼、双拼、微软拼音。优点：简单易学。缺点：汉字同音多，所以重码很多，输入汉字时要选字。

(3) 字形码。如：五笔字型、表形码、大众码、四角码。优点：不考虑字的读音，见字识码，一般重码率较低，经强化训练后可实现盲打。缺点：拆字法没有统一的国家标准，拆字难，编码规则烦琐，记忆量大。

(4) 音形码。如：声形、自然码、钱码。优点：利用音码的易学性和形码可有效减少重码的优点。缺点：既要考虑字音，又要考虑字形，比较麻烦。

4. 汉字的输出

(1) 点阵字形：16×16、24×24、48×48。每一个点在存储器中用一个二进制位(bit)存储，所以一个 16×16 点阵汉字需要 32(16×16→8＝32)个字节存储空间。

(2) 轮廓字形。字笔画的轮廓用一组直线和曲线勾画。记录的是这些几何形状之间的关系，精度高。Windows 的 TrueType 字库采用此法。

5. 区位码、国标码与机内码的转换关系

(1) 区位码先转换成十六进制数表示。

(2) 国标码＝(区位码的十六进制表示)＋2020H。

(3) 机内码＝国标码＋8080H 或机内码＝(区位码的十六进制表示)＋A0A0H。

6768 个汉字显然不能表示全部的汉字，但是这个标准是在 1980 年制定的，那时计算机的处理能力、存储能力都还很有限，所以在制定这个标准时，实际上只包含了常用的汉字，这些汉字是通过对日常生活中的报纸、电视、电影等使用的汉字进行统计得出的，大概占常用汉字的 99%。因此，人们时常会碰到一些名字中的特殊汉字无法输入到计算机中的问题，就是由于这些生僻的汉字不在 GB 2312 的常用汉字之中的缘故。

由于 GB 2312 规定的字符编码实际上与 ISO 8859 是冲突的，所以，当在中文环境下看一些西文的文章、使用一些西文软件的时候，时常就会发现许多古怪的汉字出现在屏幕上，这实际上就是因为西文中使用了与汉字编码冲突的字符，被系统生硬地翻译成中文造成的。

不过，GB 2312 统一了中文字符编码的使用，现在所使用的各种电子产品实际上都是基于 GB 2312 来处理中文的。

GB 2312-80 仅收录 6763 个汉字，大大少于实现的汉字。随着时间推移及汉字文化的不断延伸推广，有些原来很少用的字，现在变成了常用字，例如，"镕"字未收入 GB 2312-80，只得使用(金＋容)、(金容)、(左金右容)等来表示，形式不同，这使得表示、存储、输入、处理都非常不方便，而且这种表示没有统一标准。

为了解决这些问题，全国信息技术化技术委员会于 1995 年 12 月 1 日制定了《汉字内码扩展规范》(GBK)。GBK 向下与 GB 2312 完全兼容，向上支持 ISO 10646 国际标准，在前者向后者过渡过程中起到承上启下的作用。GBK 亦采用双字节表示，总体编码范围为 8140～FEFE，高字节在 81～FE，低字节在 40～FE，不包括 7F。在 GBK 1.0 中共收录了 21 886 个

符号,汉字有 21 003 个,包括:

(1) GB 2312 中的全部汉字、非汉字符号。

(2) BIG 5 中的全部汉字。

(3) ISO 10646 相应的国家标准 GB 13000 中的其他 CJK 汉字,合计 20902 个汉字。

(4) 其他汉字、部首、符号,共计 984 个。

1.6.5　Unicode

20 世纪 80 年代后期互联网出现了,一夜之间,地球村上的人们可以直接访问远在天边的服务器,电子文件在全世界传播。在一切都数字化的今天,文件中的数字到底代表什么字? 这真是一个问题。实际上问题的根源在于我们有太多的编码表。如果整个地球村都使用一张统一的编码表,那么每一个编码就会有一个确定的含义,就不会有乱码的问题。

实际上,在 20 世纪 80 年代就有了一个称为 UNICODE 的组织,这个组织制定了一个能够覆盖几乎任何语言的编码表,在 Unicode 3.0.1 中就包含了 49 194 个字符,将来 Unicode 中还会增加更多的字符。Unicode 的全称是 Universal Multiple-Octet Coded Character Set,简称为 UCS。

由于要表示的字符如此之多,所以一开始的 Unicode 1.0 编码就使用连续的两个字节,也就是一个 WORD 来表示编码,如"汉"的 UCS 编码就是 6C49。这样在 Unicode 的编码中就可以表示 $256 \times 256 = 65\ 536$ 种符号。

直接使用一个 WORD 相当于两个字节来保存编码可能是最为自然的 Unicode 编码的方式,这种方式被称为 UCS-2,也被称为 ISO 10646,在这种编码中,每一个字符使用两个字节来表示,例如,"中"使用 11598 来编码,而大写字母 A 仍然使用 65 表示,但它占用了两个字节,高位用 0 来进行补齐。

每个 WORD 表示一个字符,但是对于不同的计算机,实际上对 WORD 有两种不同的处理方式,高字节在前,或者低字节在前。为了在 UCS-2 编码的文档中能够区分到底是高字节在前,还是低字节在前,使用一组不可能在 UCS-2 中出现的组合来进行区分。通常情况下,低字节在前,高字节在后,通过在文档的开头增加 FFFE 表示,高字节在前,低字节在后,称为大头在前,即 Big Endian,使用 FFFE 表示。这样,程序可以通过文档的前两个字节,立即判断出该文档是否是高字节在前。

UCS-2 虽然理论上可以统一编码,但仍然面临着现实的困难。

首先,UCS-2 不能与现有的所有编码兼容,现有的文档和软件必须针对 Unicode 进行转换才能使用,即使是英文也面临着单字节到双字节的转换问题。

其次,许多国家和地区已经以法律的形式规定了其所使用的编码,更换为一种新的编码不现实。例如在我国大陆,规定 GB 2312 是我国软件、硬件编码的基础。

再次,现在还有大量使用中的软件和硬件是基于单字节的编码实现的,UCS-2 双字节表示的字符不能可靠地在其上工作。

为了尽可能与现有的软件和硬件相适应,美国又制定了一系列用于传输和保存 Unicode 的编码标准 UTF,这些编码称为 UCS 传输格式码,也就是将 UCS 的编码通过一定的转换,来达到使用的目的。常见的有 UTF-7、UTF-8、UTF-16 等。

其中,UTF-8 编码得到了广泛的应用。UTF-8 的全名是 UCS Transformation Format 8,

计算机系统与数据表示

即 UCS 编码的 8 位传输格式,就是使用单字节的方式对 UCS 进行编码,使 Unicode 编码能够在单字节的设备上正常进行处理。

1.7 键盘的认识和文字录入练习

1.7.1 认识键盘

常见的键盘有 101、104 键等若干种。为了方便记忆,按照功能的不同,把键盘划分成主键盘区、功能键区、状态指示区、控制键区和数字键区 5 个区域,如图 1-18 所示。

图 1-18 键盘分区

1. 主键盘区

键盘中最常用的区域是主键盘区,主键盘区中的键又分为三类,即字母键、数字(符号)键和功能键。

(1) 字母键:A～Z 共 26 个字母键,每个键可打大小写两种字母。

(2) 数字(符号)键:共有 21 个键,包括数字、运算符号、标点符号和其他符号,分布如图 1-18 所示。每个键面上都有上下两种符号,也称双字符键,可以显示符号和数字。上面的一行称为上档符号,下面的一行称为下档符号。

(3) 功能键:共有 14 个,分布如图 1-19 所示。在这 14 个键中,Alt、Shift、Ctrl、Windows 键各有两个,对称分布在左右两边,功能完全一样,只是为了操作方便。

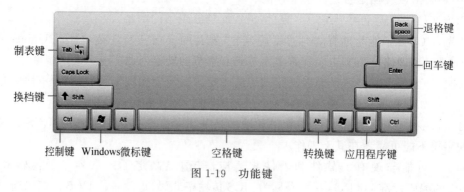

图 1-19 功能键

- CapsLock(大小写锁定键)位于主键盘最左边的第三排,每按一次大小写锁定键,英文大小字母的状态就改变一次。大小写锁定键还有一盏信号灯,上面标有

CapsLock 的那盏灯亮了就是大写字母状态,否则为小写字母状态。

- Shift(上档键也叫换挡键)位于主键盘区的第四排,左右各有一个,用于键入双字符键中的上档符号。换挡键的第二个功能是对英文字母起作用,当键盘处于小写字母状态时,按住 Shift 键再按字母键,可以输出大写字母。反之,则输出小写字母。
- Ctrl(控制键)一共两个,位于主键盘区左下角和右下角。该键不能单独使用,需要和其他键组合使用完成一些特定的控制功能。操作时,按住 Ctrl 键不放,再按下其他键,在不同的系统和软件中完成的功能各不相同。
- Alt(转换键)一共两个,位于空格键两侧,也是不能单独使用,需要和其他的键组合使用完成一些特殊功能。在不同的工作环境下,转换键转换的状态也不同。

2. 功能键区

位于键盘的最上方,包括 Esc 和 F1~F12 键,这些按键用于完成一些特定的功能。Esc 键叫作取消键,在很多软件中它被定义为退出键,一般用于脱离当前操作或退出当前运行的软件。F1~F12 是功能键,软件都是利用这些键来充当功能热键。例如,用 F1 键寻求帮助。PrintScreen(屏幕硬拷贝键)主要用于将当前屏幕的内容复制到剪贴板。ScrollLock(屏幕滚动显示锁定键)已很少用到。Pause(暂停键)能使得计算机正在执行的命令或应用程序暂时停止工作,直到按下键盘上任意一个键则继续。

3. 控制键区

共有 10 个键,位于主键盘区的右侧,包括所有对光标进行操作的按键以及一些页面操作功能。这些按键用于在进行文字处理时控制光标的位置,如图 1-20 所示。

4. 数字键区

数字键位于键盘的右侧,又称为"小键盘区",主要是为了输入数据方便,一共有 17 个键,其中大部分是双字符键,其中包括 0~9 的数字键和常用的加减乘除运算符号键,这些按键主要用于输入数字和运算符号。

5. 状态指示区

状态指示区位于数字键区的上方,包括 3 个状态指示灯,用于提示键盘的工作状态。

图 1-20　控制键

1.7.2　使用键盘

1. 正确的打字姿势

- 头正、颈直、身体挺直、双脚平踏在地。
- 身体正对屏幕,调整屏幕,使眼睛舒服。
- 眼睛平时屏幕,保持 30~40 厘米的距离,每隔 10 分钟将视线从屏幕上移开一次。
- 手肘高度和键盘平行,手腕不要靠在桌子上,双手要自然垂放在键盘上。
- 打字的姿势归纳为:"直腰、弓手、立指、弹键"。

2. 基准键位

主键盘区有 8 个基准键,分别是[A][S][D][F][J][K][L][;]。打字之前要将双手的食指、中指、无名指、小指分别放在 8 个基准键上,拇指放在空格键上。[F]键和[J]键上都有一个凸起的小横杠，盲打时可以通过它们找到基准键位。

3. 手指分工

打字时双手的十个手指都有明确的分工，只有按照正确的手指分工打字，才能实现盲打和提高打字的速度，手指分工如图 1-21 所示。

图 1-21　手指分工

4. 击键方法

击键之前，十个手指放在基准键上。击键时，要击键的手指迅速敲击目标键，瞬间发力并立即反弹，不要一直按在目标键上。击键完毕后，手指要立即放回基准键上，准备下一次击键。

5. 输入法的切换

用组合键 Ctrl＋Space(按住 Ctrl 键不放，再按空格键)启动或关闭汉字输入法，用组合键 Ctrl＋Shift 键在英文和各种汉字输入法之间切换。选用了汉字输入法之后，屏幕上将显示一个汉字输入法工具栏，如图 1-22 所示。

工具栏上的各个按钮都是开关按钮，单击即可改变输入法的某种状态，例如，在中文和英文状态之间切换、在全角(所有字符均与汉字同样大小)和半角之间切换、在中文和英文标点符号之间切换等。将鼠标移到工具栏的边缘，将变成一个十字箭头形，此时按住左键拖动可把工具栏拖到任何位置。

图 1-22　输入法工具条

1.7.3　录入练习

可以使用一些文字录入软件进行文字录入的练习，如"金山打字通"。启动计算机，按"开始菜单"→"所有程序"→"金山打字通"启动软件。如图 1-23 所示。

1. 新手入门练习

单击新手入门选项，根据软件提示依次进行字母键位练习、数字键位练习和符号键位练习，如图 1-24 所示。键位练习是打字的基础，只有练习好键位，录入水平才能逐步提高。

2. 英文打字练习

单击英文打字选项，根据软件提示依次进行单词练习、语句练习和文章练习。如图 1-25 所示。

图 1-23 金山打字通主界面

图 1-24 新手入门界面

3. 拼音打字练习

    单击拼音打字选项,根据软件提示依次进行音节练习、词组练习和文章练习。如图1-26所示。

计算机系统与数据表示

图 1-25 英文打字界面

图 1-26 拼音打字界面

4. 打字测试

当打字基础练习一段时间之后,可以测试一下自己的打字速度,通过金山打字通主界面上的"打字测试"来测试一下自己的打字速度和正确率。如图 1-27 所示。

图 1-27　速度测试界面

1.8　本 章 小 结

　　本章概述计算机的发展历史以及我国计算机的发展历程,主要讲述计算机系统的组成和计算机的工作原理,并对计算机的四种进制及其相互之间的转换做了详细的讲解,最后介绍计算机数值表示法和计算机中常用的信息编码。通过本章的学习,读者对计算机的发展、计算机的系统组成、计算机的工作原理、计算机的数制等基础知识有了大概的了解,为后续章节做好了铺垫。

习　　题

1. 单项选择题

(1) 世界上首先实现存储程序的电子数字计算机是(　　)。

　　A. ENIAC　　　　　　B. UNIVAC　　　　　　C. EDVAC　　　　　　D. EDSAC

(2) 世界上首次提出存储程序计算机体系结构的是(　　)。

　　A. 艾仑·图灵　　　　　　　　　　　B. 冯·诺依曼

　　C. 莫奇莱　　　　　　　　　　　　　D. 比尔·盖茨

(3) 计算机能够自动、准确、快速地按照人们的意图进行运行的最基本思想是(　　)。

　　A. 采用超大规模集成电路　　　　　　B. 采用 CPU 作为中央核心部件

　　C. 采用操作系统　　　　　　　　　　D. 存储程序和程序控制

（4）计算机硬件能直接识别和执行的只有（　　）。

  A. 高级语言   B. 符号语言   C. 汇编语言   D. 机器语言

（5）计算机中数据的表示形式是（　　）。

  A. 八进制   B. 十进制   C. 二进制   D. 十六进制

（6）下列数据中，值最小的数是（　　）。

  A. 二进制数 100   B. 八进制数 100

  C. 十进制数 100   D. 十六进制数 100

（7）下列四个不同数制表示的数中，数值最大的是（　　）。

  A. 二进制数 11011101   B. 八进制数 334

  C. 十进制数 219   D. 十六进制数 DA

（8）用一个字节最多能编出（　　）不同的码。

  A. 8 个   B. 16 个   C. 128 个   D. 256 个

（9）"64 位微型计算机"中的 64 是指（　　）。

  A. 微机型号   B. 内存容量   C. 存储单位   D. 机器字长

（10）存储系统中的 RAM 是指（　　）。

  A. 可编程只读存储器   B. 随机存取存储器

  C. 只读存储器   D. 动态随机存储器

2. 填空题

（1）世界上第一台电子数字计算机研制成的时间是_____。

（2）计算机系统分为硬件系统和_____。

（3）计算机中字节是常用单位，它的英文名字是_____。

（4）CPU 主要由运算器和_____。

（5）_____是控制和管理计算机硬件和软件资源、合理地组织计算机工作流程、方便用户使用的程序集合。

3. 判断题

（1）最早的计算机是用来进行信息处理的。   （　　）

（2）个人计算机属于小型机。   （　　）

（3）RAM 是内存的主要组成部分，计算机一旦断电，其存储信息将全部丢失。（　　）

（4）我们平常所说的裸机是指无软件系统的计算机系统。   （　　）

（5）IO 设备的含义是输入输出设备。   （　　）

4. 简答题

（1）简述电子计算机的发展阶段。

（2）简述计算机的分类。

（3）简述冯·诺依曼结构计算机的设计思想。

（4）什么是信息编码？请举例说明常用的编码有哪些。

（5）什么是原码、反码和补码？

第 2 章　计算机网络与互联网

互联网是有史以来由人类创造、精心设计的最大系统。该系统具有数以亿计的相连的计算机、通信链路和交换机,有数十亿用便携计算机、平板电脑和智能手机连接的用户,并且还有一批与互联网连接的"物品",包括游戏机、监视系统、手表、眼镜、温度调节装置和汽车等。

2.1　互联网概述

从 20 世纪 90 年代起,以 Internet 为代表的计算机网络得到了飞速的发展,已从最初的仅供美国人使用的免费教育科研网络,逐步发展成为供全球使用的商业网络(有偿使用),成为全球最大的和最重要的计算机网络。"互联网"是目前流行最广的 Internet 的标准译名,现在我国的各种报刊杂志、政府文件以及电视节目中大多都使用这个译名。Internet 是由数量极大的各种计算机网络互连起来的,采用互联网这个译名能够体现出它的最主要的特征。

2.1.1　互联网的影响

绝大多数人认识互联网都是从接触互联网的应用开始的。现在的青少年从小就会上网玩游戏、看网上视频或和朋友在微信上聊天。而更多的成年人则经常在互联网上搜索和查阅各种信息。现在人们经常利用互联网的电子邮件相互通信(包括传送各种照片和视频文件),这就使得传统的邮政信函的业务量大大减少。在互联网上购买各种物品,既方便又经济实惠,改变了必须到商店购物的方式。在互联网上购买机票或火车票,可以节省大量排队的时间,极大地方便了旅客。在金融方面,利用互联网进行转账或买卖股票等交易,都可以节省大量时间。需要注意的是,互联网的应用并不是固定不变的,而是不断会有新的应用出现。

互联网之所以能够向用户提供许多服务,就是因为互联网具有两个重要基本特点,即连通性和共享。所谓连通性,就是互联网使上网用户之间,不管相距多远(例如,相距数千公里),都可以非常便捷、非常经济(在很多情况下甚至是免费的)地交换各种信息(数据及各种音频视频),好像这些用户终端都彼此直接连通一样。所谓共享,就是指资源共享。资源共享的含义是多方面的,可以是信息共享、软件共享,也可以是硬件共享。例如,互联网上有许多服务器(就是一种专用的计算机)存储了大量有价值的电子文档(包括音频和视频文件),可供上网的用户很方便地读取或下载(无偿或有偿)。由于网络的存在,这些资源好像就在用户身边一样地方便使用。

现在人们的生活、工作、学习和交往都已离不开互联网。假如某一天人们所在城市的互联网突然瘫痪不能工作了,这会出现什么结果呢?这时,人们将无法购买机票或火车票,因为在售票处无法通过互联网得知目前还有多少余票可供出售;也无法到银行存钱或取钱,无法缴纳水电费和煤气费等;股市交易都将停顿;既不能上网查询有关的资料,也无法和朋友及时交流信息,网上购物也将完全停顿。由此还可看出,人们的生活越是依赖于互联网,互联网的可靠性也就越重要,互联网已经成为社会最为重要的基础设施。

现在常常可以看到一种新的提法,即"互联网＋"。它的意思就是"互联网＋各个传统行业",可以利用信息通信技术和互联网平台来创造新的发展生态。实际上"互联网＋"代表一种新的经济形态,其特点就是把互联网的创新成果深度融合于经济社会各领域之中,这就大大地提升了实体经济的创新力和生产力。但同时也必须看到互联网的各种应用对各行各业的巨大冲击。例如,电子邮件迫使传统的电报业务退出市场;网络电话的普及使得传统的长途电话(尤其是国际长途电话)的通信量急剧下降;网上购物造成了不少实体商店的停业;原来必须排队购买火车票的网点已被网上购票所替代;网约车和共享车的问世对出租车行业产生了的巨大冲击。这些例子都说明了互联网应用已对社会的各领域产生了很大的影响。

互联网也给人们带来了一些负面影响。有人利用互联网传播计算机病毒,破坏互联网上数据的正常传送和交换;有的犯罪分子甚至利用互联网窃取国家机密和盗窃银行或储户的钱财;网上欺诈或在网上肆意散布谣言、不良信息和播放不健康视频的事情也时有发生;有的青少年弃学而沉溺于网吧的网络游戏中。随着对互联网管理的加强,互联网给社会带来的正面积极的作用已成为互联网的主流。

2.1.2　互联网构成描述

互联网是一个世界范围的计算机网络,它是一个互联了遍及全世界数十亿设备的网络。在不久前,这些设备多数是传统的桌面 PC 和服务器(它们用于存储和传输 Web 页面和电子邮件报文等信息)。然而,越来越多的非传统的互联网"物品"(如便携机、智能手机、平板电脑、电视、游戏机、温度调节装置、家用安全系统、家用电器、手表、眼镜、汽车、运输控制系统等)正在与互联网相连。在许多非传统设备连接到互联网的情况下,用互联网术语来说,所有这些设备都称为主机或端系统。在 2020 年有大约 250 亿台设备与互联网连接,全世界已有超过 46 亿互联网用户,超过世界人口的 60%。

端系统通过通信链路和分组交换机连接到一起。许多类型的通信链路,都是由不同类型的物理媒体组成。这些物理媒体包括同轴电缆、铜线、光纤和无线电频谱。不同的链路能够以不同的速率传输数据,链路的传输速率以比特/秒为单位。当一台端系统要向另一台端系统发送数据时,发送端系统将数据分段,并为每段加上首部字节,由此形成信息包,用计算机网络的术语来说称为分组。这些分组通过网络发送到目的端系统,在那里被转换成初始数据。

分组交换机从它的一条入通信链路接收到达的分组,并从它的一条出通信链路转发该分组。目前,应用最广的分组交换机类型是链路层交换机和路由器,这两种类型的交换机朝着最终目的地转发分组。链路层交换机通常用于接入网中,而路由器通常用于网络核心中。从发送端系统到接收端系统,一个分组所经历的一系列通信链路和分组交换机称为通过该网络的路径。

用于传送分组的分组交换网络在许多方面类似于承载运输车辆的运输网络,该网络包括了高速公路、公路和交叉口。例如,一个工厂需要将大量货物搬运到数千公里以外的某个目的地仓库。在工厂中,货物要分开并装上货车车队;然后,每辆货车独立地通过高速公路、公路和交叉口组成的网络向目的地运送货物;在目的地仓库,卸下这些货物,并且与一起装载的同一批货物的其余部分堆放在一起。因此,在许多方面,分组类似于货车,通信链路类似于高速公路和公路,分组交换机类似于交叉口,而端系统类似于建筑物。就像货车选取运输网络的一条路径前行一样,分组则选取计算机网络的一条路径前行。

端系统通过互联网服务提供商(ISP)接入互联网,如住宅区 ISP、公司 ISP、大学 ISP,在机场、酒店、咖啡店和其他公共场所提供 WiFi 接入的 ISP,以及为智能手机和其他设备提供移动接入的蜂窝数据 ISP。每个 ISP 自身就是一个由多台分组交换机和多段通信链路组成的网络。每个 ISP 为端系统提供了各种不同类型的网络接入,如线缆调制解调器那样的住宅宽带接入、高速局域网接入和移动无线接入。ISP 也为内容提供者提供互联网接入服务,将 Web 站点和视频服务器直接连入互联网。互联网就是将端系统彼此互联,因此为端系统提供接入的 ISP 也必须互联。较低层的 ISP 通过较高层 ISP 互联起来,较高层 ISP 是由通过高速光纤链路互联的高速路由器组成。无论是较高层还是较低层 ISP 网络,它们每个都是独立管理的,运行着 IP 协议,遵从一定的命名和地址规则。

端系统、分组交换机和其他互联网部件都要运行一系列协议,这些协议控制互联网中信息的接收和发送。TCP(传输控制协议)和 IP(网际协议)是互联网中两个较为重要的协议。IP 协议定义了在路由器和端系统之间发送和接收的分组格式。互联网的主要协议统称为TCP/IP。

鉴于互联网协议的重要性,就各个协议及其作用取得一致认识是很重要的,这样能够创造协同工作的系统和产品。互联网标准是由互联网工程任务组(IETF)研发。IETF 的标准文档称为 RFC,目的是解决互联网先驱者们面临的网络和协议问题。它们定义了 TCP、IP、HTTP(用于 Web)和 SMTP(用于电子邮件)等协议。目前已经有将近 7000 个 RFC,其他组织也在制定用于网络组件的标准,最引人注目的是针对网络链路的标准。例如,IEEE802LAN/MAN 标准化委员会制定了以太网和无线 WiFi 的标准。

2.1.3 互联网的服务

前面学习认识了构成互联网的许多部件,还可以从为应用程序提供服务的基础设施的角度来描述互联网。除了电子邮件和 Web 冲浪等传统应用外,互联网应用还包括移动智能手机和平板电脑应用程序,其中包括即时通讯、来自云的音乐流、电影和电视流、在线社交网络、视频会议、多人游戏以及推荐系统。因为这些应用程序涉及多个相互交换数据的端系统,所以被称为分布式应用程序。重要的是互联网应用程序运行在端系统上,即它们并不运行在网络核心中的分组交换机中。

下面讨论一下为应用程序提供服务的基础设施的含义。假定你对某种分布式互联网应用有一个想法,那么将如何把这种想法转换成一种实际的互联网应用呢?因为应用程序运行在端系统上,所以你需要编写运行在端系统上的一些软件。运行在不同端系统上的软件需要互相发送数据。此时碰到一个核心问题,这个问题导致了另一种描述互联网的方法,即将互联网描述为应用程序的平台。运行在一个端系统上的应用程序怎样才能指令互联网向运行在另一个端系统上的软件发送数据呢？

　　与互联网相连的端系统提供了一个套接字接口，该接口规定了运行在一个端系统上的程序请求互联网基础设施向运行在另一个端系统上的特定目的地程序交付数据的方式。互联网套接字接口是一套发送程序必须遵循的规则集合，因此互联网能够将数据交付给目的地。做一个简单的类比，假定 A 使用邮政服务向 B 发一封信，A 不能只是写了这封信（相关数据）然后把该信丢出窗外。邮政服务要求 A 将信放入一个信封中；在信封上填写 B 的全名、地址和邮政编码；封上信封；在信封的右上角贴上邮票；最后将该信封丢进一个邮局的邮政服务信箱中。该邮政服务有自己的“服务接口”或一套规则，这是 A 必须遵循的，这样邮政服务才能将 A 的信件交付给 B。同理，互联网也有一个发送数据的程序必须遵循的套接字接口，使互联网向接收数据的程序交付数据。

　　邮政服务向顾客提供了多种服务，如快递、挂号、普通服务等。同样，互联网向应用程序提供了多种服务。当你研发一种互联网应用程序时，就必须为你的应用程序选择其中的一种互联网服务。

2.1.4　协议

　　在本节中，还要了解计算机网络中另一个重要术语：协议（protocol）。什么是协议？协议是用来干什么的呢？

1. 人类活动的类比

　　理解计算机网络协议这一概念最容易的方法是，先与某些人类活动进行类比，因为人类无时无刻不在执行协议。例如，当你想要向某人询问时间时将要怎样做。图 2-1 中显示了一种典型的交互过程。人类协议要求一方首先进行问候（图 2-1 中的第一个“你好！”），才开始与另一个人的交谈。对“你好！”的回应是一个“你好！”，表明能够继续向对方询问时间了。而对最初的“你好！”的不同回应（例如“不要烦我！”，或者问的问题根本得不到任何回答），按照人类协议，就表示勉强的或不能进行的交谈，发话者通常会放弃向这个人询问时间。在人类协议中，有发送的特定报文，也有根据接收到的应答报文或其他事件（例如在某个给定的时间内没有回答）采取的动作。显然，发送和接收的报文，以及这些报文发送和接收或其他事件出现时所采取的动作，这些在人类协议中起到了核心作用。如果人们使用不同的协议

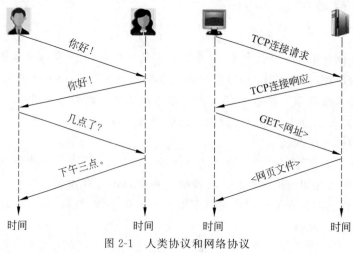

图 2-1　人类协议和网络协议

（例如，一个人讲礼貌，而另一人不讲礼貌，或一个人理解时间的概念，而另一人却不理解），这些协议就不能交互，因而不能完成有用的工作。在网络中这个道理同样成立，即为了完成一项工作，要求两个（或多个）通信实体运行相同的协议。

2. 网络协议

网络协议类似于人类协议，除了交换报文和采取动作的实体是某些设备（可以是计算机、智能手机、平板电脑、路由器或其他具有网络能力的设备）的硬件或软件组件。在互联网中，涉及两个或多个远程通信实体的所有活动都受协议的制约。例如，在两台物理上连接的计算机中，硬件实现的协议控制了在两块网络接口卡间的"线上"的比特流；在端系统中，拥塞控制协议控制了在发送方和接收方之间传输的分组发送的速率；路由器中的协议决定了分组从源到目的地的路径。

在互联网中协议运行无处不在，如图 2-1 右半部分所示，你向一个 Web 服务器发出请求（即你在 Web 浏览器中输入一个 Web 网页的地址）。首先，你的计算机将向该 Web 服务器发送一条连接请求报文，并等待回答。该 Web 服务器将最终能接收到连接请求报文，并返回一条连接响应报文。得知请求该 Web 文档正常以后，计算机则在一条 GET 报文中发送要从这台 Web 服务器上返回的网页地址。最后，Web 服务器向计算机返回该 Web 网页（文件）。

从上述的人类活动和网络协议例子中可见，报文的交换以及发送、接收这些报文时所采取的动作是定义一个协议的关键元素；协议（protocol）定义了在两个或多个通信实体之间交换的报文的格式和顺序，以及报文发送和接收或其他事件所采取的动作。

互联网（一般地说是计算机网络）广泛地使用了协议，不同的协议用于完成不同的通信任务。某些协议简单而直截了当，而某些协议则复杂难懂。掌握计算机网络领域知识的过程就是理解网络协议的构成、原理和工作方式的过程。

2.2　网 络 边 缘

上一节学习了互联网和网络协议的概述，这一节将更加深入地了解计算机网络（特别是互联网）的组成部件：网络边缘，即日常使用的计算机、智能手机以及其他网络设备。

2.2.1　端系统

通常把与互联网相连的计算机和其他设备称为端系统。如图 2-2 所示，端系统在功能上可能有很大的差别，小的端系统可以是一台普通个人电脑（包括笔记本电脑或平板电脑）和具有上网功能的智能手机，甚至是一个很小的网络摄像头，而大的端系统则可以是一台昂贵的超级计算机。端系统的拥有者可以是个人，也可以是单位（如学校、企业、政府机关等），当然也可以是某个互联网服务提供商（ISP）。网络边缘利用网络核心所提供的服务，使众多主机之间能够互相通信并交换或共享信息。

端系统也称为主机（host），因为可以在它们上面运行应用程序，如 Web 浏览器程序、Web 服务器程序、电子邮件客户程序或电子邮件服务器程序等。主机有时又被进一步划分为两类：客户（client）和服务器（server）。客户通常是桌面 PC、移动 PC 和智能手机等，而服务器通常是更为强大的大型计算机，用于存储和发布 Web 页面、图片、流视频、电子邮件等。

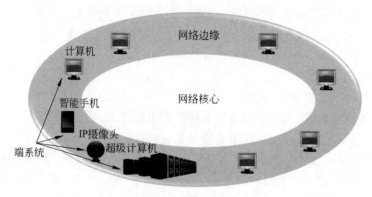

图 2-2　网络边缘

2.2.2　传输媒体

传输媒体也称为传输介质或传输媒介,它是数据传输系统中在发送器和接收器之间的物理通路。传输媒体可分为两大类,即导引型传输媒体和非导引型传输媒体。对于导引型媒体,电波沿着固体媒体前行,如光缆、双绞铜线或同轴电缆。对于非导引型媒体,电波在空气或外层空间中传播,例如在无线局域网或数字卫星频道中传播。

1. 双绞线

最常用的传输媒体是双绞线。把两根互相绝缘的铜导线并排放在一起,然后用规则的螺旋状排列,这就构成了双绞线,绞合在一起是为了减少对相邻导线的电磁干扰。使用双绞线最多的地方就是电话系统,从电话机到本地电话交换机的连线绝大部分使用的是双绞线。通常将一定数量的双绞线捆成电缆,在其外面包上护套。模拟传输和数字传输都可以使用双绞线,其通信距离一般为几到十几公里。导线越粗,其通信距离就越远,但导线的价格也越高。为了提高双绞线抗电磁干扰的能力,可以在双绞线的外面再加上一层用金属丝编织成的屏蔽层,这就是屏蔽双绞线,它的价格当然要比无屏蔽双绞线贵一些。图 2-3 为非屏蔽双绞线和屏蔽双绞线的示意图。

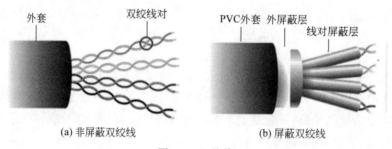

(a) 非屏蔽双绞线　　　　　　　　　(b) 屏蔽双绞线

图 2-3　双绞线

2. 同轴电缆

同轴电缆由内导体铜质芯线、绝缘层、网状编织的外导体屏蔽层以及保护塑料外层所组成,如图 2-4 所示。由于外导体屏蔽层的作用,同轴电缆具有很好的抗干扰特性,被广泛用于传输较高速率的数据。在局域网发展的初期曾广泛地使用同轴电缆作为传输媒体,但随着技术的进步,在局域网领域基本上都采用双绞线作为传输媒体。目前同轴电缆主要用在有线电视网的居民小区中,能为住户提供数十 Mpbs 速率的互联网接入。

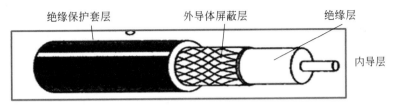

图 2-4   同轴电缆

3. 光缆

光缆(光纤)是一种细而柔软的、能够导引光脉冲的媒体,每个脉冲表示一个比特。一根光纤能够支持极高的比特速率,高达数十甚至数百 Gbps。它们不受电磁干扰,长达 100 km 的光缆信号衰减极低,并且很难窃听。这些特征使得光纤成为长途导引型传输媒体,特别是跨海链路。现在许多长途电话网络全面使用光纤,光纤也广泛用于互联网的主干。然而,高成本的光设备,如发射器、接收器和交换机,会阻碍光纤在短途传输中的应用。图 2-5 为光缆剖面示意图。

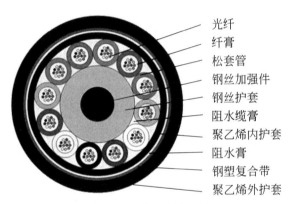

图 2-5   光缆剖面示意图

4. 陆地无线电信道

陆地无线电信道承载电磁频谱中的信号,它不需要安装物理线路,并具有穿透墙壁、提供与移动用户的连接以及长距离承载信号的能力,因而成为一种有吸引力的媒体。无线电信道的特性极大地依赖于传播环境和信号传输的距离。环境上的考虑取决于路径损耗和遮挡衰落(即当信号远距离传播和绕过或穿过阻碍物体时信号强度降低)、多径衰落(由于干扰对象的信号反射)以及干扰(由于其他传输或电磁信号)。

5. 卫星无线电信道

一颗通信卫星连接地球上的两个或多个微波发射器或接收器,它们被称为地面站。卫星在一个频段上接收传输,使用一个转发器再生信号,并在另一个频率上发射信号。通信中常使用两类卫星:同步卫星和低地轨道卫星。

同步卫星永久地停留在地球上方的相同点上。这种静止性是通过将卫星置于地球表面上方 3.6 万公里的轨道上而取得的。卫星通信的最大特点是通信距离远、覆盖面广。卫星地面站的技术较复杂,价格比较贵,这就使得卫星通信的费用较高。

低轨道卫星相对于地球不是静止的,而是不停地围绕地球旋转。目前,大功率、大容量、低轨道宽带卫星已开始在空间部署,并构成了空间高速链路。由于低轨道卫星离地球很近,因此轻便的手持通信设备都能够利用卫星进行通信。

2.3 网络核心

网络核心是互联网中最复杂的部分,因为网络中的核心部分要向网络边缘中的大量主机提供连通性,使网络边缘中的任何一台主机都能够向其他主机通信,如图 2-6 所示。在网络核心部分中起特殊作用的是路由器,它是一种专用计算机(但不叫作主机)。路由器是实现分组交换的关键构件,其任务是转发收到的分组,这是网络核心中最重要的功能。

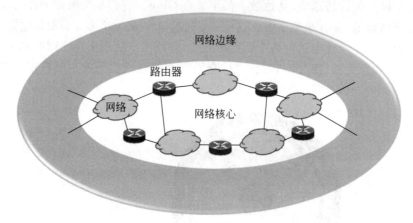

图 2-6 网络核心

2.3.1 电路交换

以电路联接为目的的交换方式是电路交换方式。电话网中就是采用电路交换方式,人们可以打一次电话来体验这种交换方式。打电话时,先是摘下话机拨号,拨号完毕,交换机就知道了要和谁通话,并为双方建立连接,等一方挂机后,交换机就把双方的线路断开,为双方各自开始一次新的通话做好准备。因此,电路交换的动作,就是在通信时建立(即连接)电路,通信完毕时拆除(即断开)电路。至于在通信过程中双方传送信息的内容,与交换系统无关。

从通信资源的分配角度来看,"交换"就是按照某种方式动态地分配传输线路的资源。在使用电路交换打电话之前,先拨号建立连接:当拨号的信令通过许多交换机到达被叫用户所连接的交换机时,该交换机就向用户的电话机振铃;在被叫用户摘机且摘机信号传送回到主叫用户所连接的交换机后,呼叫即完成,这时从主叫端到被叫端就建立了一条连接进行通话。通话结束挂机后,挂机信令告诉这些交换机,使交换机释放刚才这条物理通路。这种必须经过"建立连接—通信—释放连接"三个步骤的连网方式称为面向连接的。电路交换必定是面向连接的。

用户到交换机之间的连接线叫用户线,归电话用户专用。交换机之间许多用户共享的线路叫中继线,拥有大量的话路,正在通话的用户只占用其中的一个话路,在通话的全部时间里,通话的两个用户始终占用端到端的固定传输带宽。

举例来说,假设有 A、B 两个城市,每个城市都有一部交换机并有 1000 个用户,两个交换机之间用 100 条中继线连接着。那么,如果人们说:在 A 城的两个用户之间建立一条电路,人们指的是把两条用户线路通过 A 城的交换机连接起来。但当人们说:在 A 城的一个用户和 B 城的一个用户之间建立一条电路时,人们指的就是由 A 城的用户线路经 A 城交换机连接到 A、B 城之间的一条中继线路,再经 B 城交换机连接到 B 城的用户线路上。由于经济上的原因,中继线路总是大大少于用户线路,并且为所有用户所共享。那么,当人们占用了一条中继线路以后,即使人们不传送信息,别人也不能使用,这就是电路交换最主要的缺点。

100 多年来,电话交换机虽然经过了多次更新换代,但交换的方式一直都是电路交换。当电话机数量增多,就使用彼此连接起来的交换机来完成全网的交换工作。这种交换机采用了电路交换的方式,后来的分组交换也是采用了相同的电信网,只是不同类型的交换机(协议也不同)。

2.3.2 分组交换

分组交换采用的是存储转发技术。图 2-7 表示把一个报文划分为几个分组后再进行传送。通常把要发送的整块数据称为一个报文。在发送报文之前,先将报文划分成为更小的等长数据块,称之为分组。例如,现在有一个长报文,将此报文平均分成三份,传输之前在每一个数据段前面,加上一些由必要的控制信息组成的首部后,就构成了一个分组。分组中的首部是非常重要的,正是由于分组的首部包含了诸如目的地址和源地址等重要控制信息,每一个分组才能在互联网中独立地选择传输路径,并被正确地交付到分组传输的终点。

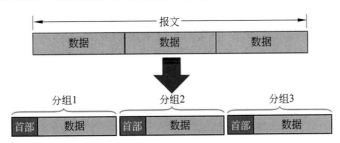

图 2-7　以分组为基本单位在网络中传输

图 2-8 强调互联网的核心部分是由许多网络和把它们互连起来的路由器组成的,而主机处在互联网的边缘部分。在互联网核心部分的路由器之间一般都用高速链路相连接,在网络边缘的主机接入到核心部分则通常以相对较低速率的链路相连接。网络边缘的主机和位于网络核心部分的路由器都是计算机,但它们的作用却不同。主机是为用户进行信息处理的,并且可以和其他主机通过网络交换信息。路由器则是用来转发分组的,即进行分组交换的。路由器收到一个分组,先暂时存储一下,检查其首部,查找转发表,按照首部中的目的地址,找到合适的接口转发出去,把分组交给下一个路由器。这样一步一步地(有时会经过几十个不同的路由器)以存储转发的方式,把分组交付最终的目的主机。各路由器之间必须经常交换彼此掌握的路由信息,以便创建和动态维护路由器中的转发表,使得转发能够在

整个网络拓扑发生变化时及时更新。

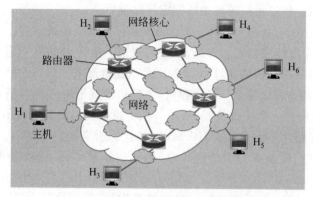

图 2-8　网络核心的路由器把网络互连起来

当讨论互联网的核心部分中的路由器转发分组的过程时,往往把单个的网络简化成一条链路,而路由器成为核心部分的结点,如图 2-9 所示。这种简化图看起来可以更加突出重点,因为在转发分组时最重要的就是要知道路由器之间是怎样连接起来的。现在假设主机 H_1 向主机 H_5 发送数据。主机 H_1 先将分组逐个地发往与它直接相连的路由器 A。此时,除链路 H_1-A 外,其他通信链路并不被目前通信的双方所占用。需要注意的是,即使是链路 H_1-A,也只是当分组正在此链路上传送时才被占用。在各分组传送之间的空闲时间,链路 H_1-A 仍可为其他主机发送的分组使用。路由器 A 把主机 H_1 发来的分组放入缓存。假定从路由器 A 的转发表中查出应把该分组转发到链路 A-C,于是分组就传送到路由器 C。当分组正在链路 A-C 传送时,该分组并不网络其他部分的资源。路由器 C 继续按上述方式查找转发表,假设查出应转发到路由器 E。当分组到达路由器 E 后,路由器 E 就最后把分组直接交给主机 H_5。假定在某一个分组的传送过程中,链路 A-C 的通信量太大,那么路由器 A 可以把分组沿另一个路由器传送,即先转发到路由器 B,再转发到路由器 E,最后把分组送到主机 H_5。在网络中可同时有多台主机进行通信,如主机 H_2 也可以经过路由器 B 和 E 与主机 H_6 通信。

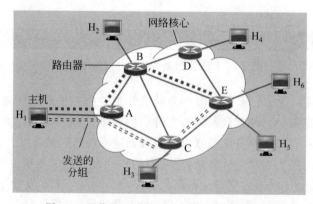

图 2-9　网络核心中的网络可用一条链路表示

由此可以看出,路由器暂时存储的是一个个短分组,而不是整个长报文。短分组是暂存在路由器的存储器(即内存)中而不是存储在磁盘中,这就保证了较高的交换速率。图 2-9

只画了一对主机在进行通信,实际上,互联网可以允许非常多的主机同时进行通信,而一台主机中的多个进程(即正在运行中的多个程序)也可以各自和不同主机中的不同进程进行通信。分组交换在传送数据之前不必先占用一条端到端的链路的通信资源,分组在哪段链路上传送才占用这段链路的通信资源。分组到达一个路由器后,先暂时存储下来,查找转发表,然后从一条合适的链路转发出去。分组在传输时就这样断续占用通信资源,而且还省去了建立连接和释放连接的过程,因而数据的传输效率更高。

采用存储转发的分组交换,实质上是采用了在数据通信的过程中断续(或动态)分配传输带宽的策略。这对传送突发式的计算机数据非常合适,使得通信线路的利用率大大提高。

分组交换也带来一些新的问题。例如,分组在各路由器存储转发时需要排队,这就会造成一定的时延。因此,必须尽量设法减少这种时延。此外,由于分组交换不像电路交换那样通过建立连接来保证通信时所需的各种资源,因而无法确保通信时端到端所需的带宽。另一个问题则是各分组必须携带的控制信息也造成了一定的开销。整个分组交换网还需要专门的管理和控制机制。

图 2-10 表示电路交换和分组交换的主要区别,A 和 D 分别是源点和终点,而 B 和 C 是在 A 和 D 之间的中间结点。图中的最下方归纳了两种交换方式在数据传送阶段的主要特点:

(1)电路交换:整个报文的比特流连续地从源点直达终点,好像在一个管道中传送。

(2)分组交换:单个分组(这只是整个报文的一部分)传送到相邻结点,存储下来后找转发表,转发到下一个结点。

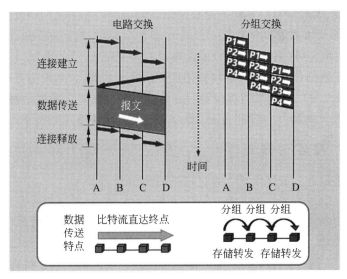

图 2-10　电路交换和分组交换的主要区别

从图 2-10 可以看出,若要连续传送大量的数据,且其传送时间远大于连接建立时间,则电路交换的传输速率较快。分组交换不需要预先分配传输带宽,在传送突发数据时可提高整个网络的信道利用率。由于一个分组的长度往往远小于整个报文的长度,因此分组交换比报文交换的时延小,同时也具有更好的灵活性。

2.4 计算机网络

2.4.1 计算机网络的定义

计算机网络是指将地理位置不同的具有独立功能的多台计算机及其外部设备,通过通信线路连接起来,在网络操作系统、网络管理软件及网络通信协议的管理和协调下,实现资源共享和信息传递的计算机系统。

2.4.2 计算机网络的分类

计算机网络有多种类别,下面进行简单的介绍。

1. 按照网络的作用范围进行分类

个域网(PAN):允许设备围绕一个人的通信。例如,个人计算机,通过蓝牙和手机、耳机、手环等相连,这就是个域网。它往往有一个设备作为主设备,其他从设备可以与主设备通信,也可以互相通信。

局域网(LAN):局域网覆盖范围通常是一间屋子、一栋楼等,它可以细分为有限局域网和无线局域网等。

城域网(MAN):覆盖范围往往是一个城市。比较典型的是有线电视网。城域网通过接入点拉光纤等进入小区,在小区可以使用同轴电缆进入千家万户。

广域网(WAN):广域网的覆盖范围很大,往往由核心城市组成一个大的网络。小的城市和大的城市相连,大的城市互相相连形成网络。覆盖中国的卫星网络就是一个广域网。

2. 按照网络的使用者进行分类

公用网:指电信公司(国有或私有)出资建造的大型网络。"公用"的意思就是所有愿意按电信公司的规定缴纳费用的人都可以使用这种网络。因此,公用网也可称为公众网。

专用网:指某个部门为满足本单位的特殊业务工作的需要而建造的网络。这种网络不向本单位以外的人提供服务。例如,军队、铁路、银行、电力等系统均有本系统的专用网。

2.4.3 计算机网络的性能

性能指标从不同的方面来度量计算机网络的性能。

1. 速率

计算机发送出的信号都是数字形式的。比特是计算机中数据量的单位,也是信息论中使用的信息量的单位。英文字 bit,意思是一个"二进制数字",因此一个比特就是二进制数字中的一个 1 或 0。网络技术中的速率是指连接在计算机网络上的主机在数字信道上传送数据的速率,它也称为数据率或比特率。速率是计算机网络中最重要的一个性能指标。速率的单位是 bit/s(比特每秒)。

2. 带宽

"带宽"有以下两种不同的意义。

(1) 带宽本来是指某个信号具有的频带宽度。信号的带宽是指该信号所包含的各种不同频率成分所占的频率范围。例如,在传统的通信线路上传送的电话信号的标准带宽是 3.1 kHz(从 300 Hz 到 3.4 kHz,即话音的主要成分的频率范围)。这种意义的带宽的单位是赫(或千赫、兆赫、吉赫等)。

（2）在计算机网络中，带宽用来表示网络的通信线路所能传送数据的能力，因此网络带宽表示在单位时间内从网络中的某一点到另一点所能通过的"最高数据率"。这里一般说的"带宽"就是指这个意思。这种意义的带宽的单位是"比特每秒"，记为 bps。

3. 吞吐量

吞吐量表示在单位时间内通过某个网络（或信道、接口）的数据量。吞吐量更经常地用于对现实世界中的网络的一种测量，以便知道实际上到底有多少数据量可以通过网络。显然，吞吐量受网络的带宽或网络的额定速率的限制。例如，对于一个 100 Mbps 的以太网，其额定速率是 100 Mbps，那么这个数值也是该以太网的吞吐量的绝对上限值。因此，对 100 Mbps 的以太网，其典型的吞吐量可能也只有 70 Mbps。有时吞吐量还可用每秒传送的字节数或帧数来表示。

4. 时延

时延是指数据（一个报文或分组，甚至比特）从网络（或链路）的一端传送到另一端所需的时间。时延是一个很重要的性能指标，它有时也称为延迟或迟延。网络中的时延是由以下几个不同的部分组成的。

（1）发送时延

发送时延是主机或路由器发送数据帧所需要的时间，也就是从发送数据帧的第一个比特算起，到该帧的最后一个比特发送完毕所需的时间。

因此，发送时延也称为传输时延。发送时延的计算公式是：

$$发送时延 = 数据帧长度(bit/s)/信道带宽(bit/s)$$

由此可见，对于一定的网络，发送时延并非固定不变，而是与发送的帧长（单位是比特）成正比，与信道带宽成反比。

（2）传播时延

传播时延是电磁波在信道中传播一定的距离需要花费的时间。传播时延的计算公式是：

$$传播时延 = 信道长度(m)/电磁波在信道上的传播速率(m/s)$$

电磁波在自由空间的传播速率是光速，即 300 000 km/s。电磁波在网络传输媒体中的传播速率比在自由空间要略低一些。

（3）处理时延

主机或路由器在收到分组时要花费一定的时间进行处理，例如分析分组的首部，从分组中提取数据部分，进行差错检验或查找适当的路由等，这就产生了处理时延。

（4）排队时延

分组在经过网络传输时，要经过许多的路由器。但分组在进入路由器后要先在输入队列中排队等待处理。在路由器确定了转发接口后，还要在输出队列中排队等待转发。这就产生了排队时延。

这样，数据在网络中经历的总时延就是以上四种时延之和：

$$总时延 = 发送时延 + 传播时延 + 处理时延 + 排队时延$$

5. 时延带宽积

把以上讨论的网络性能的两个度量—传播时延和带宽相乘，就得到另一个很有用的度量：传播时延带宽积,即时延带宽积＝传播时延×带宽。

6. 往返时间

在计算机网络中,往返时间也是一个重要的性能指标,它表示从发送方发送数据开始,到发送方收到来自接收方的确认(接受方收到数据后便立即发送确认)总共经历的时间。

7. 利用率

利用率有信道利用率和网络利用率两种。信道利用率是指某信道有百分之几的时间是被利用的(有数据通过),完全空闲的信道的利用率是零。网络利用率是全网络的信道利用率的加权平均值。

2.4.4 计算机网络的体系结构

计算机网络的体系结构是指计算机网络层次结构模型,它是各层的协议以及层次之间的端口的集合。在计算机网络中实现通信必须依靠网络通信协议,目前广泛采用的是国际标准化组织(ISO)1997 年提出的开放系统互联(OSI)参考模型,习惯上称为 ISO/OSI 参考模型。1982 年,传输控制协议(TCP)和网际协议(IP)被标准化成为 TCP/IP 协议组,1983 年取代了 ARPANET 上的 NCP,并最终形成较为完善的 TCP/IP 体系结构和协议规范。

开放系统互联(OSI)参考模型的七层协议体系结构较复杂,TCP/IP 是一个四层的体系结构,最下面的网络接口层并没有什么具体内容。在学习的时候,可采用折中的方法,综合 OSI 和 TCP/IP 的优点,采用五层协议的体系。它们三者的层次结构的对照关系如图 2-11 所示。

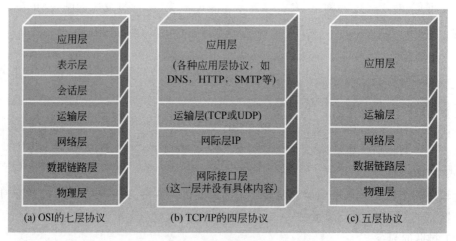

图 2-11 计算机网络的体系结构

现在结合互联网的情况,自上而下地简要介绍一下各层的主要功能。

1. 应用层

应用层是网络应用程序及它们的应用层协议存留的地方。互联网的应用层包括许多协议,如 HTTP(它提供了 Web 文档的请求和传送)、SMTP(它提供了电子邮件报文的传输)和 FTP(它提供两个端系统之间的文件传送)。应用层协议分布在多个端系统上,而一个端系统中的应用程序使用协议与另一个端系统中的应用程序交换信息分组。这种位于应用层的信息分组称为报文。

2. 运输层

互联网的运输层在应用程序端点之间传送应用层报文。在互联网中,有两种运输协议,即 TCP 和 UDP,利用其中的任何一个都能运输应用层报文。TCP 向它的应用程序提供了面向连接的服务。这种服务包括应用层报文向目的地的确保传递和流量控制(即发送方/接收方速率匹配)。TCP 也将长报文划分为短报文,并提供拥塞控制机制,因此当网络拥塞时,源抑制其传输速率。UDP 协议向它的应用程序提供无连接服务。这是一种不提供不必要服务的服务,没有可靠性,没有流量控制,也没有拥塞控制。这种运输层的分组称为报文段。

3. 网络层

互联网的网络层负责将称为数据报的网络层分组从一台主机移动到另一台主机。在一台源主机中的互联网运输层协议(TCP 或 UDP)向网络层递交运输层报文段和目的地址,就像人们通过邮政服务寄信件时提供一个目的地址一样。互联网的网络层包括著名的网际协议 IP,该协议定义了在数据报中的各个字段以及端系统和路由器如何作用于这些字段。IP 仅有一个,所有具有网络层的互联网组件必须运行 IP。互联网的网络层也包括决定路由的路由选择协议,它根据该路由将数据报从源传输到目的地。互联网具有许多路由选择协议,它是一个网络的网络,并且在一个网络中,其网络管理者能够运行所希望的任何路由选择协议。尽管网络层包括了网际协议和一些路由选择协议,但通常把它简单地称为 IP 层,这反映了 IP 是将互联网连接在一起的黏合剂。

4. 数据链路层

互联网的网络层通过源和目的地之间的一系列路由器路由数据报。为了将分组从一个节点(主机或路由器)移动到路径上的下一个节点,网络层必须依靠该链路层的服务。特别是在每个节点,网络层将数据报下传给数据链路层,数据链路层沿着路径将数据报传递给下一个节点。在该下一个节点,数据链路层将数据报上传给网络层。由数据链路层提供的服务取决于应用于该链路的特定链路层协议。例如,某些协议基于链路提供可靠传递,从传输节点跨越一条链路到接收节点。值得注意的是,这种可靠的传递服务不同于 TCP 的可靠传递服务,TCP 提供从一个端系统到另一个端系统的可靠交付。链路层的例子包括以太网、WiFi 和电缆接入网的 DOCSIS 协议。因为数据报从源到目的地传送通常需要经过几条链路,一个数据报可能被沿途不同链路上的不同链路层协议处理。例如,一个数据报可能被一段链路上的以太网和下一段链路上的 PPP 所处理。网络层将受到来自每个不同的链路层协议的不同服务。这种链路层分组称为帧。

5. 物理层

虽然链路层的任务是将整个帧从一个网络元素移动到邻近的网络元素,而物理层的任务是将该帧中的一个个比特从一个节点移动到下一个节点。在这层中的协议仍然是链路相关的,并且进一步与该链路(如双绞铜线、单模光纤)的实际传输媒体相关。例如,以太网具有许多物理层协议:一个是关于双绞铜线的,另一个是关于同轴电缆的,还有一个是关于光纤的。在每种场合中,跨越这些链路移动一个比特是以不同的方式进行的。

2.5 网络安全

2.5.1 计算机网络面临的安全性威胁

如今,互联网已经成为许多机构(包括公司、大学和政府机关)密不可分的一部分。许多个人也依赖互联网从事各种职业、社会和个人活动。目前,数以亿计的物品(包括可穿戴设备和家用设备)与互联网相连。但是在所有这一切背后,总有一些网络攻击破坏人们的日常生活,如损坏与互联网相连的计算机,侵犯人们的隐私以及使人们依赖的互联网服务无法运行。面对各种各样的网络攻击的威胁,网络安全已经成为近年来计算机网络领域的中心主题。计算机网络是如何受到攻击的?又有哪些最为流行的攻击类型呢?

1. 恶意软件

因为人们要用互联网接收或发送数据,所以需将设备与互联网相连。通过互联网,恶意软件可进入并感染人们的设备,做各种不正当的事情,包括删除文件,安装间谍软件来收集隐私信息,如账号、密码等。至今为止的多数恶意软件是自我复制的:一旦它感染了一台主机,就会从那台主机寻求进入互联网上的其他主机,从而形成新的感染主机,再寻求进入更多的主机。以这种方式,自我复制的恶意软件能够指数式地快速扩散。恶意软件能够以病毒或蠕虫的形式扩散。病毒是一种需要某种形式的用户交互来感染用户设备的恶意软件。典型的例子是包含恶意可执行代码的电子邮件附件。如果用户接收并打开这样的附件,不经意间就在其设备上运行了该恶意软件。蠕虫是一种无须任何明显用户交互就能进入设备的恶意软件。例如,用户运行了一个攻击者能够发送恶意软件的网络应用程序,没有用户的任何干预,该应用程序也能从互联网接收恶意软件并运行它,生成了蠕虫。感染设备中的蠕虫则能扫描互联网,搜索其他运行相同网络应用程序的易受感染的主机,向这些主机发送一个它自身的副本。

2. 攻击服务器和网络基础设施

另一种宽泛类型的安全性威胁称为拒绝服务攻击(DoS)。顾名思义,DoS 攻击使得网络、主机或其他基础设施部分不能由合法用户使用。Web 服务器、电子邮件服务器、DNS 服务器和机构网络都能成为 DoS 攻击的目标。互联网 DoS 攻击极为常见,每年会出现数以千计的 DoS 攻击,大多数互联网 DoS 攻击属于下列三种类型之一:

(1) 弱点攻击。这涉及向一台目标主机上运行的易受攻击的应用程序或操作系统发送制作精细的报文。如果适当顺序的多个分组发送给一个易受攻击的应用程序或操作系统,该服务器可能停止运行,或者是主机可能崩溃。

(2) 带宽洪泛。攻击者向目标主机发送大量的分组,分组数量之多使得目标的接入链路变得拥塞,使得合法的分组无法到达服务器。

(3) 连接洪泛。攻击者在目标主机中创建大量的半开或全开 TCP 连接。该主机因这些伪造的连接而陷入困境,并停止接受合法的连接。

在图 2-12 中显示的分布式拒绝服务攻击(DDoS)就属于带宽洪泛攻击,攻击者控制多个傀儡机并让每个傀儡机向目标猛烈发送流量。使用这种方法,所有受控傀儡机的聚合使得流量速率需求大增,使得该服务陷入瘫痪。DDoS 攻击充分利用由数以千计的受害主机组成的僵尸网络。相比于来自单一主机的 DoS 攻击,DDoS 攻击更加难以检测和防范。

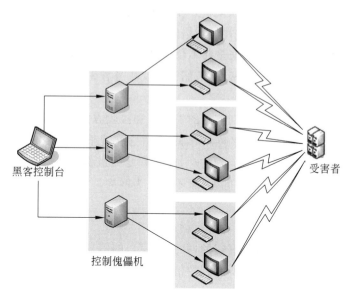

黑客控制台

控制傀儡机

受害者

图 2-12　分布式拒绝服务攻击

3. 嗅探分组

许多用户经无线设备接入互联网,让移动用户方便地使用应用程序的同时,也产生了严重的安全脆弱性——在无线传输设备的附近放置一台被动的接收机,该接收机就能得到传输的每个分组的副本,这些分组包含了各种敏感信息,包括口令、银行卡号、商业秘密和隐秘的个人信息。记录每个流经的分组副本的被动接收机被称为分组嗅探器。

4. 伪装成你信任的人

该类攻击可生成具有任意源地址、分组内容和目的地址的分组,然后将这个人工制作的分组传输到互联网中,互联网将该分组转发到目的地。想象某个接收到这样一个分组的不会猜疑的接收方(如一台互联网路由器),将该(虚假的)源地址作为真实的,进而执行某些嵌入在该分组内容中的命令(如修改它的转发表)。将具有虚假源地址的分组注入互联网的能力被称为 IP 哄骗,而它只是一个用户能够冒充另一个用户的许多方式中的一种。

2.5.2　安全的计算机网络

人们一直希望能设计出一种安全的计算机网络,但不幸的是,网络的安全性是不可判定的。目前在安全协议的设计方面,主要是针对具体的攻击设计安全的通信协议。但如何保证所设计出的协议是安全的? 这可以使用两种方法:一种是用形式化方法来证明,另一种是用经验来分析协议的安全性。形式化证明的方法是人们所希望的,但一般意义上的协议安全性也是不可判定的,只能针对某种特定类型的攻击来讨论其安全性。对于复杂的通信协议的安全性,形式化证明比较困难,所以主要采用人工分析的方法来找漏洞。对于简单的协议,可通过限制敌手的操作(即假定敌手不会进行某种攻击)来对一些特定情况进行形式化的证明,当然,这种方法有很大的局限性。根据上节所述的各种安全性威胁,可以看出,一个安全的计算机网络应设法达到以下四个目标:

1. 保密性

保密性就是只有信息的发送方和接收方才能懂得所发送信息的内容,而信息的截获者则看不懂所截获的信息。显然,保密性是网络安全通信最基本的要求,也是对付被动攻击所必须具备的功能。尽管计算机网络安全并不仅仅依靠保密性,但不能提供保密性的网络肯定是不安全的。为了使网络具有保密性,人们需要使用各种密码技术。

2. 端点鉴别

安全的计算机网络必须能够鉴别信息的发送方和接收方的真实身份。网络通信和面对面的通信差别很大。现在频繁发生的网络诈骗,在许多情况下,就是由于在网络上不能鉴别出对方的真实身份。当人们进行网上购物时,首先需要知道卖家是真正有资质的商家还是犯罪分子假冒的商家,不能解决这个问题,就不能认为网络是安全的。端点鉴别在对付主动攻击时是非常重要的。

3. 信息的完整性

即使能够确认发送方的身份是真实的,并且所发送的信息都是经过加密的,人们依然不能认为网络是安全的。还必须确认所收到的信息都是完整的,也就是信息的内容没有被人篡改过。保证信息的完整性在应对主动攻击时也是必不可少的。信息的完整性和保密性是两个不同的概念。例如,商家向公众发布的商品广告当然不需要保密,但如果广告在网络上传送时被人恶意删除或添加了一些内容,那么就可能对商家造成很大的损失。实际上,信息的完整性与端点鉴别往往是不可分割的。假定你准确知道报文发送方的身份没有错(即通过了端点鉴别),但收到的报文却已被人篡改过(即信息不完整),那么这样的报文显然是没有用处的。因此,在谈到"鉴别"时,有时是同时包含了端点鉴别和报文的完整性。也就是说,既鉴别发送方的身份,又鉴别报文的完整性。

4. 运行的安全性

现在的机构与计算机网络的关系越密切,就越要重视计算机网络运行的安全性。上节介绍的恶意程序和拒绝服务的攻击,即使没有窃取到任何有用的信息,也能够使受到攻击的计算机网络不能正常运行,甚至完全瘫痪。因此,确保计算机系统运行的安全性,也是非常重要的工作。对于一些要害部门,这点尤为重要。访问控制对计算机系统的安全性非常重要。必须对访问网络的权限加以控制,并规定每个用户的访问权限。由于网络是个非常复杂的系统,其访问控制机制比操作系统的访问控制机制更复杂(尽管网络的访问控制机制是建立在操作系统的访问控制机制之上的),尤其在安全要求更高的多级安全情况下更是如此。

2.6 本章小结

本章介绍了互联网的基本构成以及一般的计算机网络的各种硬件和软件。从网络边缘开始,了解端系统和应用程序,以及运行在端系统上为应用程序提供的服务。然后介绍网络核心部分,包括分组交换和电路交换,并且探讨了每种方法的长处和短处。研究了全球性互联网的结构,介绍协议分层和服务模型、网络中的关键体系结构原则,还概述了在今天的互联网中某些流行的网络攻击。

习　题

1. 单项选择题

(1) 在一座大楼内的一个计算机网络系统属于(　　)。

    A. 广域网　　　　　B. 局域网　　　　　C. 城域网　　　　　D. 个域网

(2) 常用的传输介质中,带宽最大、传输信号衰减最小、抗干扰能力最强的是(　　)。

    A. 同轴电缆　　　　B. 光纤　　　　　　C. 双绞线　　　　　D. 无线电磁波

(3) 计算机病毒是一种(　　)。

    A. 可以传染给人的疾病　　　　　　　　B. 计算机自动产生的恶性程序

    C. 人为编制的恶性程序或代码　　　　　D. 环境不良引起的恶性程序

(4) 计算机网络最基本的功能是(　　)。

    A. 降低成本　　　　B. 打印文件　　　　C. 资源共享　　　　D. 文件调用

(5) TCP/IP 协议规定为(　　)。

    A. 4 层　　　　　　B. 5 层　　　　　　C. 6 层　　　　　　D. 7 层

2. 填空题

(1) 按照网络覆盖的地理范围,计算机网络可分为_____、_____、_____和_____。

(2) 计算机网络采用_____交换技术,而传统的电话网络则采用_____交换技术。

(3) 双绞线可分为_____和_____。

(4) 大多数互联网 DoS 攻击有_____、_____、_____三种类型。

(5) 互联网具有两个重要特点,即_____和_____。

3. 判断题

(1) 传输媒体可分为两大类,即导引型传输媒体和非导引型传输媒体。　　　(　　)

(2) 双绞线不仅可以传输数字信号,也可以传输模拟信号。　　　　　　　　(　　)

(3) 速率是计算机网络中最重要的一个性能指标,速率的单位是 bit/s。　　(　　)

(4) 报文的交换所采取的动作是定义一个协议的关键元素。　　　　　　　　(　　)

(5) 分组交换采用的是存储转发技术。　　　　　　　　　　　　　　　　　(　　)

4. 简答题

(1) 计算机网络有哪些常用的性能指标?

(2) 简述具有五层协议的网络体系结构以及各层的主要功能。

(3) 病毒和蠕虫之间有什么不同?

(4) 互联网对社会有哪些方面的影响?请举例说明。

(5) 简述目前流行的网络攻击类型。

第3章 Windows 10 操作系统

3.1 Windows 发展简史

Windows 系列操作系统是微软公司在 20 世纪 90 年代研制成功的图形化工作界面操作系统,俗称"视窗"。Windows 最早于 1983 年宣布研制,1985 推出 Windows 1.03,后来推出 3.1 等版本,但影响甚微。直到 1995 年推出 Windows 95 轰动业界,才逐渐被人们认可和喜欢。微软操作系统有 Windows 95、Windows 98、XP、2000、Server 2003、Vista、Windows 7、Windows 8、Windows 8.1、Windows 10,到目前为止 Windows 10 是最新的操作系统。

关于 Windows 9X 系列,包括 Windows 95,Windows 98,Windows 98 SE 以及 Windows Me。Windows 9X 的系统底层是 16 位的 DOS 源代码,它是一种 16 位/32 位混合源代码的准 32 位操作系统,故不稳定、死机、蓝屏等也是从这个时候开始被人们认识的,Windows 98 系统如图 3-1 所示。

图 3-1 Windows 98 操作系统

Windows XP 是微软公司发布的一款视窗操作系统。它发行于 2001 年 8 月 25 日,并趋于成熟,可以说稳定性和兼容性极高。它自身整合了防火墙,以解决长期以来一直困扰微软的安全问题,使得 XP 成为当今使用率最高的系统,至今用户也有 1 亿以上。2014 年 4 月 8 日,微软宣布停止对 Windows XP 的一切支持服务与更新,Windows XP 系统如图 3-2 所示。

微软首席运行官史蒂夫·鲍尔默曾经在 2008 年 10 月说过,Windows 7 是 Windows Vista 的"改良版"。Windows 7 已经集成 DirectX 11 和 Internet Explorer 8。DirectX 11 作为 3D 图形接口,不仅支持 DirectX 11 硬件,还向下兼容当前的 DirectX 10 和 10.1 硬件。DirectX 11 增加了新的计算 Shader 技术,允许 GPU 从事更多的通用计算工作,而不仅仅是 3D 运算,这可以鼓励开发人员更好地将 GPU 作为并行处理器使用,而 IE8 浏览器更安全更

图 3-2　Windows XP 经典桌面

高效,整个操作系统的 Areo 玻璃效果很受用户喜爱。

2015 年 1 月 14 日起,微软停止对 Windows 7 系统提供主流支持,这意味着微软正式停止为其添加新特性或者新功能。但是广大的 Windows 7 旗舰版用户依然很多,甚至在全球来说,超过 40% 的用户仍在使用 Windows 7,Windows 7 系统如图 3-3 所示。

图 3-3　Windows 7 操作系统

对于普通的桌面用户来讲,Windows 10 在操作体验上也有所改进,升级的 Aero Snap 以及虚拟桌面等都能提高使用效率和办公生产力,小娜 Cortana 的加入也让用户的搜索体验上升到了一个新的层次。

Windows 10 可能成为微软最后一个视窗操作系统,今后系统的改进,只以升级为唯一方法。就像谷歌的 Chrome 浏览器定期更新,其版本号已经没有人再关注了,微软的方法可能导致相似的结果。这就是“Windows 10 即服务”的理念,以及 Windows 10 是最后一个版本 Windows 的概念。如果用户升级到 Windows 10,定期更新的模式获得成功,人们关心的将只是 Windows,而不再关心具体的版本号,Windows 10 操作系统如图 3-4 所示。

图 3-4　Windows 10 操作系统

3.2　Windows 10 概述

Windows 10 是由美国微软公司开发的应用于计算机和平板电脑的操作系统,于 2015 年 7 月 29 日发布正式版。Windows 10 操作系统在易用性和安全性方面有了极大的提升,除了针对云服务、智能移动设备、自然人机交互等新技术进行融合外,还对固态硬盘、生物识别、高分辨率屏幕等硬件进行了优化完善与支持。

3.2.1　Windows 10 新特性

Windows 10 汇聚微软多年来研发操作系统的智慧和经验——全新的简洁视觉设计、众多创新的功能特性以及更加安全稳定的性能表现都让人眼前一亮。Windows 10 和 Windows 7 有以下几点不同:

1. 登录面板

Windows 7 使用的是传统面板,除了登录名以外并不能显示太多信息。而 Windows 10 则参照了现行移动平台,增加了时间锁屏页面。除了可以提供时间、日期等常规信息外,还能向使用者显示日程、闹钟、新邮件通知、电池电量等系统参数,大大提高了锁屏界面的实用性。最关键的是,Windows 10 还在其中加入了一项生物特征识别功能 Windows Hello,可以利用使用者的脸部、虹膜、指纹等生物特征解锁电脑,速度更快也更安全。

2. 开始菜单

Windows 7 的开始菜单比较好用,事实上这也是为何现在很大一部分人仍使用 Windows 7 而不愿升级的主要理由。相比之下,Windows 10 的菜单经过一段时间改良,在使用体验上已经接近于 Windows 7。

3. 小娜语音助手

Windows 10 的搜索栏由来已久,尤其经过 Vista 改良后,变得更加实用。简单来说,常用软件、使用过的文档、日常设置,统统可以在这个搜索栏中一搜即得,很大程度上提升了用户的操作体验。

4. 窗口

Windows 7 窗口采用的是经典布局,除了外观上有些优势外(主要是 Aero 的功劳),操作便利性并不是很高。而 Windows 10 则选用了 Ribbon 界面,所有功能以图标形式平铺,非常利于使用。和 Windows 8 不同的是,Windows 10 的 Ribbon 面板默认会处于隐藏状态,用户可以选择自动隐藏或一直显示,视觉感并不比 Windows 7 差多少。而且新窗口还专门为触屏进行了优化,例如右上角的三大按钮更有利于手指单击。

5. 快速访问

Windows 10 加入了快速访问和固定文件夹两项功能,总体都是为了用户能够更快更方便地访问文件。其中,固定文件夹沿袭自 Windows 8.1,主要允许用户定义一些经常使用的文件夹(如工作夹、局域网共享夹等)。而快速访问更像是 Windows 7 菜单里的最近使用的项目,能够自动记录用户之前访问过的文件或文件夹,实现快速打开。

6. 分屏功能

Windows 7 加入了 AeroSnap,最大亮点是可以快速地将窗口以 1/2 比例固定到屏幕两侧。而 Windows 10 则对这一功能进行了升级,新功能除了保持之前的 1/2 分屏外,还增加了左上、左下、右上、右下四个边角热区,以实现更为强大的 1/4 分屏。除此之外,Windows 10 还增加了另一项分屏助手功能,当一个窗口分屏完毕,系统会将剩余的未分屏窗口展示到空白区(缩略图),这时用户只要单击即可快速分好第二窗口。而且此时的边角热区也是生效的,仍然可以用鼠标将其拖拽到四个边角来实现 1/4 分屏。

7. 虚拟桌面和多显示器

为了满足用户对多桌面的需求,Windows 10 增强了多显示器使用体验,同时还增加了一项虚拟桌面(TaskView)功能。其中,多显示器可以提供与主显示器一致的样式布局,独立的任务栏、独立的屏幕区域,功能上较 Windows 7 更完善。虚拟桌面则是专为单一显示器用户设计,它可以为用户提供更多的"桌面",以便在当前桌面不够用时,把一些多余的窗口直接移动到其他"桌面"上使用。

8. 多任务切换

Alt+Tab 快捷键是 Windows 7 中使用频率很高的一项功能,用于在各个已打开窗口间快速切换。Windows 10 同样保留了这项功能,并且增大了窗口的缩略图尺寸,使得窗口的辨识变得更加容易。同时它还新增了一个 Win+Tab 的快捷键(Windows 7 中该键用于激活 Flip3D),除了可以切换当前桌面任务外,还能快速进入其他"桌面"进行工作(即虚拟桌面 TaskView)。

3.2.2 Windows 10 的安装

1. 安装 Windows 10 操作系统

第 1 步:下载原版文件的平台 MSDN。

在安装操作系统之前,必须先了解一下 MSDN。MSDN 是原版镜像文件下载平台,平台上的操作系统文件属于官方原版,未经他人修改的原版系统,系统相对稳定可靠。

• 通过百度搜索:MSDN 我告诉你

• 平台网站:https://msdn.itellyou.cn/

这两种方式都可找到 MSDN,从平台上下载 Windows 原版系统。操作系统内包含有:Windows_7、Windows_10、Windows_server 等,以 Windows 10_64 位为例,复制 ed2k 链接,使用迅雷下载,如图 3-5 所示。

第 2 步:制作 PE 启动盘。

• 准备一个 8 G 或以上大小的 U 盘。

• 从微 PE 工具官网:http://www.wepe.com.cn/download.html 下载微 PE 工具箱 V2.0。

• 将 U 盘接入电脑,打开微 PE,安装方式选择第一种:安装 PE 到 U 盘。

安装方法:UEFI/Lehacy 全能三分区待写入盘:U330.格式化:exFAT 格式即可,支持单个镜像文件大于 4 GB,壁纸:可选可不选,选择完,立即安装写进 U 盘,写入完成后,将下载的 ISO 系统文件拷贝到 U 盘,即可安装操作系统,如图 3-6 所示。

第 3 步:安装操作系统。

插入微 PE 启动盘,在电脑关机状态下,开机,马上按 F12 键引导至 BIOS 主界面,在 BIOS 主界面内,U 盘已插入,但是 BIOS 主界面不显示,需要修改 BIOS 启动方式,选择 BIOS Setup,按下 Enter 键,如图 3-7 所示。

62

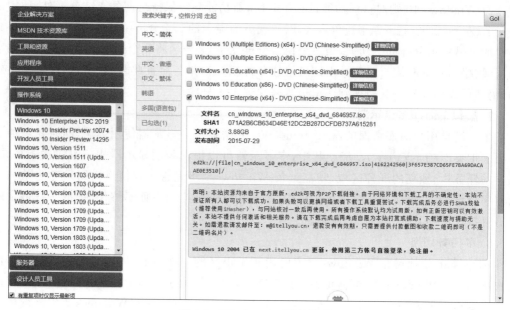

图 3-5　Windows 10 下载界面

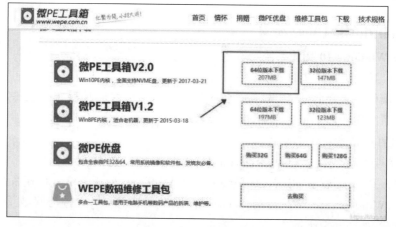

图 3-6　PE 下载界面

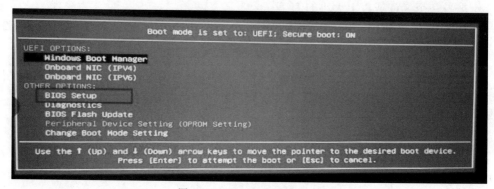

图 3-7　BIOS 启动设置界面

进入后,向右移动至 Boot 选项,对 Secure Boot(安全启动)与 Legacy Boot(传统启动)两项进行修改:

将 Secure Boot 设置为 Disabled(禁用)

将 Legacy Boot 设置为 Enabled(启用)

修改后,按键 F10 保存 BIOS 设置,重启再按 F12 键进入 BIOS 主界面,如图 3-8 所示。

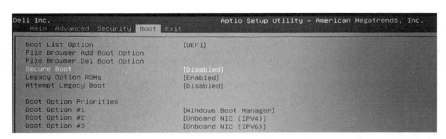

图 3-8　BIOS 主界面

进入 BIOS 主界面后,如图 3-9 所示。在 BIOS 模式中已经出现了 USB 启动盘的选项,选择 USB Storage Device(U 盘的名称),按回车键进入 PE,单击后等待自动加载完成即可。

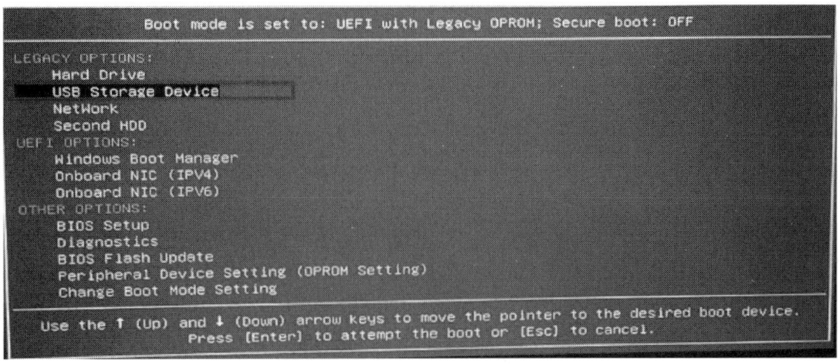

图 3-9　BIOS 主界面

进入微 PE 的界面,如图 3-10 所示。装系统选择"CGI 备份还原",如图 3-11 所示。通

图 3-10　微 PE 的界面

过鼠标选择还原分区：C 盘（系统分区 C 盘）。

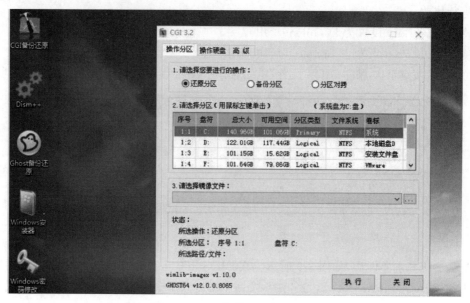

图 3-11　CGI 备份还原打开界面

【单击】请选择镜像文件：Windows_7_iso 文件。

【单击】请选择镜像或分卷（用鼠标左键单击）：ULTIMATE（选择 Win_7 镜像版本为 ULTIMATE，也就是 Win_7 旗舰版），如图 3-12 所示。

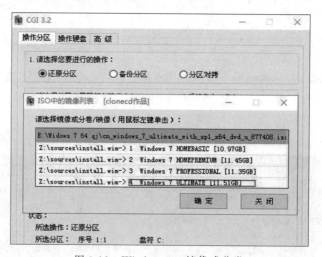

图 3-12　Windows 10 镜像或分卷

也可以根据需求打开 U 盘文件选择 ISO 镜像文件，（win7/win10/win server2012）、还有操作系统的版本，选择完，确定执行，加载完重启即可。

5～10 分钟之后，系统会自动安装结束，自动重启，直至进入系统。Windows 10 系统安装初始到完全启动后如图 3-13～图 3.16 所示。

至此，从 U 盘安装 Windows 10 系统安装完毕。

海内存知己，天涯若比邻。
请稍等...

图 3-13　Windows 10 启动安装

图 3-14　Windows 10 登录界面

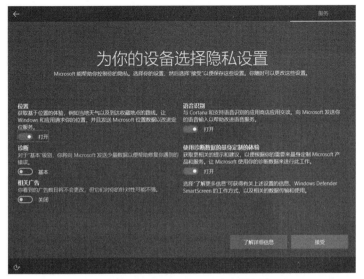

图 3-15　Windows 10 隐私设置

图 3-16　Windows 10 桌面

3.2.3　Windows 10 快速启动

从 Windows 8 开始,Windows 的开机速度有了极大的提高,这得益于一项新的功能:快速启动。虽然这么说,但快速启动是脱胎于 Windows 7 中的"休眠"功能,不过又有所不同。休眠时内存中的所有数据都会存储到硬盘的特定空间内,这样只要重新按下开机键,就会将硬盘里临时存储的内存数据恢复到内存里,恢复到之前的正常工作进度。即使完全断电也可以恢复,只是恢复时间较长且需要较大的硬盘空间。

快速启动原理和休眠类似,但是所有用户进程(如打开的记事本、浏览器之类的)都会被结束掉,结束后,内存里就剩下内核及系统相关的模块,还有一部分驱动,这时把它们写到硬盘里的一个文件里,下次开机直接把它们读进来就好,所以快速启动意味着上次的关机并不是完全关机。打开任务管理器的性能页面,正常运行时间中显示的是上次重启后到现在的运行时间,如图 3-17 所示。

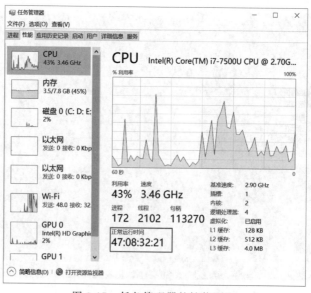

图 3-17　任务管理器的性能页面

快速启动功能在 Windows 10 中是默认启动的。打开"设置"→"系统"→"电源和睡眠"→"其他电源设置"→"选择电源按钮的功能",如图 3-18 所示。

图 3-18　电源与睡眠设置

在这里选择"更改当前不可用的设置",即可选择是否"启用快速启动",这里推荐启用快速启动,这个功能的确会使开机速度得到很大的提升,如图 3-19～图 3-21 所示。

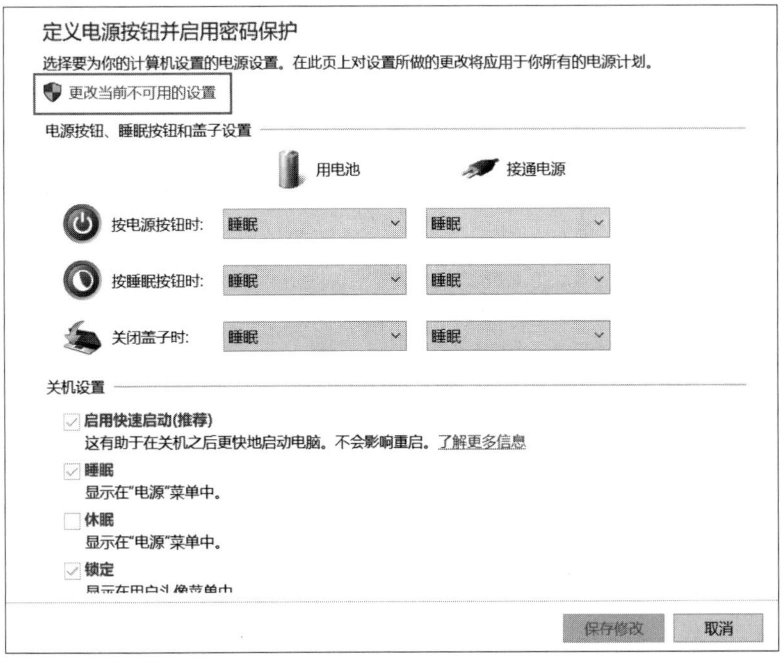

图 3-19　电源与睡眠设置

第3章

Windows 10 操作系统

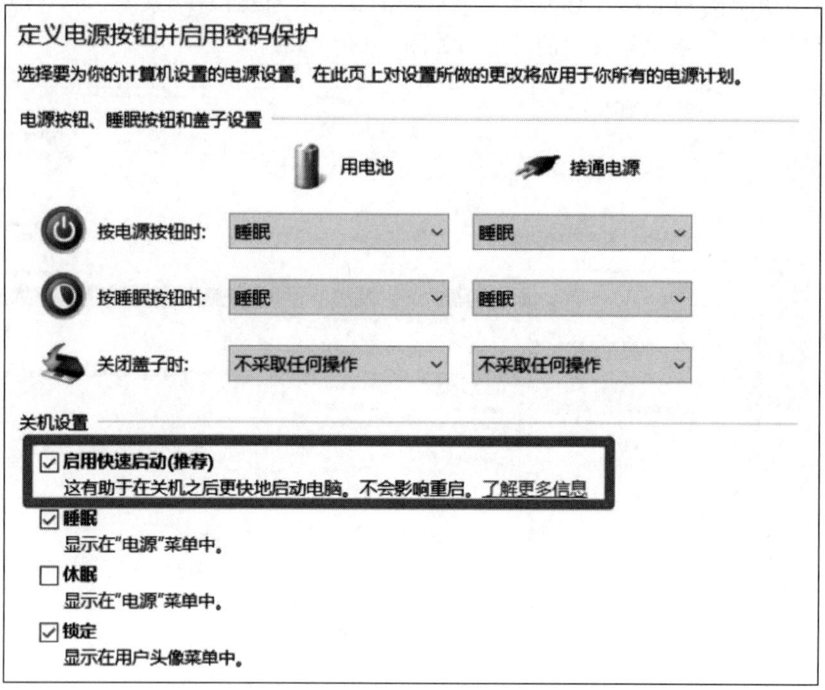

图 3-20　应用快速启动

图 3-21　BIOS启动所用时间

3.3　Windows 10 的界面与操作

3.3.1　Windows 10 桌面

1. 桌面组成

桌面(Desktop)是指打开计算机并成功登录系统之后看到的显示器主屏幕区域,是计算机专业术语。桌面的定义广泛,它包括任务栏和桌面图标。边栏包含称为小工具的小程序,而"开始"按钮可以访问程序、文件夹和计算机设置。桌面文件一般存放在 C 盘,用户名下的"桌面"文件夹内。简单而形象地说,桌面是一切应用程序操作的出发点,是计算机启动后,操作系统运行到正常状态下显示的主屏幕区域。Windows 10 桌面如图 3-22 所示。

图 3-22　Windows 10 桌面

从更广义上讲,桌面有时包括任务栏。任务栏是位于屏幕底部的水平长条,与桌面不同的是,桌面可以被打开的窗口覆盖,而任务栏几乎始终可见。任务栏主要由三部分组成:中间部分,显示正在运行的程序,并可以在它们之间进行切换;还包含最左侧的"开始"按钮,使用该按钮可以访问程序、文件夹和计算机设置;通知区域位于任务栏的最右侧,包括一个时钟和一组图标。这些图标表示计算机上某程序的状态,或提供访问特定设置的途径。将指针移向特定图标时,会看到该图标的名称或某个设置的状态。双击通知区域中的图标通常会打开与其相关的程序或设置。

(1)"开始"按钮

Windows 10 开始菜单是其最重要的一项变化,它融合了 Windows 7 开始菜单以及 Windows 8/Windows 8.1 开始屏幕的特点。Windows 10 开始菜单左侧为常用项目和最近添加项目显示区域,另外还用于显示所有应用列表;右侧是用来固定应用磁贴或图标的区域,方便快速打开应用。与 Windows 8/Windows 8.1 相同,Windows 10 中同样引入了新类型 Modern 应用,对于此类应用,如果应用本身支持的话还能够在动态磁贴中显示一些信息,用户不必打开应用即可查看一些简单信息。

（2）最近常用列表

自动为用户显示近期经常使用的应用程序。

（3）个性化磁贴

可以直接将常用程序、文档乃至文件夹拖放到这里并重命名,方便快速访问,就和 Windows 7 以前一样。

（4）动态磁贴

与 Windows Phone 和 Windows 8 类似,图标会显示实时的动态信息流,如天气、新闻、社交网络通知、邮件等。

（5）搜索栏和语音助手 Cortana

在这里输入文件名、应用程序名或其他内容,能够迅速获得本地和网络搜索结果。除了文本搜索以外,单击右侧的话筒图标还能进行语音搜索。如果连图标都不想按,直接说"Hey,Cortana"就行了。

（6）任务视图按钮

这是 Windows 10 种加入的新图标,紧贴在搜索框右边。单击它就能看到所有的活动窗口,即使某些窗口被最小化也能看见。然后可以在这些窗口中选择想要的运行程序。值得一提的是,Windows 10 加入了多桌面功能。

（7）Edge 浏览器

看起来很像曾经的 IE 浏览器,但它是 IE 的继任者 Edge 浏览器。微软在今年的 Build 大会上透露了更多 Edge 的新特性,它将能支持 Chrome 及 Firefox 的插件。

（8）桌面壁纸

透着光的窗户,这就是 Windows 10 的默认桌面。

（9）任务托盘

与之前 Windows 系统的任务托盘很像,不过加入了"活动中心"功能,可以查看通知和进行简单的控制操作。

2. 桌面设置小技巧

（1）将应用固定到开始菜单/开始屏幕

操作方法:在左侧右击应用项目→选择"固定到开始屏幕",之后应用图标或磁贴就会出现在右侧区域中,如图 3-23 和图 3-24 所示。

（2）将应用固定到任务栏

操作方法:从 Windows 7 开始,系统任务栏升级为超级任务栏,可以将常用的应用固定到任务栏,方便日常使用。在 Windows 10 中将应用固定到任务栏的方法为:在开始菜单中右击某个应用项目→选择"固定到任务栏",如图 3-25 和图 3-26 所示。

（3）在"开始"菜单左下角显示更多内容

操作方法:在"开始"菜单的左下角可以显示更多文件夹,包括下载、音乐、图片等,这些文件夹在 Windows 7 开始菜单中是默认显示的。Windows 10 中需要在设置中打开,如图 3-27～图 3-31 所示。

图 3-23　选择应用

图 3-24　将应用固定到开始屏幕

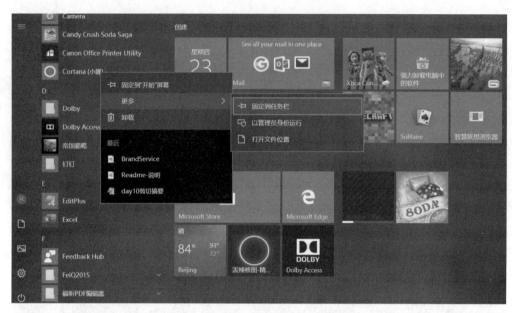

图 3-25　选择开始菜单中的应用

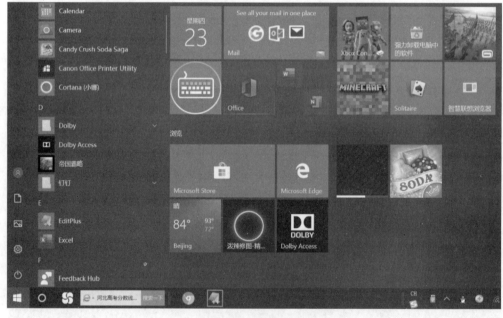

图 3-26　将应用固定到任务栏

3D Viewer
360安全中心
A
Access
Access
Acrobat Reader DC
Alarms & Clock
B
百度网盘
暴风软件
C
Calculator
Calendar
Camera
Candy Crush Soda Saga
创建
星期四
23
See all your mail in one place
Mail
Xbox Con...
强力卸载电脑中的软件
Office
MINECRAFT
Solitaire
浏览
Microsoft Store
Microsoft Edge
晴
84°
93°
72°
Beijing
泼辣修图-精...
DOLBY
Dolby Access

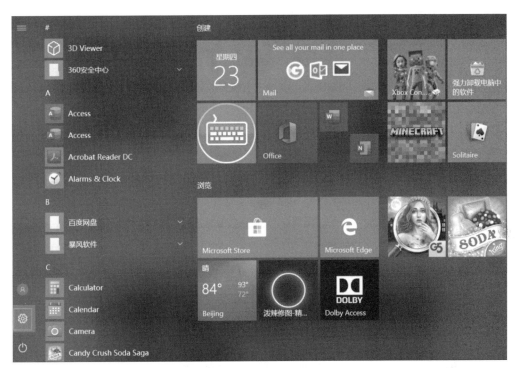

图 3-27 “排序方式”菜单

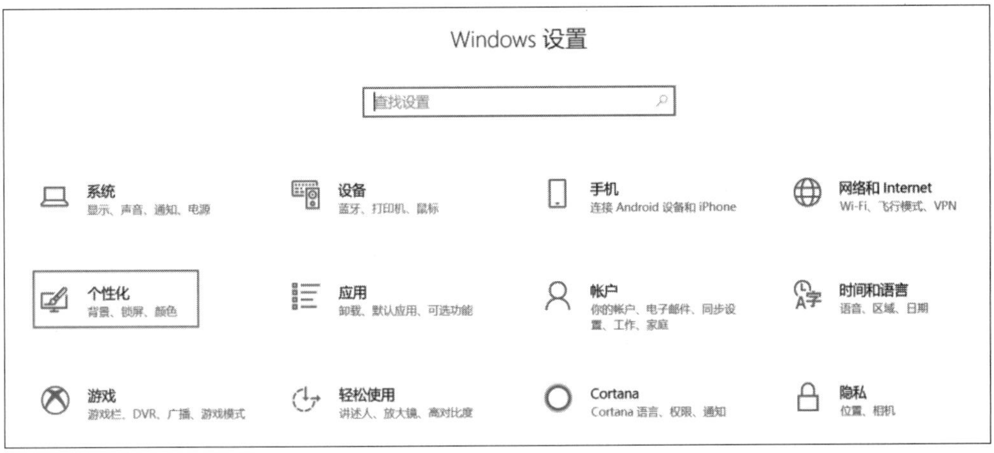

Windows 设置
查找设置
系统
显示、声音、通知、电源
设备
蓝牙、打印机、鼠标
手机
连接 Android 设备和 iPhone
网络和 Internet
Wi-Fi、飞行模式、VPN
个性化
背景、锁屏、颜色
应用
卸载、默认应用、可选功能
帐户
你的帐户、电子邮件、同步设置、工作、家庭
时间和语言
语音、区域、日期
游戏
游戏栏、DVR、广播、游戏模式
轻松使用
讲述人、放大镜、高对比度
Cortana
Cortana 语言、权限、通知
隐私
位置、相机

图 3-28 “桌面图标设置”对话框

设置
主页
查找设置
个性化
背景
颜色
锁屏界面
主题
字体
开始
任务栏
开始
在"开始"菜单上显示更多磁贴
关
在"开始"菜单中显示应用列表
开
显示最近添加的应用
开
显示最常用的应用
关
偶尔在"开始"菜单中显示建议
开
使用全屏"开始"屏幕
关
在"开始"菜单或任务栏的跳转列表中显示最近打开的项
开
选择哪些文件夹显示在"开始"菜单上

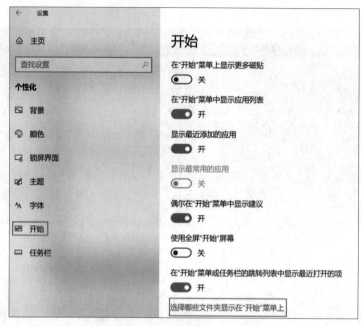

图 3-29 “创建快捷方式”对话框

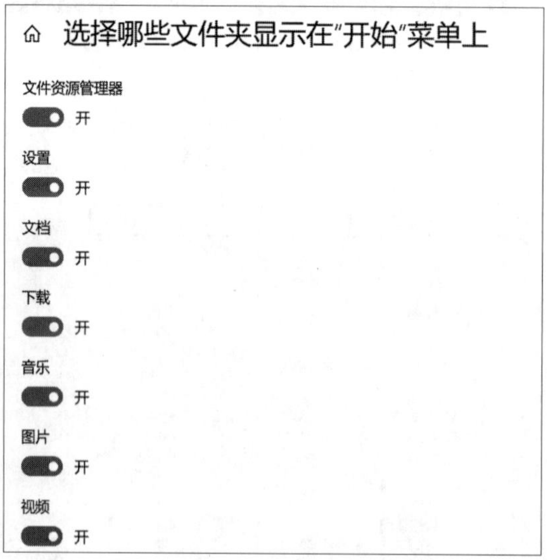

选择哪些文件夹显示在"开始"菜单上
文件资源管理器
开
设置
开
文档
开
下载
开
音乐
开
图片
开
视频
开

图 3-30 “桌面图标设置”对话框

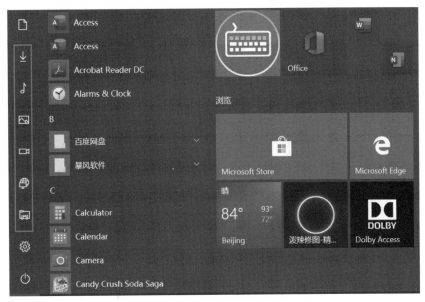

图 3-31　"桌面图标设置"对话框

（4）在所有应用列表中快速查找应用

操作方法：Windows 10 所有应用列表提供了首字母索引功能，方便快速查找应用，当然这需要事先对应用的名称和所属文件夹有所了解。例如，在 Windows 10 中 IE 浏览器位于 Windows 附件之下，可以通过图中所示操作找到 IE 11 浏览器。除此之外，还可以通过 Cortana 小娜搜索来快速查找应用。如图 3-32 和图 3-33 所示。

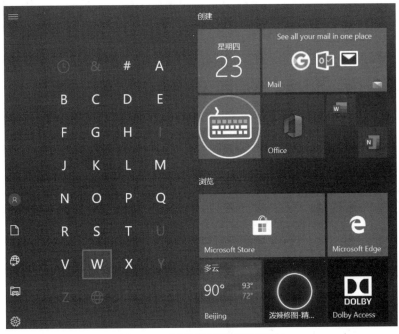

图 3-32　"桌面图标设置"对话框

图 3-33 "桌面图标设置"对话框

3.3.2 Windows 10 应用程序的使用

1. Windows 10 内置应用程序

Windows 10 系统安装好之后,就已经存在了非常多的程序,基本这些自带的程序就能满足日常的需求,但是在之后会有其他的程序替代这些程序,在使用一段时间之后系统就会变得比较杂乱,如果想要在系统中找到预装应用程序的话要怎么操作呢? 具体方法如下。

(1) 打开开始菜单

单击左下角的"开始"按钮,出现弹出画面,看到左下角的"所有应用",单击。

(2) 直接找到以 W 开头的 Windows 区域

从上到下,找到 W 字母索引的区域,这里有许多过去 Windows 7 中保留的固有程序。

(3) Windows 附件

看到 Windows 附件,单击它,可以看到许多应用程序,有常见的"IE 浏览器""传真和扫描程序",以及人们记事用到的便利贴(便笺),还有"数学输入画板""XPS 查看器"等。

(4) Windows 系统

Windows 附件下面还有 Windows 系统,很多重要的应用程序在里面,有"命令提示符""控制面板""运行"等。

(5) Windows 系统中的控制面板

这是我们用惯 Windows 7 或 XP 系统所比较喜欢常用的程序和窗口,这里保留了过去系统的画面。当然,Windows 10 也在开始菜单将"设置"单列出来,但是有人就是喜欢老的控制面板。

(6) Windows 管理工具

这些局域还有 Windows 管理工具,如系统配置、打印管理等。

（7）Windows 10 系统自带程序搜索

一般可以看到 Windows 10 系统桌面左下角有一个放大镜图标，单击这里，就可以看到能够搜索的空白处，输入你想找的应用程序，可以直接找到，并打开。当然需要你输入的程序名称比较准确。

（8）将常用的程序固定到桌面下方的任务栏

找到 Windows 程序，如在"控制面板"上，单击鼠标右键，弹出对话框，用鼠标左键选择"固定到任务栏"即可。以后就方便快捷了。

（9）固定到任务栏的效果

可以看到已将"控制面板"固定到任务栏的右下角。

附件是中文版 Windows 10 系统自带的应用程序包，其中包括"便签""画图""计算器""记事本""命令提示符"和"运行"等工具。

2．启动应用程序的方法

第一种方法：启动桌面上的应用程序。如果已在桌面上创建了应用程序的快捷方式图标，则双击桌面上的快捷方式图标即可以启动相应的应用程序。

第二种方法：通过"开始"菜单启动应用程序。在 Windows 10 系统中安装应用程序时，安装程序为应用程序在"开始"菜单的"程序"选项中创建了一个程序组和相应的程序图标，单击这些程序图标即可运行相应的应用程序。

第三种方法：通过浏览驱动器和文件夹来启动应用程序。在"文件资源管理器"中浏览驱动器和文件夹，找到并双击应用程序文件，同样可以打开相应的应用程序。

第四种方法，分三个步骤。

（1）首先找到可执行文件，为下一步创建快捷方式做准备。如果已经是桌面上的快捷方式则没有必要再创建一个了。如果是开始菜单里的软件，则可以右击选择"更多"→"打开所在位置"来找到源文件。

（2）为找到的可执行文件（一般是.exe 扩展名）创建快捷方式。两种方法：第一种方法是右击空白处，在出现的快捷菜单中选择"新建"→"快捷方式"，按照提示下一步即可；第二种方法是在可执行文件上右击选择"发送到"→"桌面快捷方式"，之后桌面就有一个创建好的快捷方式。

（3）将该快捷方式剪切到 C 盘（系统盘）的 Windows 文件夹下，并且重命名为要启动该软件的名字，如果提示要管理员权限，继续授权即可，此时在任意时刻，按 Win＋R 键，就可以调用出来运行窗口，输入之前在 Windows 文件夹下面的那个快捷方式的名字，就能运行成功了。

总之，打开一个应用程序的方法有很多种，具体选择哪一种方式取决于对操作系统运行环境的熟悉程度以及用户的使用习惯，这里只是列举了其中的一部分，其他方法就不再做一一列举。

3．应用程序的快捷方式

用快捷方式可以快速启动相应的应用程序、打开某个文件或文件夹、在桌面上建立快捷方式图标，实际上就是建立一个指向该应用程序、文件或文件夹的链接指针。

4．应用程序切换的方法

Windows 10 是一个多任务处理系统，同一时间可以运行多个应用程序，打开多个窗口，

并可根据需要在这些应用程序之间进行切换,方法有以下几种:

（1）单击应用程序窗口中的任何位置。

（2）按 Alt＋Tab 键在各应用程序之间切换。

（3）在任务栏上单击应用程序的任务按钮。

以上这些方法都可以实现各应用程序之间的切换,并且,使用 Alt＋Tab 组合键这种方法可以实现从一个全屏运行的应用程序中切换到其他的应用程序。

5. 关闭应用程序的方法

（1）在应用程序的"文件"菜单中选择"关闭"选项。

（2）鼠标左键双击应用程序窗口左上角的控制菜单框。

（3）鼠标右击应用程序窗口左上角的控制菜单框,在弹出的控制菜单中选择"关闭"选项。

（4）单击应用程序窗口右上角的"×"按钮。

（5）按 Alt＋F4 组合键。

以上这些方法都可以关闭一个应用程序,当退出应用程序时,如果文档修改的数据没有保存,退出前系统还将弹出对话框,提示用户是否保存修改,等用户确定后再退出。

6. 快捷方式

（1）添加快捷方式到桌面的方法有两种:

• 方法一:通过拖放在桌面创建链接,打开 Windows 10 开始菜单,单击"所有应用"找到 Microsoft Office 程序组,然后按鼠标左侧拖动其中的 Microsoft Office Word 2010 到桌面上,就会显示"在桌面创建链接"的提示。松开鼠标左键,即可在桌面上创建 Microsoft Office Word 2010 的快捷方式。按照同样的方法可以把 Windows 10 开始菜单中的任意应用程序拖放到桌面上创建链接,包括 Windows 应用商店的 Metro 应用;

• 方法二:传统的"发送到桌面快捷方式",在 Windows 10 开始菜单里的 Microsoft Office Word 2010 上右击,选择"打开文件位置",就会打开 Windows 10 开始菜单文件夹下的 Microsoft Office 程序组文件夹,在 Microsoft Office Word 2010 上单击右键,选择"发送到"→"桌面快捷方式",即可在 Windows 10 桌面上创建 Microsoft Office Word 2010 的快捷方式图标。

两种方法的区别:①最直观的就是应用程序图标的不同,"在桌面创建链接"生成的快捷方式图标较小,并且名称上带有"快捷方式"字样;而"发送到桌面快捷方式"生成的快捷方式图标则较大,并且名称不含"快捷方式"字样。②"在桌面创建链接"生成的应用程序快捷方式图标,在图标上右击,弹出的菜单中会有"卸载"选项,单击即可卸载应用程序;而"发送到桌面快捷方式"生成的应用程序快捷方式的右键菜单则没有"卸载"选项。以上是 Windows 10 系统中如何把应用程序快捷方式添加到桌面上的两种方法,这两种方法效果还是不大一样。

（2）用快捷方式启动应用程序:快捷方式可根据需要出现在不同位置,同一个应用程序也可以有多个快捷方式图标。双击快捷方式图标时,系统根据指针的内部链接打开相应的文件夹、文件或启动应用程序,用户可以不考虑目标的实际物理位置。

（3）删除快捷方式:要删除某项目快捷方式,则单击选定该项目后按 Delete 键,或是右击快捷方式图标,选择"删除"选项,都可以删除一个快捷方式。由于删除某项目的快捷方式实质上只是删除了与原项目链接的指针,因此删除快捷方式时原项目不会被删除,它仍存储在计算机中的原来位置。

3.3.3 Windows 10 窗口操作

1. Windows 10 多窗口排列技巧

日常工作离不开窗口,尤其对于并行事务较多的桌面用户来说,没有一项好的窗口管理机制,简直寸步难行。相比之前的操作系统,Windows 10 在这一点上改变巨大,提供了为数众多的窗口管理功能,能够方便地对各个窗口进行排列、分割、组合、调整等操作。接下来,就为大家列举几项比较常见的窗口管理功能,希望能对大家有所启发。

（1）按比例分屏

Aero Snap 是 Windows 7 时代增加的一项窗口排列功能,俗称"分屏"。一个最简单例子,就是当把窗口拖至屏幕两边时,系统会自动以 1/2 的比例完成排布。在 Windows 10 中,这样的热区被增加至 7 个,除了之前的左、上、右三个边框热区外,还增加了左上、左下、右上、右下四个边角热区,以实现更为强大的 1/4 分屏。同时新分屏可以与之前的 1/2 分屏共同存在,具体效果如图 3-34 所示。

图 3-34　分屏效果

（2）非比例分屏

虽然 Snap Mode 使用非常方便,但过于固定的比例或许并不能每次都令人满意。例如,当觉得左侧的浏览器窗口应该再大点儿的话,就应该手工调整一下窗口间的大小比例。在 Windows 10 中,一个比较人性化的改进就是调整后的尺寸可以被系统识别。例如,当将一个窗口手工调大后(必须是分屏模式),第二个窗口会自动利用剩余的空间进行填充。这样原本应该出现的留白或重叠部分就会自动整理完毕,用户使用起来高效快捷。

（3）层叠与并排

如果要排列的窗口超过 4 个，分屏就显得有些不够用了，这时不妨试一试最传统的窗口排列法。具体方法是，右击任务栏空白处，然后选择"层叠窗口""并排显示窗口""堆叠显示窗口"。选择结束后，桌面上的窗口会瞬间变得有秩序。最为关键的是，Modern 应用也能使用这一功能，相比 Windows 8 或 Windows 8.1 是一个进步。例如，选择"层叠窗口"选项，就可将打开的窗口以相同大小层叠在桌面上，如图 3-35 所示。其他显示效果读者可以自行选择验证。

图 3-35　"层叠"窗口效果

（4）虚拟桌面

"虚拟桌面"也可看作是 Windows 10 中一项另类的窗口管理功能，因为它的意思很明确，放不下的窗口直接扔到其他"桌面"就行了。虚拟桌面的打开可以使用任务栏按钮，当然也可按下快捷键 Win+Tab。按下按钮后，系统会自动展开一个桌面页，通过最右侧的"新建桌面"建立新桌面。当感觉到当前桌面不够用时，只要将多余窗口用鼠标拖至其他"桌面"即可，简单而方便，虚拟桌面如图 3-36 所示。

2. 复制屏幕并制作图片

（1）打开"计算机"窗口，使其成为活动窗口，调整窗口的大小约为屏幕的 1/4。

（2）按 Alt+PrintScreen 键，将活动窗口复制到剪贴板中。

（3）单击"开始"→"Windows 附件"，选择"画图"工具，打开"画图"窗口。

（4）在"画图"窗口的菜单栏中选择"编辑"→"粘贴"命令（或按 Ctrl+V 组合键），粘贴剪贴板中的"计算机"窗口。

（5）选择"文件"→"另存为"命令（或按 Ctrl+S 组合键），将"画图"窗口中的内容以 PC. bmp 为文件名保存。

（6）在"画图"窗口的右上角单击"关闭"按钮，退出"画图"应用程序。

图 3-36　虚拟桌面效果

3.3.4　Windows 10 剪贴板

在中文 Windows 10 中,还有一个非常重要的应用程序——剪贴板,它广泛应用于操作系统的各个方面。

剪贴板是内存中的一个临时存储区,也是 Windows 系统中各应用程序之间传递和交换信息的中介。剪贴板不但可以存储文字,还可以存储图片、图像、声音等其他信息。通过剪贴板可以把各文件中的文字、图像、声音粘贴在一起,形成图文并茂、有声有色的文档。

在 Windows 10 中,几乎所有应用程序都可以利用剪贴板来交换数据。应用程序"编辑"菜单中的"剪切""复制""粘贴"选项和"常用"工具栏中的"剪切""复制""粘贴"按钮均可用来向剪贴板中复制数据或从剪贴板中接收数据进行粘帖。

使用剪贴板的注意事项:

(1) 先将信息复制或剪贴到剪贴板(临时存储区)中,在目标应用程序中将插入点定位在想要放置信息的位置,单击"编辑"→"粘帖"命令将剪贴板中的信息传送到目标位置。

(2) 使用复制和剪切命令前,必须先选定要剪切或复制的内容,即"对象"。对于文字对象,可以通过鼠标选定对象;对于类型是图形和图像的对象,可将鼠标指向对象并单击。

(3) 选定文本:移动光标到一个字符处,用鼠标拖动到最后一个要选的字符;或者按住 Shift 键,用方向键或鼠标移动光标到最后一个要选的字符,选定的信息通常会用另一种背景色来显示。

(4) 其中,"剪切"命令是将选定的信息复制到剪贴板上,同时在源文件或磁盘中删除被选中的内容;"复制"命令是将选定的信息复制到剪贴板上,同时,选定的内容仍保留在源文件或磁盘中。

(5) 复制整个屏幕:即截屏,只需按 PrintScreen 键即可。复制活动窗口:先将窗口激活,使之成为当前桌面上处于最前端的窗口,然后按 Alt＋PrintScreen 键。

（6）信息粘贴到目标程序后,剪贴板中的内容保持不变,可以进行多次粘帖,既可以在同一文件中的多处来粘帖,也可以在不同文件中粘帖。可见,剪贴板提供了在不同应用程序之间传递信息的一种方法。

3.4 Windows 10 的文件与文件夹的管理

3.4.1 案例描述

在 Windows 10 系统中,所有的程序和数据都是以文件的形式存储在计算机中。在计算机系统中,通常采用树型结构对文件和文件夹进行分层管理。文件和文件夹有其命名的规则。使用"文件资源管理器"可以管理计算机文件和文件夹。下面创建如图 3-37 所示结构的文件夹,并将"计算机基础"文件夹下的所有文件和文件夹复制到 D 盘新建的文件夹"教学备份"中,删除文件夹"数据库原理"和文件"病毒与安全.docx"。

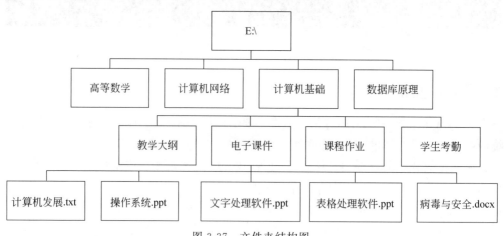

图 3-37 文件夹结构图

3.4.2 文件和文件夹基本概念

1. 文件和文件夹的概念

（1）文件

文件是由一组相关信息的集合,这些信息最初是在内存中建立的,然后以用户给予的名称存储在磁盘上。文件是计算机系统中基本的存储单位,计算机以文件名来区分不同的文件。例如,文件名 ABC.doc,Readme.txt 分别表示两个不同类型的文件。

（2）文件的命名规则

一个完整的文件名称由文件名和扩展名两部分组成,两者中间用一个圆点"."(分隔符)分开。命名文件或文件夹时,文件名中的字符可以是汉字、字母、数字、空格和特殊字符,但不能是"?"" * ""\""→"": ""＜""＞"和"｜"。

最后一个圆点后的名称部分看作是文件的扩展名,前面的名称部分是主文件名。通常扩展名由 3 个字母组成,用于标识不同的文件类型和创建此文件的应用程序,主文件名一般用描述性的名称帮助用户记忆文件的内容或用途。

说明：在 Windows 10 系统中,窗口中显示的文件包括一个图标和文件名,同一种类型的文件通常具有相同的图标。

（3）文件夹

文件夹又称为"目录",是系统组织和管理文件的一种形式,用来存放文件或上一级子文件夹,它本身也是一个文件。文件夹的命名规则与文件名相似,但一般不需要加扩展名。用户双击某个文件夹图标,即可以打开该文件夹,查看其中的所有文件及子文件夹。

（4）文件的类型

在中文 Windows 10 中,可按照文件中的内容类型进行分类,主要类型如表 3.1 所示。文件类型一般以扩展名来标识。

表 3.1 常见的文件类型

文 件 类 型	扩 展 名	文 件 描 述
可执行文件	.exe、.com、.bat	可以直接运行的文件
文本文件	.txt、.doc	用文本编辑器编辑生成的文件
音频文件	.mp3、wav、wma	以数字形式记录存储的声音、音乐信息的文件
图片图像文件	.bmp、.jpg、.jpeg、.gif	通过图像处理软件编辑生成的文件
影视文件	.avi、.rm、.asf、.mov	记录存储动态变化画面,同时支持声音文件
支持文件	.dll、.sys	在可执行文件运行时起辅助作用
网页文件	.html、.htm	网络中传输的文件,可用 IE 浏览器打开
压缩文件	.zip、.rar	由压缩软件将文件压缩后形成的文件

3.4.3 文件资源管理器

信息资源的主要表现形式是程序和数据。在中文版 Windows 10 系统中,所有的程序和数据都是以文件的形式存储在计算机中。计算机中的文件和人们日常工作中的文件很相似,这些文件可以存放在文件夹中;而计算机中的文件夹又很像日常生活中用来存放文件资料的包夹,一个文件夹中能同时存放多个文件或文件夹。

在 Windows 10 系统中,主要是利用"此电脑"和"文件资源管理器"来查看和管理计算机中的信息资源。计算机资源通常采用树型结构对文件和文件夹进行分层管理。用户根据文件某方面的特征或属性把文件归类存放,因而文件或文件夹就有一个隶属关系,从而构成有一定规律的存储结构。

1. 文件资源管理器

文件资源管理器是 Windows 10 主要的文件浏览和管理工具,在文件资源管理器窗口中显示了计算机上的文件、文件夹和驱动器的分层结构,同时显示了映射到计算机上的驱动器号和所有网络驱动器名称。用户可以利用文件资源管理器浏览、复制、移动、删除、重命名以及搜索文件和文件夹。

右击"开始"菜单,选择"文件资源管理器"命令,可以打开"文件资源管理器"窗口。文件资源管理器窗口主要分为 3 部分:上部包括标题栏、菜单栏、工具栏等;左侧窗口以树型结构展示文件的管理层次,用户可以清楚了解存放在磁盘中的文件结构;右侧是用户浏览文件或文件夹有关信息的窗格。

2. 文件和文件夹的显示格式

利用"此电脑"和"文件资源管理器"可以浏览文件和文件夹,并根据用户需求对文件的显示和排列格式进行设置。

在"此电脑"和"文件资源管理器"窗口中查看文件或文件夹的方式有"超大图标""大图标""中图标""小图标""列表""详细信息""平铺"和"内容"8 种。

说明:相比 Windows 7 系统,Windows 10 在这方面做得更美观,更易用。此外,用户还可以先单击目录中的空白处,然后通过按住 Ctrl 键并同时前后推动鼠标的中间滚轮调节目录中文件和文件夹图标的大小,以达到自己最满意的视觉效果。

(1)"超大图标":以系统中所能呈现的最大图标尺寸来显示文件和文件夹的图标。

(2)"大图标""中图标"和"小图标":这一组排列方式只是在图标大小上和"超大图标"的排列方式有区别,它们分别以多列的大、中、小图标的格式来排列显示文件或文件夹。

(3)"列表":它是以单列小图标的方式排列显示文件夹的内容。

(4)"详细信息":它可以显示有关文件的详细信息,如文件名称、类型、总大小、可用空间等。

(5)"平铺":以适中的图标大小排成若干行来显示文件或文件夹,并且还包含每个文件或文件夹大小的信息。

(6)"内容":以适中的图表大小排成一列来显示文件或文件夹,并且还包含着文档每个文件或文件夹的创建者、修改日期和大小等相关信息。

在"此电脑"或"文件资源管理器"的工具栏中单击"查看"按钮,弹出下拉菜单,可以从中选择一种查看模式。

3. 文件夹的排列

Windows 10 系统提供按文件特征进行自动排列的方法。所谓特征,是指文件的"名称""类型""大小"和"修改日期"等。

3.4.4 文件、文件夹的组织与管理

在 Windows 10 操作系统中,除了可以创建文件夹、打开文件和文件夹外,还可以对文件或文件夹进行移动、复制、发送、搜索、还原和重命名等操作。利用"文件资源管理器"和"此电脑"可以组织和管理文件。

为了节省磁盘空间,应及时删除无用的文件和文件夹、被删除的文件或文件夹放到"回收站"中,用户可以将"回收站"中的文件或文件夹彻底删除,也可以将误删的文件或文件夹从回收站中还原到原来的位置。Windows 10 系统中,"回收站"是硬盘上的一个有固定空间的系统文件夹,其属性为隐藏,而且不能删除。

1. 文件和文件夹的选定

对文件与文件夹进行操作前,首先要选定被操作的文件或文件夹,被选中对象高亮显示。Windows 10 中选定文件或文件夹的主要方法如下:

(1)选定单个对象:单击需要选定的对象。

(2)选定多个连续对象:按住 Shift 键的同时,单击第一个对象和选取范围内的最后一

个对象。

（3）选取多个不连续对象：按住 Ctrl 键，用鼠标逐个单击对象。

（4）在文件窗口中按住鼠标左键不放，从右下到左上拖动鼠标，在屏幕上拖出一个矩形选定框，选定框内的对象即被选中。

（5）组合键 Ctrl+A，可以选定当前窗口中的全部文件和文件夹。

（6）选择"编辑"→"全选"命令，可以选定当前窗口中的全部文件和文件夹；选择"编辑"→"反向选择"命令，可以选定当前窗口中未选的文件或文件夹。

2. 文件与文件夹的复制、移动和发送

复制是将选定的文件或文件夹复制到其他位置，新的位置可以是不同的文件夹、不同磁盘驱动器，也可以是网络上不同的计算机。复制包括"复制"与"粘帖"两个操作。复制文件或文件夹后，原位置的文件或文件夹不发生任何变化。

移动是将选定的文件或文件夹移动到其他位置，新的位置可以是不同的文件夹、不同的磁盘驱动器，也可以是网络上不同的计算机。移动包含"剪切"与"粘帖"两个操作。移动文件和文件夹后，原位置的文件或文件夹将被删除。

为防止丢失数据，可以对重要文件做备份，即复制一份存放在其他位置。

（1）复制操作

- 用鼠标拖动：选定对象，按住 Ctrl 键的同时推动鼠标到目标位置。
- 用快捷菜单：用鼠标右击选定的对象，在弹出的快捷菜单中选择"复制"选项；选择目标位置，然后右击窗口中的空白处，在弹出的快捷菜单中选择"粘贴"选项。
- 用组合键：选定对象，按 Ctrl+C 键进行"复制"操作；再切换到目标文件夹或磁盘驱动器窗口，按 Ctrl+V 键完成"粘贴"。
- 用菜单命令：选定对象后，选择"编辑"→"复制"命令；切换到目标文件夹位置，选择"编辑"→"粘贴"命令。

（2）移动操作

- 用鼠标拖动：选定对象，按住左键不放拖动鼠标到目标位置。
- 用快捷菜单：用鼠标右击选定的对象，在弹出的快捷菜单中选择"剪切"选项；切换到目标位置，然后右击窗口中的空白处，在弹出的快捷菜单中选择"粘贴"选项。
- 用组合键：选定对象，按 Ctrl+X 键进行"剪切"操作；再切换到目标文件夹或磁盘驱动器窗口，按 Ctrl+V 键完成"粘帖"。
- 用菜单命令：选定对象后，选择"编辑"→"剪切"命令；切换到目标文件夹位置，选择"编辑"→"粘贴"命令。

（3）发送操作

发送文件或文件夹到其他磁盘（如 U 盘或移动硬盘），实质上是将文件或文件夹复制到目标位置。选定对象并右击，在弹出的菜单中选择"发送到"→"U 盘（F:）"。如图 3-38 所示，文件或文件夹的发送目标位置有可移动磁盘、邮件收件人、桌面快捷方式和压缩文件夹等。

3. 文件与文件夹的重命名

选择要重命名的文件或文件夹，选择"文件"→"重命名"命令；或者鼠标右击要重命名的文件或文件夹，在弹出的快捷菜单中选择"重命名"选项。文件或文件夹的名称处于编辑状

图 3-38 "发送到"子菜单

态(蓝色反白显示),直接键入新的文件或文件夹名。输入完毕按 Enter 键。

4. 搜索操作

Windows 10 的"搜索"功能可以快速找到某一个或某一类文件和文件夹。在计算机中搜索任何已有的文件或文件夹,首先要知道文件名或文件类型。对于文件名,如果用户记不住完整的文件名,可使用通配符进行模糊搜索。常用的通配符有"＊"和"?",分别代表任意一串字符和任意一个字符。

打开"文件资源管理器"选择"此电脑"(搜索的范围),在右上角的搜索框输入要搜索的文件夹名或文件名,就能得到搜索的结果。

5. 删除操作

删除文件或文件夹时,首先选定要删除的对象,然后用以下方法执行删除操作:

(1) 右击,在弹出的快捷菜单中选择"删除"选项。

(2) 在键盘上直接按 Delete 键。

(3) 选择"文件"→"删除"命令。

(4) 在工具栏中单击"删除"按钮。

(5) 按组合键 Shift＋Delete 直接删除,被删除对象不再放到"回收站"中。

(6) 用鼠标直接将对象拖到"回收站"。

说明:要彻底删除"回收站"中的文件和文件夹,打开"回收站"窗口,选定文件或文件夹并右击,在弹出的快捷菜单中选择"删除"选项或"清空回收站"选项。

6. 还原操作

用户删除文档资料后,被删除的内容移到"回收站"中。在桌面上双击"回收站"图标,可以打开"回收站"窗口查看回收站中的内容。"回收站"窗口列出了用户删除的内容,并且可以看出它们原来所在的位置、被删除的日期、文件类型和大小等。

若需要把已经删除到回收站的文件恢复,可以使用"还原"功能,双击"回收站"图标,在"回收站任务"栏中单击"还原所有项目"选项,系统把存放在"回收站"中的所有项目全部还原到原位置;单击"还原此项目"选项,系统将还原所选的项目。

3.4.5 案例实施

1. 创建文件夹

单击"开始"→"所有程序"→"附件",选择"文件资源管理器",打开"文件资源管理器"窗口,如图 3-39 所示。

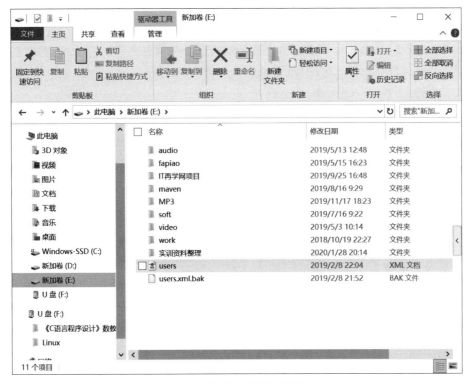

图 3-39 "文件资源管理器"窗口

（1）在左侧的窗格中单击"计算机",然后在右侧的窗格中单击 E 盘,进入 E 盘的根目录下。

（2）右击空白处,在弹出的菜单中选择"新建"→"文件夹",在右侧窗格中会生成一个"新建文件夹"。

（3）右击"新建文件夹",选择"重命名",在文件夹图标下方的空白栏中输入"高等数学",再单击文件夹的图标,这样就在 E 盘的根目录下创建了"高等数学"文件夹。

（4）重复操作步骤 3,分别创建文件夹"计算机网络""计算机基础""数据库原理""教学大纲""电子课件""课程作业""学生考勤"。

（5）双击"电子课件"文件夹,进入到该目录下,然后单击"文件"→"新建"→"文本文档",在新建文档图标的下方空白栏中输入"计算机发展.txt",然后单击文档图标完成创建。接着,用类似的方法创建其他文档。

（6）选择"教学大纲""电子课件""课程作业""学生考勤"四个文件夹,右击目录空白处,选择"剪切"。双击"计算机基础"文件夹,然后右击选择"粘贴",这样就把四个文件夹放在"计算机基础"文件夹目录下。

说明:

- 同一文件夹中不能有名称和类型完全相同的两个文件,即文件名具有唯一性,Windows 10 系统通过文件名来存储和管理文件和文件夹。
- 存储在磁盘中的文件或文件夹具有相对固定的位置,也就是路径。路径通常由磁盘驱动器符号(或称盘符)、文件夹、子文件夹和文件名等组成。

2. 复制和删除文件

文件复制操作

(1) 打开"文件资源管理器"窗口。

(2) 单击 D 盘,在右侧窗格中空白处选择"新建"→"文件夹"命令,在右侧窗格中将会生成一个"新建文件夹",输入文字"教学备份",如图 3-40 所示。

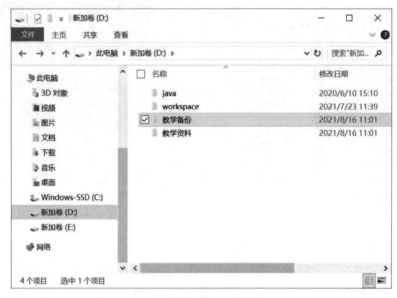

图 3-40　文件、文件夹管理实例

(3) 选择"E:\计算机基础"文件夹,窗格中将显示"计算机基础"文件夹下的文件和文件夹。单击"全部选择"命令,选中所有文件和文件夹(或使用 Ctrl＋A 键)。

(4) 选择"复制"选项(或使用 Ctrl＋C 组合键),将选中的内容复制到剪贴板上。

(5) 选择"D:\教学备份"文件夹,窗格会切换到"教学备份"文件夹下,右击窗格中的空白处,在弹出的快捷菜单中选择"粘贴"选项(或使用 Ctrl＋V 组合键),将剪贴板上的内容粘贴到该文件夹中。

3. 删除文件夹的操作

在"文件资源管理器"中,选定文件夹"E:\数据库原理"。右击右侧框中的空白处,在弹出的快捷菜单中选择"删除"选项,在弹出的"删除文件夹"对话框中,单击"是(Y)"按钮,这样就删除了"数据库原理"文件夹。如图 3-41 所示。

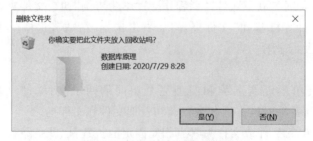

图 3-41　"删除文件夹"对话框

4. 删除文件的操作

在"文件资源管理器"窗口的左侧窗格中选定"电子课件"文件夹。

在右侧窗格中选择文件"病毒与安全.docx"并右击,在弹出的快捷菜单中选择"删除"选项,在弹出的"确认文件删除"对话框中单击"是(Y)"按钮。

3.5 本 章 小 结

本章概述微软公司的 Windows 系统的发展简史,主要讲述最新 Windows 10 系统的安装、Windows 10 系统界面和操作、Windows 10 系统应用程序的使用,并通过案例方式详细讲解了 Windows 10 系统的文件与文件夹的管理。通过本章的学习,读者对 Windows 10 的安装、Windows 10 系统的使用、Windows 10 系统的维护等基础知识有了大概的了解,为后续的 Office 应用软件章节做好铺垫。

上 机 实 验

实验任务一 Windows 10 的基本操作

实验目的:

1. 了解 Windows 10 操作系统桌面对象;

2. 掌握 Windows 10 操作系统基本操作;

3. 掌握窗口与对话框的组成与基本操作;

4. 学习 Windows 桌面的组成、任务栏的使用。

实验步骤

1. 了解 Windows 10 桌面基本组成要素

(1) 启动 Windows 10 以后,观察桌面基本图标:回收站。

(2) 观察桌面底部的"任务栏","任务栏"是位于桌面的最底部的长条,显示系统正在运行的程序、当前时间等,主要由"开始"按钮、搜索框、任务视图、快速启动区、系统图标显示区和"显示桌面"按钮组成。与以前的操作系统相比,Windows 10 中的任务栏设计得更加人性化、使用更加方便、功能和灵活性更强大。用户按 Alt＋Tab 组合键可以在不同的窗口之间进行切换操作。

(3) 桌面图标。Windows 10 操作系统中,所有的文件、文件夹和应用程序等都由相应的图标表示。桌面图标一般是由文字和图片组成,文字说明图标的名称或功能,图片是它的标识符。新安装的系统桌面中只有一个"回收站"图标。

用户双击桌面上的图标,可以快速地打开相应的文件、文件夹或者应用程序,如双击桌面上的"回收站"图标,即可打开"回收站"窗口。

2. 保持桌面现状

右击桌面空白处,在快捷菜单中选"查看"选项,在级联菜单中选"自动排列图标"选项,则该选项处出现√符号,其后的移动图标操作将被禁止,并观察"查看"级联菜单中其他选项的作用。

说明:以下操作,须先右击"任务栏"空白位置,在弹出的快捷菜单中取消"锁定任务栏"

89

第3章

Windows 10 操作系统

的选定。

3. 改变任务栏高度

先使任务栏变高(拖动上缘),再恢复原状。

4. 改变任务栏位置

将任务栏移到左边缘(鼠标指向任务栏空白处,按住左键,拖动),再恢复原状。

5. 设置任务栏选项

右击"任务栏"空白位置,在弹出的快捷菜单中选择"任务栏设置",弹出"任务栏属性"对话框,如图 3-42 所示。

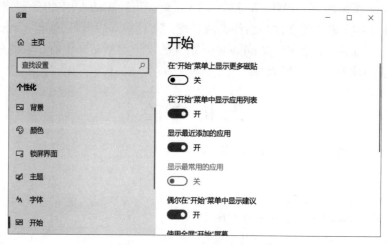

图 3-42　"任务栏属性"对话框

6. 在桌面上添加一个文件夹

(1) 右击桌面空白处,选择快捷菜单中的"新建"选项中的"文件夹"选项,则桌面上将出现一个名为"新建文件夹"的图标。

(2) 右击图标的标题,选择快捷菜单中的"重命名"选项,输入"我的文件夹",则文件夹由"新建文件夹"改名为"我的文件夹"。

(3) 单击"开始"→"所有程序"→"附件"→"画图",打开"画图"程序。

画一幅以校园为主题的"我的校园"图,将图片保存到"我的文件夹"中。

实验任务二　Windows 10 的系统设置

实验目的:

1. 了解 Windows 10 系统的常规设置内容。

2. 掌握 Windows 10 系统的常规设置方法。

实验步骤:

Windows 10 为了兼顾触控设备,在原有控制面板的基础上,推出了设置面板,并且把诸多重要入口转移到设置面板,但大多数设备并没有触控屏,因此用的人很少,在 Windows 10 系统中设置面板是初级设置,而控制面板是高级设置。

1. 打开"控制面板"对话框

按以下方法之一,打开"控制面板"对话框,如图 3-43 所示。

图 3-43　控制面板

（1）第一种方法是打开"开始"菜单，然后单击进入"Windows 系统"文件下的"控制面板"，打开"控制面板"窗口。

（2）第二种方法是同时按下 Win＋R 键，进入"运行"程序，然后在"运行"框内输入 Control，接着单击"确定"按钮，即可进入控制面板。

（3）第三种方法是在桌面右击，然后单击进入"个性化"设置选项，再单击进入"主题"设置页面中的"桌面图标设置"选项，接着勾选"控制面板"选项，最后就能在桌面上看到控制面板的图标，单击即可进入。

2. 设置日期和时间

（1）在控制面板中，单击"日期和时间"对象，打开"日期和时间"对话框，如图 3-44 所示。

（2）更改日期和时间或更改时区。

（3）在"Internet 时间"选项卡中，可以"将计算机设置为自动与 time.windows.com 同步"。

（4）单击"确定"按钮，关闭对话框。

3. 设置打印机

（1）在控制面板中，单击"设备和打印机"，打开"设备和打印机"对话框。

（2）单击"添加打印机"按钮，系统会扫描连接的打印机设备，如图 3-45 所示，即可添加打印机。

（3）可以选择默认的打印机。

4. 设置鼠标属性

（1）在"控制面板"对话框中单击"鼠标"图标，弹出"鼠标属性"对话框，如图 3-46 所示。

（2）在"鼠标属性"对话框中可以设置鼠标双击速度，切换左键和右键，设置鼠标指针等。

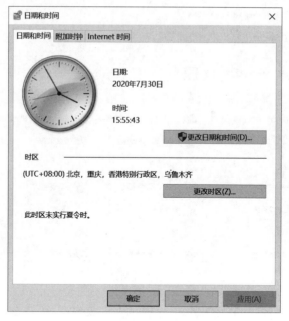

图 3-44　日期和时间对话框

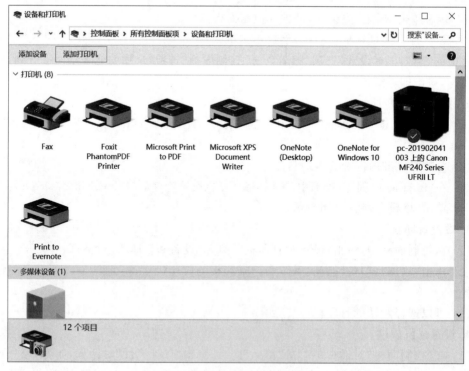

图 3-45　"设备和打印机"对话框

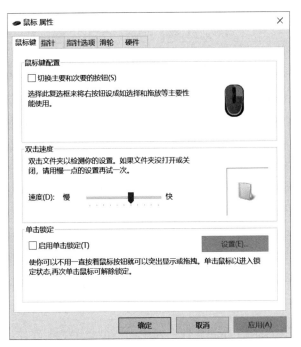

图 3-46 "鼠标属性"对话框

Windows 10 操作系统

第4章 Word 2016 文档编辑

Word 2016 是 Microsoft 公司推出的 Microsoft Office 2016 中一个重要组件,它适于制作各类文档,如书籍、简历、公文、表格、报刊、传真等,既能满足简单的办公商务和个人文档编辑,又能满足专业人员制作印刷版式复杂的文档需要。Word 2016 具有许多方便优越的性能,可以帮助用户轻松、高效地制作和处理各类文档。

4.1 Word 2016 简介

Word 2016 是 Office 2016 办公软件系列中的一个文字处理软件,学习 Word 2016 可以从了解 Office 2016 软件系列的成员、熟悉 Word 2016 的基本功能以及认识 Word 2016 的功能开始。

4.1.1 Word 2016 概述

1. Microsoft Office 2016 介绍

Microsoft Office 2016 提供了一套完整的办公工具,主要包括 Word、Excel、PowerPoint、Access 和 Outlook 等多个实用组件。

(1) Microsoft Word 2016:文字编辑程序,用来创建和编辑具有专业外观的文档,如信函、论文、报告和小册子。

(2) Microsoft Excel 2016:数据处理程序,用来执行计算、分析信息以及可视化电子表格中的数据。

(3) Microsoft Powerpoint 2016:幻灯片制作程序,用来创建和编辑用于幻灯片播放、会议和网页的演示文稿。

(4) Microsoft Access 2016:数据库管理系统,用来创建数据库和程序来跟踪与管理数据。

(5) Microsoft Outlook 2016:电子邮件客户端程序,用于发送和接收电子邮件;管理日程、联系人、任务以及记录活动信息。

(6) Microsoft InfoPath Designer 2016:用来设计动态表单,以便在整个组织中收集和重用信息。

(7) Microsoft InfoPath Filler 2016:用来填写动态表单,以便在整个组织中收集和重用信息。

(8) Microsoft OneNote 2016:笔记管理程序,用来搜集、组织、查找和共享笔记。

(9) Microsoft Publisher 2016:出版物制作程序。用来创建新闻稿和小册子等专业品质出版物及营销素材。

（10）Microsoft SharePoint Workspace 2016：协同办公程序。

（11）Office Communicator 2016：统一通信客户端程序。

2．Microsoft Word 2016 概述

MicrosoftWord 2016 是基于 Windows 环境下的文字处理软件，具有 Windows 友好的图形用户界面以及丰富的文字处理功能、能够帮助用户轻松快速地完成文档的建立、排版等操作。该软件可以对用户输入的文字进行自动拼写检查、方便地绘制表格、编辑文字、图像、声音、动画、实现图文混排。Word 2016 还拥有强大的打印功能和丰富的帮助功能，Word 具有对各种类型的打印机参数的支持性和配置性，帮助功能还为用户自学提供方便。

4.1.2　Word 2016 的功能

除了基本的文字处理功能之外，Word 2016 还具有以下功能：

1．"文件"选项卡。通过"文件"选项卡，用户可以方便地对文档设置权限、共享文档、新建、保存（支持直接保存为 PDF 文件）、打印文档等操作。用户还可以根据自己的需要，将常用的功能按钮添加到快速访问工具栏，方便使用。

2．"字体特效"功能。在 Word 2016 中，用户可以为文字轻松地应用各种内置的文字特效。除了简单的套用，用户还可以用自定义的方式为文字添加颜色、阴影、发光等特效。用户在对文字应用新的特效时，依然可以使用拼写检查功能，检查特效文字的语法是否存在问题。

3．"图片简单处理"功能。在 Word 2016 文档中插入图片，用户可以对图片进行简单的加工处理。除了可以为图片增加"马赛克"等各种艺术效果外，还可以快速地对图片进行锐度、柔化、对比度、亮度及颜色修正等操作，不必再启动专业的图片处理工具对图片进行加工。

4．"删除背景"功能。该功能可以对文档中的图片内容进行"抠图"，移除图片中不需要的元素。

5．"屏幕截图"功能。该功能可以帮助用户快速截取所有没有最小化到任务栏的程序的窗口画面，还可以实现区域截图。

6．"SmartArt 图形"功能。它使用户制作功能图更加方便。例如，图片布局功能，用户可以在图片布局图表的 SmartArt 形状中插入图片、填写文字，快速建立功能图。

7．表格属性中的"可选文字"功能。通过表格属性中的"可选文字"选项，可以为表格添加文字说明，便于对表格进行特殊的处理。

8．"所见即所得"的打印预览功能。在 Word 2016 中，打印效果直接显示在打印选项的右侧。用户可以在左侧打印选项中调整文档页面属性，简化了预览操作。

9．"多语言翻译"功能。该功能可以帮助用户进行文档、选定文字的翻译。该翻译功能还包含了即指即译的效果，可以对文档中的文字进行即时翻译。

10．增强了文档的安全性。对于用户在互联网中下载的文档，Word 2016 将自动启动"保护模式"打开该文档。在该模式下，用户看到的是文档的预览效果。只有当用户确认文档为可靠文件时，单击"启用编辑"后，Word 2016 才对文档进行完整的打开操作，从而降低了用户"误打开"不安全文档的风险。

11. "粘贴预览"功能。当用户复制文字图片内容后,用户可以在"粘贴"选项中选择预览各种粘贴模式,根据预览的效果选择需要的粘贴类型。

12. "文档导航"功能。它增强了文档搜索功能,根据用户文档中的各级标题可以自动建立文档结构图。同时还可以在导航栏输入关键字,Word 将即时定位所有符合查找条件的文字,并将文字突出显示。

13. "协同工作"功能。Word 2016 加入了协同工作的功能,只要通过共享功能选项发出邀请,就可以让其他使用者一同编辑文件,而且每个使用者编辑过的地方,也会出现提示,让所有人都可以看到哪些段落被编辑过。对于需要合作编辑的文档,这项功能非常方便。

14. "搜索框"功能。在 Word 2016 的界面右上方,可以看到一个搜索框,在搜索框中输入想要搜索的内容,搜索框会给出相关命令,这些命令可以直接单击执行。对于使用 Word 不熟练的用户来说,将会方便很多。如图 4-1 所示。

图 4-1 "搜索框"和"加载项"

15. "云模块"功能。Word 2016 中云模块已经很好地与 Word 融为一体。用户可以指定云作为默认存储路径,也可以继续使用本地硬盘储存。值得注意的是,由于"云"同时也是 Windows 10 的主要功能之一,因此 Word 2016 实际上是为用户打造了一个开放的文档处理平台,通过手机、iPad 或其他客户端,用户即可随时存取刚刚存放到云端上的文件。

16. "加载项"功能。在 Word 2016 的插入菜单中增加了一个"加载项"标签,其中包含"应用商店""我的加载项"两个按钮,如图 4-1 所示。这里主要是微软和第三方开发者开发的一些应用 APP,类似于浏览器扩展,主要是为 Word 提供一些扩充性功能。例如,用户可以下载一款检查器,帮助检查文档的断字或语法问题等。

4.2 Word 2016 的基础知识

使用 Word 软件编辑文档,启动与退出软件是必不可少的操作,同时了解其窗口组成,可以帮助用户更加灵活地使用 Word 软件,本节将介绍这些内容。

4.2.1 Word 2016 的启动

常用的启动方法有以下几种:

1. 从"开始"菜单

在 Windows 7 操作系统任务栏中选择"开始"→"所有程序"→"Microsoft Office"→"Microsoft Word 2016"命令,即可启动 Word 2016。

在 Windows 10 操作系统任务栏中单击"开始"后,用键盘输入"Word",自动查找到"Word 2016",单击它即可启动 Word 2016。

2. 双击桌面快捷方式

通常安装完 Word 2016 后,默认在桌面上创建了 Word 2016 快捷方式图标,双击该图标,即可启动 Word 2016。

3. 双击 Word 文件

双击 Word 文件即可启动 Word 2016。

如果没找到 Word 文件,也可以先新建一个 Word 文件,操作方法为:右击桌面或文件夹的空白处,在弹出的快捷菜单中选择"新建"→"Microsoft Word 文档"命令,可创建一个 Word 文档,双击该新建文件即可启动 Word 2016。

4.2.2 Word 2016 的退出

退出 Word 2016 有很多方法,常用的有以下几种:

1. 单击 Word 2016 窗口右上角的"关闭"按钮(或按快捷键 Alt+F4)。

2. 选择"文件"→"关闭"命令。

3. 双击快速访问工具栏左侧的空白处,如图 4-2 所示。

4. 单击快速访问工具栏左侧的空白处,从弹出的菜单中选择"关闭"命令,如图 4-2 所示。

如果在退出之前没有保存修改过的文档,退出时会弹出一个提示框,如图 4-3 所示,单击"保存"按钮,Word 2016 保存文档后退出程序;单击"不保存"按钮,Word 2016 不保存文档直接退出程序;单击"取消"按钮,Word 2016 取消此次退出程序的操作,返回之前的编辑窗口。

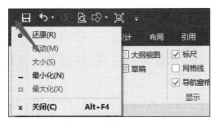

图 4-2　退出 Word

图 4-3　退出 Word 时未保存的提示框

4.2.3 Word 2016 的窗口组成

启动 Word 后打开 Word 2016 文档窗口,也是该软件的主要操作界面,如图 4-4 所示。

Word 2016 文档窗口主要由快速访问工具栏、标题栏、文件选项卡、开始选项卡、其他选项卡、功能区、标尺、状态栏、文本编辑区等组成。用户可以根据自己的需要修改和设定窗口的组成。

1. 快速访问工具栏。该工具栏集中了多个常用按钮,如"保存""撤销""恢复"等,用户可以在此添加个人常用命令,添加方法为:单击快速访问工具栏右侧的按钮 ,在弹出的下拉列表中选择需要显示的按钮即可。

2. 标题栏。标题栏显示应用程序的名称和正在编辑的文件名,其右侧是一组窗口操作按钮,包括"最小化""最大化/还原"和"关闭"按钮。

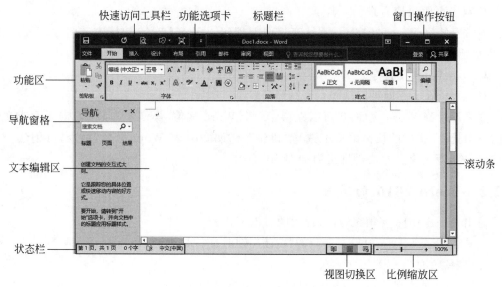

图 4-4　Word 2016 操作界面

3. 功能选项卡。Word 2016 取消了传统的菜单,取而代之的是多个选项卡,每个选项卡代表一组核心按钮,并按功能不同分为若干个组,如"开始"选项卡下有"剪贴板"组、"字体"组、"段落"组、"样式"组等。

4. 功能区:包含许多按钮和对话框的内容,单击相应的功能按钮,将执行对应的操作。功能选项卡与功能区是对应的关系,选择某个选项卡即可打开与其对应的功能区。每个选项卡所包含的功能又被细分为多个组,每个组中包含了多个相关的命令按钮,例如"开始"选项卡包括"剪贴板"组、"字体"组、"段落"组等,如图 4-4 所示。

在一些包含命令较多的功能组,右下角会有一个对话框启动器 ,单击该按钮将弹出与该功能组相关的对话框或任务窗格。

5. 文本编辑区:所有的文本操作都在该区域中进行,可以显示和编辑文档、表格、图表等。

6. 状态栏:显示正在编辑的文档的相关信息。例如,当前页码、总页数等。提供视图方式、显示比例和缩放滑块等辅助功能,以显示当前的各种编辑状态。

4.3　文档的基本操作

文档的新建、打开以及保存等操作是编辑文档时常用的操作,同时灵活使用文档的多种显示方式,可以帮助用户方便浏览文档不同形式的内容,例如文档的大纲、文档的 Web 版式等。

4.3.1　文档的新建

在 Word 2016 中,可以创建空白文档,也可以根据现有的内容创建文档,甚至可以创建一些具有特殊功能的文档,如个人简历。

1. 创建空白文档

除了启动 Word 2016 时系统自动空白文档外,还可以使用以下几种方法创建空白文档。

(1) 单击"文件"按钮,在弹出的菜单中选择"新建"命令。

(2) 按 Ctrl+N 组合键。

如果 Word 2016 已经启动,新建一个空白文档的步骤如下:选择"文件"→"新建"命令,打开 Word 2016 工作界面,在"可用模板"列表框中选择"空白文档",单击"创建"按钮,新建一个空白文档。

2. 根据现有内容创建文档

对已存在的 Word 文档进行编辑后,若不需修改文档保存的位置和文件名,可选择"文件"→"保存"命令;单击快速访问工具栏中的"保存"按钮或者按快捷键 Ctrl+S,也可以实现对文件的保存。

如果要修改文件的保存位置或对文件另起别名保存或者修改文件类型,可以选择"文件"→"另存为"命令,再次弹出设置对话框进行修改。

3. 自动保存文档

Word 为用户提供了自动保存文档的功能。设置了自动保存功能后,无论文档是否被修改过,系统会根据设置的时间间隔有规律地对文档进行自动保存。在默认状态下,Word 2016 每隔 10 分钟为用户保存一次文档。如果你想更改自动保存的时间,可以单击"文件"→"选项"命令,如图 4-5 就设置默认保存时间为 5 分钟。

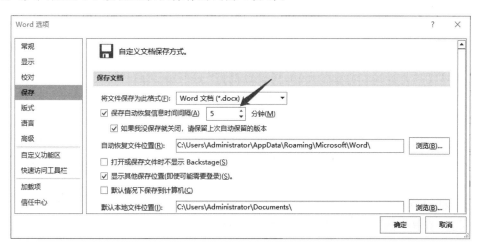

图 4-5 "Word 选项"对话框

4.3.2 文档的打开和关闭

1. 打开文档

对于一个已存在的 Word 文档,如果用户要再次打开进行修改或查看,就需要将其调入内存并在 Word 窗口中显示出来。可以通过以下两种方式打开文档:

(1) 直接打开文档

在操作系统中找到文档所在位置,然后双击文档图标,可以打开这个 Word 文档。

Word 2016 文档编辑

（2）通过"文件"→"打开"命令打开文档

在编辑的过程中，如果需要使用或参考其他文档中的内容，则可以使用"文件"→"打开"命令打开文档，单击"浏览"按钮，如图 4-6 所示，在左边栏中选择相应的文件夹，右边栏中选择文件后，单击"打开"按钮打开文件。

图 4-6 "打开"对话框

如果该文档是近期打开过的文档，还可以选择"文件"→"打开"→"最近"命令，在右侧会显示文件列表，选择要打开的文件。

【提示】单击"打开"下拉按钮，会弹出一个下拉列表，其中包含多种打开文档的方式。"以只读方式打开"的文档以只读的方式存在，对文档的编辑修改将无法保存到原文档中；以"副本方式打开"的文档，将不打开原文档，对该副本文档所做的编辑修改将直接保存到副本文档中，对原文档不会产生影响。

2. 文档的关闭

当用户不再使用该文档时，应将其关闭。常用的关闭方法如下：

（1）单击标题栏右侧的"关闭"按钮。

（2）选择"文件"→"关闭"命令，关闭当前文档，选择"退出"命令，关闭当前文档并退出 Word 程序。

（3）右击标题栏，从弹出的快捷菜单中选择"关闭"命令。

（4）按 Alt+F4 组合键，退出 Word 程序。

如果文档在关闭前没有保存，系统就会弹出信息提示框，提示用户对文档进行保存，然后再关闭文档。

4.3.3 文档的显示方式

在文档编辑过程中,常常需要因不同的编辑目的而突出文档中某一部分的内容,例如,浏览整篇文档各章节的标题、查看文档在网页中的显示效果等,此时可通过选择视图方式或者调整窗口等方法控制文档的显示。

1. 视图方式

Word 2016 提供了 5 种文档视图,即页面视图、阅读版式视图、Web 版式视图、大纲视图和草稿视图。

若要选择不同的文档视图方式,可使用以下两种方法:

① 单击 Word 窗口下方状态栏右侧的视图切换区中的不同视图按钮。

② 单击"视图"选项卡"文档视图"选项组中的按钮选择所需的视图方式。

(1) 页面视图

页面视图是 Word 2016 的默认视图,在进行文本输入和编辑时常采用该视图。它是按照文档的打印效果显示文档,文档中的页眉、页脚、页边距、图片以及其他元素均会显示其正确的位置,适用于浏览文章的总体排版效果。

【提示】在页面视图下,页与页之间使用空白区域区分上下页。为了便于阅读,需要隐藏该空白区域,可将鼠标指针移动到页与页之间的空白区域,双击即可隐藏,再次双击可恢复空白区域的显示。

(2) 阅读版式视图

阅读版式视图以图书的分栏样式显示文档,功能区等窗口元素被隐藏起来,以扩大显示区域,便于用户阅读文档。在阅读视图中,单击"关闭"按钮或按 Esc 键即可退出阅读版式视图。

(3) Web 版式视图

Web 版式视图是以网页的形式显示 Word 2016 文档,适用于发送电子邮件、创建和编辑 Web 页。例如,文档将以一个不带分页符的长页显示,文字和表格将自动换行,以适应窗口。

(4) 大纲视图

大纲视图主要用于设置和显示文档的框架结构。使用大纲视图,可以方便查看和调整文档的结构;还可以对文档进行折叠,只显示文档的各个标题,便于移动和复制大段文字;多用于长文档浏览和编辑。

(5) 草稿视图

草稿视图主要用于查看草稿形式的文档,便于快速编辑文本。草稿视图取消了页面边距、分栏、页眉、页脚和图片等元素,仅显示标题和正文,该视图模式便于用户设置字符和段落的格式。在草稿视图中,上下页面的空白区域转换为虚线。

2. 其他显示方式

(1) 窗口的拆分

在编辑文档时,有时需要频繁地在上下文之间切换,拖动滚动条的方法较麻烦且不太容易准确定位,这时可以使用 Word 拆分窗口的方法。将窗口一分为二变成两个窗格,两个窗格中可以显示同一个文档中的不同内容,这样可以方便地查看文章前后内容。拆分窗口的操作步骤如下：

① 打开一个 Word 文档。

② 单击"视图"选项卡中的"拆分"按钮。

③ 界面上出现一条灰色的分隔线,将横线移至窗口编辑区后单击,此时窗口被分为上下两个窗口。

若想取消窗口的拆分,单击"视图"选项卡中的"取消拆分"按钮即可。

（2）并排查看

当同时打开两个 Word 文档后,若想使两个文档窗口左右并排显示,可以单击"视图"选项卡中的"并排查看"按钮,默认这两个窗口内容可以同步上下滚动,非常适合文档的比较和编辑。若要取消,再次单击"并排查看"按钮即可。

4.4 文档的基本排版

在 Word 文档中,文字是组成段落的最基本内容。本节将介绍文本的输入、编辑、拼写检查以及字符、段落、页面的格式化设置,这是整个文档编辑排版的基础。

4.4.1 输入文档内容

Word 文档的内容包含文字、符号、图片、表格、超链接等多种形式。本节重点讲解文本及符号的输入。

在文档窗口中有一个闪烁的插入点,这就是光标的位置,以后的文字输入和控制键操作都是基于此插入点进行的。当光标移动到某一位置时,Word 窗口下方的状态栏左侧会显示光标所在的页数。

1. 移动插入点

在开始编辑文本之前,应首先找到要编辑的文本位置,这就需要移动插入点。插入点的位置指示将要插入内容的位置,以及各种编辑修改命令生效的位置。通过移动鼠标或者键盘都可以实现插入点的移动。使用键盘的快捷键,也可以移动插入点,常见的快捷键及其功能如表 4-1 所示。

表 4-1　移动插入点的常见快捷键

快 捷 键	功　　能	快 捷 键	功　　能
←	左移一个字符	Ctrl＋←	左移一个词
→	右移一个字符	Ctrl＋→	右移一个词
↑	上移一行	Ctrl＋↑	移至当前段首
↓	下移一行	Ctrl＋↓	移至下段段首
Home	移至插入点所在行的行首	Ctrl＋Home	移至文档首
End	移至插入点所在行的行尾	Ctrl＋End	移至文档尾
PageUp	翻到上一页	Ctrl＋PageUp	移至上页顶部
PageDown	翻到下一页	Ctrl＋PageDown	移至下页顶部

2. 输入英文字符

在英文状态下通过键盘可以直接输入英文、数字及标点符号。默认输入的英文字符为小写，当输入篇幅较长的英文文档时，会经常用到大小写的切换，除了使用 Shift＋字符键外，还可以使用"开始"选项卡中的"更改大小写"按钮（**Aa ▾**）。

3. 输入中文文字

一般情况下，操作系统会自带基本的输入法，如微软拼音。用户也可以安装第三方软件，例如搜狗输入法、百度输入法、QQ 输入法、极品五笔输入法、万能五笔输入法等都是常见的中文输入法。

通过按 Ctrl＋Space 组合键可以打开关闭输入法，通过按 Ctrl＋Shift 组合键可以切换输入法。在切换为中文输入法后，一般的中文输入法都可以按 Shift 键切换为英文输入，再按 Shift 键切换为中文输入。单击输入法工具条（中 ☽ ㊛ ☺ ♀ ▦ ♣ ♠ ▦）中的"中"按钮也可以切换为英文输入，单击"全/半角"按钮（☽）可以切换全角/半角输入，单击"中/英文标点"按钮（♣）可以切换中/英文标点输入。

4. 插入符号

在编辑文档的过程中，有时需要输入一些从键盘上无法输入的特殊符号，如"①""√""≠""⊗"等，以下介绍几种常用的方法。

（1）插入常用符号

单击"插入"选项卡中的"符号"按钮，在打开的下拉列表中列出了一些最常用的符号，单击所需要的符号即可将其插入到文档中。

（2）插入不常用符号

若该列表中没有所需要的符号，可单击"其他符号"按钮，弹出"符号"对话框，如图 4-7 左图所示。在"字体"后的组合框中选择"普通文本"，"子集"中选择"带括号的字母数字"，可以找到"①"，单击"插入"按钮可将符号"①"插入文档中，同理插入"√"、"≠"字符。

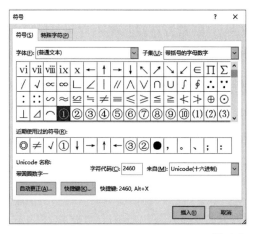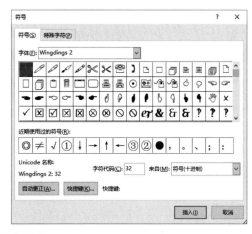

图 4-7　插入符号

（3）插入 Wingdings 字符

若要插入 Wingdings 字符，可单击"其他符号"按钮，弹出"符号"对话框，如图 4-7 右图所示。在"字体"后的组合框中选择 Wingdings 2，可以找到"⊗"，单击"插入"按钮可将符号

"⊗"插入文档中。

5. 插入日期

编辑文档时,可以使用插入日期和时间功能输入当前日期和时间。

在 Word 2016 中输入日期类格式的文本时,Word 2016 会自动显示默认格式的当前日期,按 Enter 键即可插入当前日期,如图 4-8 所示。

如果要输入其他格式的日期和时间,还可以通过"日期和时间"对话框进行插入。打开"插入"选项卡,在"文本"组中单击"日期和时间"按钮,弹出"日期和时间"对话框,如图 4-8 所示。在对话框中可以设置"语言"为"中文(中国)",也可勾选"自动更新"。

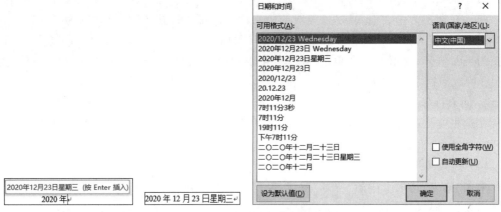

图 4-8　插入日期和时间

6. 插入公式

若编辑与数学相关的文档,尤其是制作数学试卷、公式繁多的论文时,用键盘输入一些特殊的积分号、根号等是不可能的,Word 提供了一些常用的公式,还提供了自定义公式的功能,方法也很简单。

单击"插入"→"符号组"中的"公式"(或下拉列表),会自动跳转到【公式工具】选项卡,如图 4-9 所示。利用"公式工具"中的"工具""符号"和"结构"组中的功能按钮可以定制公式。

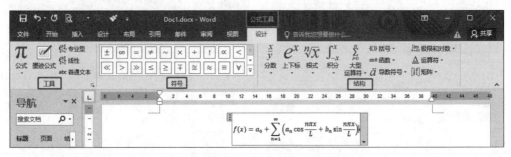

图 4-9　公式设计工具和最后的结果

7. 插入其他文档的内容

Word 允许在当前编辑的文档中插入其他文档的内容,利用该功能可以将几个文档合并成一个。具体操作如下:

（1）将光标移动至目标文档的插入点，单击"插入"选项卡"文本"组中"对象"下拉列表中的"文件中的文字"按钮（这里的"文件中的文字"，还包括图片表格等，准确说是"文件中的内容"）。

（2）在弹出的"插入文件"对话框中，选择源文件（可以多选），单击"插入"按钮，完成操作。

4.4.2 文本的编辑

对文本的编辑操作主要包括选择文本、移动与复制、查找与替换、撤销与恢复等。

1. 选取文本

选取文本可以用键盘、也可以用鼠标，在选定文本内容后，被选中的部分变为黑底白字即反相显示。

（1）使用鼠标选定文本

用鼠标选定文本的常用方法如表 4-2 所示。

表 4-2　鼠标选定文本的常见方法

选 定 内 容	操 作 方 法
文本	使用鼠标拖过待选定的文本
一个单词	双击该单词
一行文本	将鼠标指针移动到该行的左侧，指针变为指向右边的箭头（⌐），单击
多行文本	将鼠标指针移动到该行的左侧，选定一行，然后向上或向下拖动鼠标
一个句子	按住 Ctrl 键，然后单击该句中的任何位置
一个段落	（1）将鼠标指针移动到该行的左侧，指针变为⌐，然后双击 （2）在该段落中任意位置三击鼠标左键
多个段落	选定一个段落，然后向上或向下拖动鼠标
大块连续的文本	单击要选定内容的起始处，然后将光标移动到要选定内容的结尾处，在按住 Shift 键的同时单击
不连续文本	选定第一个文本，在按住 Ctrl 键的同时选中其他要选择的文本
整篇文档	（1）将鼠标指针移至文档中任一行的左侧，指针变为⌐，三击鼠标左键 （2）按快捷键 Ctrl＋A

（2）使用键盘选定文本

使用键盘也可以快速选定文本，常用操作方法如表 4-3 所示。

表 4-3　键盘选定文本的常见方法

组 合 键	功 能 说 明
Shift＋↑	选取光标位置至上一行相同位置之间的文本
Shift＋↓	选取光标位置至下一行相同位置之间的文本
Shift＋←	选取光标左侧的一个字符
Shift＋→	选取光标右侧的一个字符

续表

组　合　键	功　能　说　明
Shift＋PageDown	选取光标位置至下一屏之间的文本
Shift＋PageUp	选取光标位置至上一屏之间的文本
Ctrl＋A	选取整篇文档

2. 移动文本

移动文本是指将当前位置的文本移动到另外的位置，移动的同时，会删除原来位置上的文本，常用以下方法：

（1）选取待移动的文本，按 Ctrl＋X 组合键剪切，在目标位置处按 Ctrl＋V 组合键粘贴。

（2）选择需要移动的文本后，按鼠标左键不放，此时光标会变成形状，并且旁边会出现一条虚线，移动鼠标，当虚线移动到目标位置时，释放鼠标，即可将文本移动到目标位置。

3. 复制文本

复制文本的常用方法如下：

（1）用快捷键：选取待复制的文件，按 Ctrl＋C 组合键，将光标移动到目标位置，再按 Ctrl＋V 组合键。

（2）使用选项卡：选取待复制的文本，在"开始"选项卡的"剪贴板"组中单击"复制"按钮，将插入点移动到目标位置，再单击"粘贴"按钮。

（3）使用鼠标＋快捷键：选取待复制的文本，按住 Ctrl 键的同时拖动鼠标，松开鼠标完成复制（简而言之则为 Ctrl＋移动文本）。

4. 查找与替换

Word 支持对字符、文本甚至文本中的格式进行查找和替换。

有以下几种方法实现查找和替换：

（1）一般查找：在"开始"选项卡"编辑"组中单击"查找"按钮，窗口的左侧弹出"导航"窗格。可在搜索栏中输入查找关键字，该方法能实现文本内容的查找，如要查找带有一定样式的内容，则需用高级查找功能。

（2）高级查找和替换：在"开始"选项卡"编辑"组中单击"查找"下拉列表中的"高级查找"按钮，或者直接在"编辑"组中单击"替换"按钮，弹出"查找和替换"对话框。

例如，将"Word"替换为"Word"（红色，加粗，四号字），在对话框中的"替换"页中填写"替换内容"和"替换为"，单击"替换为"后的文本框后，①单击"更多"按钮；②单击"格式"；③单击"字体"，设置字体为"红色，四号，加粗"；④设置后的结果如图 4-10 所示。

5. 撤销与恢复

编辑文档时，Word 会自动记录最近执行的操作，如果出现操作错误，可以通过撤销功能撤销错误操作。如果撤销了某些操作，还可以通过恢复功能将其恢复。

（1）通过快速访问工具栏中的撤销按钮（　）或恢复按钮（　）进行撤销或恢复操作。

（2）按 Ctrl＋Z 组合键执行撤销操作，按 Ctrl＋Y 组合键执行恢复操作。

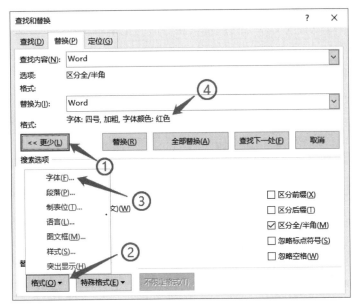

图 4-10　"查找和替换"对话框

4.4.3　拼写检查与自动更正

Word 对输入的字符有自动检查的功能,通常用红色波形下画线表示可能存在拼写问题,例如,有输入错误或不可识别的单词;绿色波形下画线表示可能存在语法问题。

例如,输入英文句子"Hpapy New Year"会看到 Hpapy 下有红色波浪线,说明该单词处有错误。将光标移动到该单词处右击,在弹出菜单上有"Happy""全部忽略"等选项,可以选择正确的拼写"Happy"。

【提示】选择"文件"→"选项"命令,在弹出的对话框中选择"校对",可以对自动拼写和语法检查功能进一步设置。

4.4.4　设置字符格式

字符的基本格式包括字体、字号、文本颜色、边框底纹等。通过"开始"选项卡中的"字体"组可以实现对字符格式的设置,将鼠标指针移动到"字体"组中的各按钮上,可以在提示框中看到关于此按钮功能的含义和解释,如图 4-11 所示。

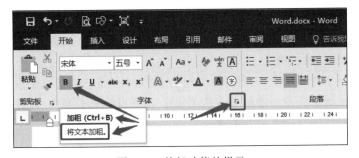

图 4-11　按钮功能的提示

107

第 4 章

Word 2016 文档编辑

除了使用"字体"组中的工具对格式进行设置外,也可以通过"字体"对话框进行设置,具体操作如下:选中待设置的文本,通过右击,在弹出的菜单中选择"字体"命令,即可打开"字体"对话框,如图 4-12 所示。在该对话框中对字体格式进行设置,在"预览"窗中可以看到设置字体后的文字效果。

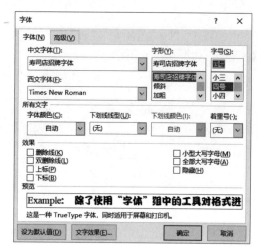

图 4-12　字体对话框

在"高级"选项卡中可以设置字符间距、文字位置等内容,如图 4-12 右图所示。

4.4.5　设置段落格式

在 Word 2016 中,段落是独立的信息单位,具有自身的格式特征。每个段落的结尾处都有段落标记(↵),按 Enter 键结束一段并开始另外一段时,生成的新段落会具有与前一段相同的段落格式。设置段落格式的方式可以通过"开始"选项卡的"段落"组,也可以通过右击,在弹出菜单中选择"段落"命令,在弹出的对话框中进行设置,在"预览"窗中可以看到设置后的预览效果。

用户可以设置段落的对齐方式、缩进、间距等格式,还可以为段落添加项目符号或者编号。

1. 设置段落对齐方式

段落对齐方式控制段落中文本行的排列方式,包含两端对齐、左对齐、右对齐、居中对齐和分散对齐等几种方式。默认的对齐方式为"两端对齐"。

2. 设置段落缩进

段落缩进是指段落相对左右页边距向页内缩进一段距离。有以下几种缩进形式:左缩进、右缩进、首行缩进、悬挂缩进。

左缩进是指整个段落中所有行的左边界向右缩进;右缩进是指整个段落中所有行的右边界向左缩进。首行缩进是指段落首行从第一个字符开始向右缩进;悬挂缩进是指整个段落中除首行外所有行的左边界向右缩进。

3. 设置行间距及段落间距

行间距是指行与行之间的距离,段间距是指两个相邻段落之间的距离。

4. 添加项目符号和编号

为文档添加项目符号或者编号可以使文档结构更加清晰。此处介绍两种添加项目符号的方法：

（1）通过"开始"选项卡的段落命令组中的"项目符号"添加。具体操作如下：

① 将光标移动到待插入处，单击"开始"选项卡"段落"组中的"项目符号"下拉按钮，选择"项目符号库"中的项目符号，或者单击"定义新项目符号"按钮，定义新的项目符号。如图 4-13 所示。

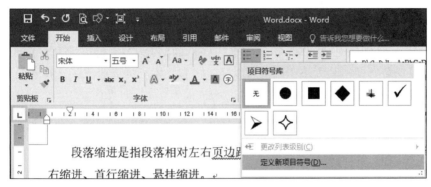

图 4-13　设置项目符号

② 在"定义新项目符号"对话框中，单击"符号"按钮，在弹出的对话框中选择需要的项目符号，单击"确定"按钮，如图 4-14 所示。还可以通过"图片"按钮选择图片作为项目符号，通过"字体"按钮设置项目符号的字体大小。

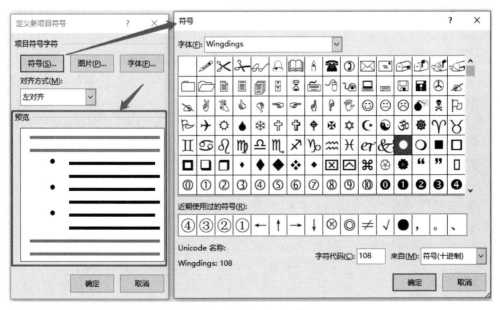

图 4-14　定义新的项目符号

（2）通过右击，从弹出菜单中选择"项目符号"命令，同样可以设置项目符号。
添加编号的操作与添加项目符号类似，此处不再赘述。

【提示】为文档添加项目符号后,系统会将该项目符号添加到"最近使用过的项目符号列表"中,下次单击"段落"组中的"项目符号"按钮,可直接添加与上一步操作相同的项目符号。

4.5 图文混排

有些文档需要图片来配合文字内容,将内容更加形象地表现。在 Word 2016 中,不仅可以插入系统自带的图形,也可以插入喜欢的图片,还可以根据需要制作图形。

4.5.1 使用文本框

文本框是一种图形对象,作为存放文本或图形的"容器",它可以放置在页面的任意位置,并可以根据需要调整其大小。用户可以通过内置文本框插入带有一定样式的文本框,还可以手动绘制横排或竖排文本框。

绘制文本框:单击"插入"→"文本"组中"文本框"→"绘制竖排文本框"按钮,当鼠标变成"＋"字形时,从文档的左上角开始拖动绘制竖排文本框。

更改文字方向:将鼠标移动到文本框中,按右键会弹出快捷菜单,选择"文字方向…",在弹出的对话框中设置文字的方向。

4.5.2 图片与剪贴画

1. 图片的插入及编辑

在 Word 2016 中可以从磁盘上选择要插入的图片文件,这些图片文件可以是 Windows 的标准 BMP 位图,也可以是 JPEG 压缩格式的图片、TIFF 格式的图片等。在插入图片后,还可以设置图片的颜色、大小、版式和样式等。

单击"插入"选项卡中的"图片"按钮,在弹出的"插入图片"对话框中选择需要的图片。单击"插入"按钮,即可将一张图片插入光标所在的位置。如想对图片做进一步设置,需要选定图片,利用图片工具中的"格式"选项卡调整图片的颜色、背景,为图片添加样式、边框、效果及版式,还可以设置图片的排列方式以及尺寸等。

设置"文字环绕"的方法 1:右击图片,在弹出的快捷菜单中选择"大小和位置",弹出"布局"对话框,如图 4-15 所示。方法 2:单击选择图片后,在"图片工具"→"格式"选项卡中,单击"环绕文字"按钮,选择相应的环绕方式。

2. 插入屏幕截图

屏幕截图是 Word 2016 的一项新功能,屏幕截图包含两种不同的方式,即"可用视图"和"屏幕剪辑"。使用"可用视图"可以截取所有活动窗口的内容作为图片,所有窗口指那些打开但并没有最小化的窗口。使用"屏幕剪辑"可以截取所选窗口中的内容作为图片。

操作方法:单击"插入"选项卡"屏幕截图"下拉列表中的"屏幕剪辑"按钮。

4.5.3 使用艺术字

艺术字是由专业的字体设计师经过艺术加工而成的汉字变形字体,是一种有图案意味或装饰意味的字体。

Word 2016 中可以按照预定义的形状创建艺术字。打开"插入"选项卡,在"文本"组中

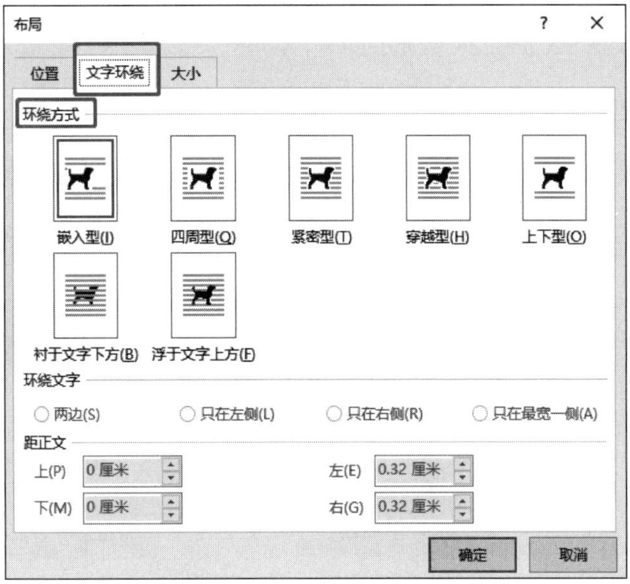

图 4-15　文字环绕的设置

单击"艺术字"按钮,弹出艺术字列表框,选择需要的样式后可在光标的位置出现一个编辑框。在其中输入需要的文字后完成插入。如需要对艺术字做进一步的处理,可选中待编排的艺术字,工具栏会出现"绘图工具"的"格式"选项卡,通过该选项卡可以设置艺术字的形状、样式等效果。

4.5.4　使用各类图形

Word 2016 提供了一套自选图形,包括直线、箭头、流程图、星与旗帜、标注等,可以使用这些形状灵活地绘制出各种图形。此外还提供了一套 SmartArt 图形,各种层次结构图、矩阵图、关系图等。

1. 插入形状

单击"插入"选项卡中的"形状"按钮,在下拉列表中选择需要的图形,在编辑区拖动即可绘制出需要的图形。同图片的编辑类似,选中图形,工具栏会出现"绘图工具"选项卡,可以设置图形的填充颜色、形状轮廓以及形状效果。

选中形状并单击右键,选择"添加文字"命令,可在图形中添加一些说明文字。

当文档中插入多个图形后,有时需将图形按照一定的方式对齐。选中多个待对齐的图形,单击"格式"选项卡中的"对齐"按钮,在下拉列表中选择需要的对齐方式。

有时为了方便图形的整体移动,可以对多个图形进行合并。按住 Ctrl 键选中多个待合并的图形,单击"格式"选项卡中的"组合"按钮,在下拉列表中单击"组合"按钮,即可将多个图形合并为一个。

2. 插入 SmartArt 图形

SmartArt 图形是信息和观点的视觉表示形式。使用 SmartArt 可在 Word 中创建各种图形图表。通过从多种不同布局中进行选择来创建 SmartArt 图形,从而快速、轻松、有效地传达信息。

单击"插入"选项卡中的 SmartArt 按钮,在弹出的"选择 SmartArt 图形"对话框中即可选择插入 SmartArt 图形,如图 4-16 所示。

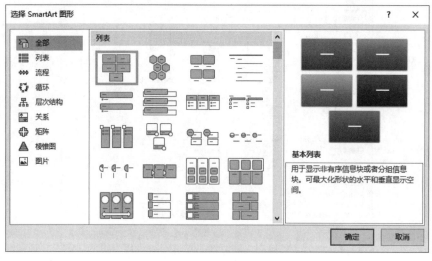

图 4-16　插入 SmartArt 图形

4.5.5　使用图表

在文档中插入数据图表,可以将复杂的数据简单明了地表现出来,对于不太复杂的数据都可以使用 Word 2016 设计出专业的数据表。

单击"插入"选项卡中的"图表"按钮,在弹出的"插入图表"对话框中选择需要的图表类型,即可在文档中插入图表。

4.6　使用表格

表格可以将一些复杂的信息简明扼要地表达出来。Word 2016 中不仅可以快速创建各种样式的表格,还可以方便地修改或调整表格。在表格中可以输入文字或数据,还可以给表格或单元格添加边框、底纹。此外,还可以对表格中的数据进行简单的计算和排序等。

4.6.1　创建表格

Word 2016 提供了多种创建表格的方法,位于"插入"选项卡的"表格"组中。有以下几种创建表格的方法:

* 使用网格创建表格。
* 使用"插入表格"对话框创建表格。
* 手动绘制表格。
* 通过表格模板快速创建表格。

1. 使用网格创建表格

单击"表格"下拉按钮,拖动鼠标选择网格,例如选择 5×4,单击即可将 5 列 4 行的表格插入文档,如图 4-17 所示。

这种方式创建的表格不带有任何样式,操作简单方便,但一次最多只能插入 10 列 8 行的表,适用于创建行、列数较少的表格。

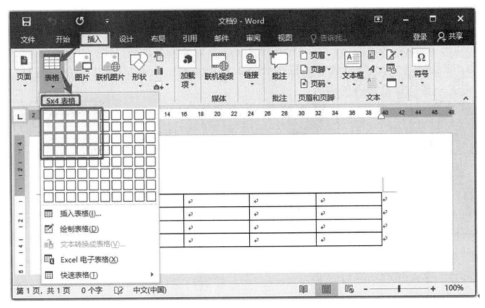

图 4-17　使用网格创建表格

2. 使用"插入表格"对话框创建表格

该方法创建表格没有行列数的限制,创建的同时还可以对表格大小进行设置。单击"插入"选项卡"表格"组中的"插入表格"按钮,弹出"插入表格"对话框,可以输入要新建表格的行、列数,以及表格"自动调整"的属性。

3. 手动绘制表格

手动绘制表格可以绘制方框、直线,也可以绘制斜线。但是在绘制表格时无法精确设定表格的行高、列宽等数值。

单击"表格"下拉列表中的"绘制表格"按钮,当鼠标指针呈铅笔形状时,按住鼠标左键向右下方拖动,绘制表格外框。在外框内部拖动鼠标,可以绘制内部的直线或斜线。

单击"表格工具"的"设计"选项卡中"擦除"按钮,在不需要的边框线上单击,可擦除多余的框线。

4. 通过表格模板快速创建表格

单击"表格"下拉列表中的"快速表格"按钮,可在下一级菜单中看到多种 Word 内置表格,选择需要的格式,即可快速插入带有一定格式的表格。

4.6.2　编辑表格

表格创建完之后,还可以根据需要对其进行编辑,例如编辑文本,插入或删除行、列,或者对单元格进行拆分或合并等。

1. 编辑表格中的文本内容

表格中输入文本以及编辑文本的字体、字号等方法与在 Word 文档中编辑文本的方法

Word 2016 文档编辑

类似。

2. 插入行列及单元格

有 3 种方法可以实现插入行、列或者单元格。

(1) 将光标移动到要插入的行、列或者单元格的相邻位置单元格,打开"表格工具"的"布局"选项卡,通过其中的"行和列"组实现插入。

(2) 在要插入的行、列或者单元格的相邻位置单元格中右击,在弹出菜单中选择"插入"命令,再进一步选择要插入的内容。

(3) 将光标移动到表格最后一行的行结束标记处,按 Enter 键,可以快速添加一行。

提示:如果要插入 5 行,可以选中 5 行后,再插入行,即可插入 5 行。

插入列及单元格的方法与行类似,此处不再赘述。

3. 删除行、列或者单元格

通过以下两种方法可以删除行、列或单元格:

(1) 将光标移动到要删除的行、列或者单元格,打开"表格工具"的"布局"选项卡,通过其中的"行和列"组实现删除。

(2) 将光标移动到要删除的行、列或者单元格,右击,在弹出菜单中选择"删除单元格"命令,再进一步选择要删除的方式。

4. 合并与拆分的单元格

常用合并单元格的方法有两种,分别如下:

(1) 选中要合并的单元格,通过"表格工具"的"布局"选项卡"合并"组中的"合并单元格"按钮,实现单元格的合并。

(2) 选中要合并的单元格,右击,在弹出菜单中选择"合并单元格"命令,实现单元格的合并。

4.6.3 设置表格格式

编辑完表格后,可以对表格的格式进行设置,例如调整表格的行高、列宽,设置表格的边框与底纹,套用样式等,使表格更加美观。

1. 调整表格的行高和列宽

常见设置表格行高与列宽的方法有两种:

(1) 选中表格,使用"表格工具"的"布局"中"单元格大小"组中的按钮。

(2) 选中表格,在表格上右击,在弹出菜单中选择"表格属性"命令,弹出的对话框中有"行""列"选项卡,可以设置行列的属性。

2. 设置表格的边框和底纹

常见设置表格边框与底纹的方法有两种:

(1) 通过"表格工具"的"设计"选项卡中设置边框和底纹的按钮。

(2) 在表格上右击,在弹出菜单中选择"表格属性"命令选项卡,单击"边框和底纹"按钮,可以设置表格的边框和底纹

3. 套用表格样式

Word 2016 中内置了多种表格样式,用户可根据需要方便地套用这些样式。在"表格工具"的"设计"选项卡中可以看到有多个样式。使用样式时,先将光标定位到表格的任意单元

格,再选择样式,即可将样式应用在表格中。

4.6.4 表格的高级应用

1. 绘制斜线表头

斜线表头可以将表格中行与列的多个元素在一个单元格中表现出来。在 Word 2016 制作斜线表头时,如果只是在一个单元格中绘制一根斜线,则可以通过设置单元格的边框实现,如果需要设置多根斜线,则可以通过自选图形、文本框的组合完成。下面分别来介绍这两种绘制方式。

(1)绘制一根斜线:将鼠标定位到需要绘制斜线的单元格,在"表格工具"→"设计"选项卡中单击"边框"按钮的下箭头,在弹出的菜单中选择"斜下框线"。

(2)绘制多根斜线:单击"插入"选项卡"形状"在下拉列表中的"直线"按钮,鼠标形状变为"+"字形,在单元格上,从左上角到右下角沿对角线方向绘制斜线,并设置线条颜色为黑色,依此可以再绘制其他斜线。如果需要加入文本,则可以通过插入文本框实现。

2. 表格的分页显示

当表格数据较多时,数据可能会跨页显示,如果每页开头能有一个标题行,会帮助用户快速了解每列数据的意思。通过设置重复标题行可以为跨页表自动添加标题行。而且如果跨页分界处的单元格内容较多,该单元格的内容可能会在两页上显示,通过设置不允许跨页断行,可确保一个单元格的内容在同一页显示。

选中单元格后,单击"表格工具"的"布局"选项卡中的"属性"按钮,如图 4-18 所示,可以设置"在各页顶端以标题行形式重复出现"和"允许跨页断行"。

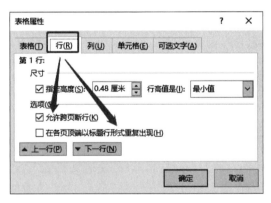

图 4-18　设置表格属性

3. 表格数据处理

在 Word 2016 中可以对表格中的数据执行一些简单的运算,例如求和、求平均值等,通过输入带有加、减、乘、除等运算符的公式进行计算,也可以使用 Word 2016 附带的函数进行较为复杂的计算。除此之外,还可以对数据按照某种规则进行排序。

(1)对表格中的数据进行计算

将光标移动到存放结果的单元格,单击"表格工具"的"布局"选项卡中的"公式"按钮。

在弹出的"公式"对话框中,单击"粘贴函数"下拉按钮,选择需要的函数,还可以进一步在"公式"文本框中编辑公式,如输入公式"=SUM(ABOVE)"(求本单元格上方所有单元格的和),如图 4-19 所示。

图 4-19　插入"公式"

常用的函数有 SUM(求和)、AVERAGE(求平均值)、COUNT(计数)。

在表格中进行运算时,需要对所引用的数据方向进行设置,表示引用方向的关键字有 4 个,分别是 LEFT(左)、RIGHT(右)、ABOVE(上)、BELOW(下),大小写均有效。

【提示】公式计算不会自动更新,如果在计算结束后修改了表格中的原有数字,则需要更新计算结果,这时可以对表格进行全选,然后按 F9 键"更新域",即可更新表格中所有公式的计算结果。

(2) 对表格中的数据进行排序

将光标移动到待排序表格的任意单元格,单击"表格工具"的"布局"选项卡中的"排序"按钮。在弹出的"排序"窗口中,设置排序的主要关键字以及排序方式,即可完成对表中数据的排序。

4.7　文档高级排版

为提高文档的编排效率,创建有特殊效果的文档,Word 2016 提供了一些高级格式设置功能来优化文档的格式编排。例如,通过"格式刷"快速复制格式、通过编排文档大纲便于浏览文档结构、通过添加分隔符对文档分节设置不同格式、为文档增加页眉页脚等功能。

4.7.1　格式刷的使用

使用"格式刷"功能可以快速将指定文本或段落的格式复制到目标文本、段落上,提高工作效率。

复制格式前先选中已设好格式的文本,单击"开始"选项卡中的"格式刷"按钮。

指针变成小刷子形状(🖌)后,拖动鼠标经过要复制格式的文本,即可将格式复制到目标文本上。

【提示】单击"格式刷"按钮复制一次格式后,系统会自动退出复制状态,如果需要将格式复制到多处,可以双击"格式刷"按钮(格式刷锁定),完成格式复制后,再次单击"格式刷"或者按 Esc 键,即退出格式刷的锁定状态。

4.7.2 长文档处理

编辑长文档时,可以使用大纲视图来组织和查看文档,帮助用户理清文档思路,也可以在文档中插入目录,方便用户查阅。

1. 创建和编辑文档大纲

Word 2016 中的"大纲视图"功能主要用于制作文档提纲,"导航"任务窗格主要用于浏览文档结构。

打开"视图"选项卡,在"文档视图"组中单击"大纲视图"按钮,切换到大纲视图模式,此时窗口中出现"大纲"选项卡。

通过"大纲工具"组中的"显示级别"下拉列表可以选择显示级别;通过鼠标指针定位在要展开或折叠的标题中,单击"展开"按钮(➕)或"折叠"按钮(➖),可以扩展或折叠大纲标题。

2. 创建文档目录

Word 2016 中可以根据用户设置的大纲级别,提取目录信息。通过"引用"选项卡中创建目录的功能自动生成文档目录。创建完目录后,还可以编辑目录中的字体、字号、对齐方式等信息。

单击"引用"选项卡中"目录"组中的"目录"按钮,在弹出的菜单中有"手动目录""自动目录 1""自动目录 2""自定义目录…""删除目录"等选项,通常可以单击"自定义目录…",弹出"目录"对话框,如图 4-20 所示,进行相应设置,也可以直接确定插入目录。

图 4-20　插入自定义目录的对话框

【提示】如果在文章中更改了标题的名称,可回到目录,右击,在弹出的菜单中选择"更新域"命令,即可使目录中的标题同步修改。

4.7.3 分隔符

对文档排版时,根据需要可以插入一些特定的分隔符。Word 2016 提供了分页符、分节符等几种重要的分隔符。插入分隔符,可通过"页面布局"选项卡中的"分隔符"实现。

1. 分页符的使用

分页符是分隔相邻两页之间文档内容的符号。如果新的一章内容需要另起一页显示,就可以通过分页符将前后两章内容分隔。

单击"布局"→"分隔符"下拉列表中的"分页符"按钮,就可以插入"分页符"。

【提示】默认情况下,在文档中无法看到"分页符",可以选择"文件"→"选项"命令,在弹出的对话框中选择"显示",选中"显示所有格式标记",再切换到"页面视图"或"草稿视图",即可看到分页符。

2. 分节符的使用

对于长文档,有时需要分几个部分设置格式和版式,例如不同章节设置不同的页眉,此时需要用到分节符将需要设置不同格式和版式的内容分开。

Word 2016 中有 4 种分节符:"下一页""连续""偶数页""奇数页"。

单击"页面布局"→"分隔符",在"分节符"组中,可以选择这四种分节符。

(1) 选择"下一页",插入一个分节符,并在下一页上开始新节。此类分节符常用于在文档中开始新的一章。

(2) 选择"连续",插入一个分节符,新节从同一页开始。连续分节符常用于在一页上更改格式,比如常用的"分栏"。

(3) 选择"奇数页"或"偶数页",插入一个分节符,新节从下一个奇数页或偶数页开始。如果希望文档各章始终从奇数页或偶数页开始,可以使用"奇数页"或"偶数页"分节符选项。

【提示】节的概念:在两个不同节中,可以设置不一样的页面布局,包括主题、页面设置、稿纸样式、页面背景、页眉页脚等。

4.7.4 编辑页眉和页脚

页眉和页脚是文档中每个页面的顶部、底部的区域。常见的页眉有文档的标题、所在章节的标题等,常见的页脚有页码、日期、作者名等。文档中可以自始至终用同一个页眉或页脚,也可以结合分节符的设置,在文档的不同部分使用不同的页眉页脚,甚至可以在同一部分的奇偶页上使用不同的页眉页脚。

Word 2016 中提供了不同样式的页眉页脚供用户选择,同时也允许用户自定义页眉页脚,也可以在页眉页脚中插入图片等内容。

从正文切换到页眉的方法 1:单击"插入"选项卡"页眉"下拉列表中的"编辑页眉"按钮。切换到页脚的方法类似;方法 2:双击页眉区域,可以切换到页眉进行编辑。

从页眉或页脚切换到正文的方法 1:当切换到页眉或页脚时,会显示"页眉和页脚工具"选项卡,单击其中的"关闭页眉和页脚"按钮;方法 2:双击正文部分;方法 3:按 Esc 键。

插入页码的方法:单击"插入"→"页码"→"页面底端"→"普通数字 2",即可在页脚的居中位置插入页码。

4.7.5 脚注、尾注和题注

1. 编辑脚注和尾注

脚注和尾注都不是文档正文,但仍然是文档的组成部分。它们在文档中的作用相同,都是对文档中的文本进行补充说明,如单词解释、备注说明或标注文档中引用内容的来源等。脚注一般位于插入脚注页面的底部,而尾注一般位于整首文档的末尾。

插入脚注的方法如下:

(1) 打开文档,选中文档的标题,单击"引用"选项卡中的"插入脚注"按钮。

(2) 在该页的下方出现了脚注编辑区,输入脚注内容,还可以为脚注文字设置字体格式。

添加尾注的方法与上述方法类似。

如果要删除脚注或尾注,可选中该脚注或尾注的标记,按 Delete 键即可删除单个的脚注或尾注。

2. 编辑题注

使用 Word 2016 提供的题注功能,可以为文档中的图形、公式或表格等进行统一编号,从而节省手动输入编号的时间。

单击"引用"选项卡中的"插入题注"按钮,在弹出的"题注"对话框中,单击"新建标签"按钮,设置标签的内容为"表 4-",单击"确定"按钮,如图 4-21 所示。

图 4-21 插入"题注"-新建标签

【提示】题注中的标签是固定不变的(上述"表 4-"),文档中使用该标签的题注会自动进行编号(如"表 4-1""表 4-2""表 4-3"等),需要时可以对标签进行统一修改。

4.7.6 文档的页面设置与打印

在文档进行排版过程中,有时需要对页面大小、页边距等进行设置;还需要设置文字的方向、对文档进行分栏,添加页面背景等,此时就用到了"页面设置"的功能。在页面设置完成后,还可以根据需要将文档打印。

1. 文字方向

用户可根据需要设置文档中的文字方向。单击"页面布局"中的"文字方向"下拉列表中的"文字方向选项"按钮,如图 4-22 所示。

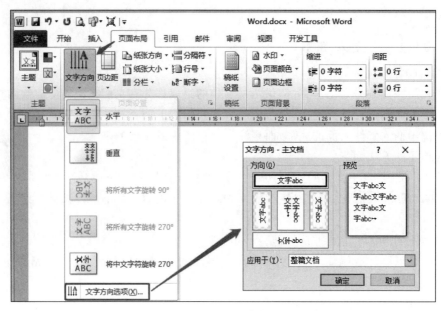

图 4-22　设置文字方向

2. 分栏符的使用

"分栏"功能可在一个文档中将一个版面分为若干个小块。通常情况下,该功能会应用于报纸、杂志的版面中。

选中要分栏的文字内容,单击"页面布局"选项卡中的"分栏"下拉按钮,在弹出的下拉列表中选择需要的栏数,可实现对选定内容的分栏显示。

【提示】分栏只适用于文档中的正文内容,对于页眉、页脚或文本框等不适用;可以通过"更多分栏"对"栏数""栏宽"等做进一步设置,如图 4-23 所示。

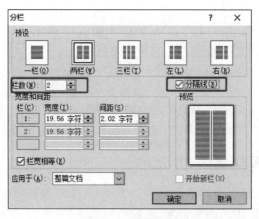

图 4-23　分栏设置

3. 文档背景的设置

在 Word 2016 中,可以对页面的背景进行设置,如设置页面颜色、设置水印背景、设置页面边框、设置稿纸等,使页面更加美观,如图 4-24 所示。

此处以添加水印为例介绍该组操作的方法:

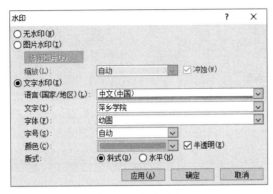

图 4-24　文档背景设置

（1）打开文档，单击"页面布局"选项卡"水印"下拉列表中的"自定义水印"按钮。

（2）在弹出的"水印"对话框中，选择"文字水印"，在"文字"文本框中输入需要的水印文字，在"颜色"一栏可以设置水印的颜色效果。如果想看到比较明显的水印效果，可取消选择"颜色"项右侧的"半透明"复选框，如图 4-25 所示。

图 4-25　添加水印

如果要删除水印效果，可在"水印"下拉列表中单击"删除水印"按钮。

4. 页面设置

用户可以根据需要设置页边距。单击"页面布局"选项卡"页边距"下拉列表中的"自定义边距"按钮。

在弹出的"页面设置"对话框中，可以设置页面的上、下、左、右边距以及装订线的宽度，如图 4-26 所示。

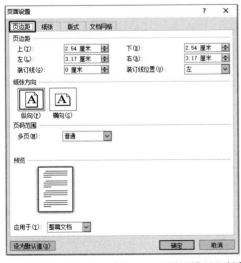

图 4-26　"页面设置"对话框的"页边距"和"纸张"设置

在"页面设置"对话框中,还可以设置"纸张方向"以及"纸张大小"。

5. 打印文档

当需要对编辑好的文档进行打印时,可通过"文件"→"打印"命令对打印选项进行设置。打印设置界面如图 4-27 所示。

图 4-27 打印设置界面

其中,可以设置以下内容:

(1)打印范围。默认的打印范围是打印文档中所有页,可以根据需要在"打印所有页"处选择打印"当前页""奇数页""偶数页"等。还可以在"页数"右侧的文本框中输入打印的页数或页数范围,例如"2"或者"2-7"或者"2,4,6-8"等。

(2)单双面打印。可以在"单面打印"选项中设置"单面打印"或者"双面打印"。

(3)逐份打印。如果文档包含多页,并且要打印多份时,可以按份数打印,也可以按页码顺序打印,通过"打印"界面中的"调整"选项实现设置。其中,"调整"选项是指逐份打印,"取消排序"选项是指按页码顺序打印。

(4)打印纸张方向。此处设置的是打印方向,最好与页面设置中的纸张方向一致。

（5）打印纸大小。如果实际打印时没有页面设置中设置的纸张尺寸，可以在此处选择现有的纸张尺寸，Word 会根据实际的纸张大小对文档进行缩放后再打印。

（6）打印页边距。在"打印"界面中修改页边距后，"页面设置"中的页边距也会被修改。

（7）每版打印页数。通常是每版打印 1 页，当需要把多页缩到一页中打印时，可以设置该选项。

（8）打印份数。在"打印"界面的上方可以设置打印的份数。

设置完各个打印选项后，单击"打印"按钮即可打印文档。

4.8　本章小结

本章主要介绍了 Word 2016 的基本操作、文档的基本排版与高级排版、表格制作、图文混排、文档高级排版等知识。通过学习文档的基本操作及排版方法与技巧，便于今后在日常工作与学习中轻松、快捷地制作和处理文档。

上机实验

实验任务一　图文混排

实验目的：

1. 掌握 Word 文档的基本操作；

2. 熟练掌握 Word 的文字和图片编辑；

3. 掌握 Word 的图片插入和编辑。

实验步骤：

完成如图 4-28 所示图文混排文档。

1. 新建空白 Word 文档：单击"开始"菜单→"所有程序"→"Microsoft Office"→"Microsoft Word 2016"，新建空白文档。

2. 添加素材：在 Word 中单击"插入"选项卡→"文本"组→"对象"→"文件中的文字"，如图 4-29 所示。在弹出的对话框中选择素材文件"文本素材-嫦娥五号月球车.txt"，单击"确定"按钮。

3. 插入艺术字：在文档前面添加一个空行，将光标定位到空行中，单击"插入"→"艺术字"，在弹出的下拉列表中选择第 1 个样式（"填充-黑色，文本 1，阴影"），输入文字"嫦娥五号月球车"。

4. 修改艺术字样式：单击艺术字的边框，选中艺术字，这时在选项卡区会多一个"绘图工具"的选项卡，如图 4-30 所示。

【设置艺术字样式】单击图 4-30 中箭头所指的"其他"按钮（⯆），在弹出的下拉列表中选择第 2 行第 2 个"渐变填充-蓝色，着色 1，反射"。设置艺术字的字体为"华文琥珀"。

【设置艺术字的发光效果】单击"绘图工具"→"格式"→"艺术字样式"→"文本效果"→"发光"→"发光变体"中的第 2 行第 2 列（橙色，8 磅 发光，个性色 2）。

【设置艺术字的转换效果】单击"绘图工具"→"格式"→"艺术字样式"→"文本效果"→"转换"→"弯曲"→"正三角（第 1 行第 3 列）"。设置后的效果如图 4-31 所示。

图 4-28 "嫦娥五号月球车"效果图

图 4-29 插入"文件中的文字"

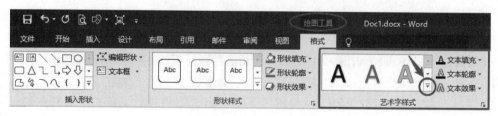

图 4-30 "绘图工具"选项卡

图 4-31　艺术字的最后效果

5. 设置艺术字的文字环绕：在艺术字的边框上右击鼠标，在弹出的快捷菜单中选择"其他布局选项…"，如图 4-32 所示，选择"文字环绕"选项卡，单击"嵌入型"，再单击"确定"按钮。

图 4-32　设置艺术字的布局选项

6. 将艺术字居中：在艺术字右侧的空白处单击，定位光标插入点，按 Enter 键，使艺术字单独成为一段。定位光标在艺术字这段中，单击"开始"→"段落"组中的"居中"按钮（≡）。

7. 设置正文格式：选择所有文字"嫦娥……系统。"右击选择"字体"，在字体对话框中设置"楷体　小四"。再次选择文本后右击选择"段落"，在"段落"对话框中设置段前间距 0.5 行，段后 0.5 行，首行缩进 2 字符。如图 4-33 所示。

8. 首字下沉：选择第一段中的"嫦"，单击"插入"→"文本"组中的"首字下沉"→"首字下沉选项…"，设置"位置"为"下沉"，下沉行数为"3"行。如图 4-34 所示。

9. 添加图片：将插入点置于文章末尾，单击"插入"→"插图"组中的"图片"，选择素材"嫦娥五号 pic1.jpg"和"嫦娥五号 pic2.jpg"，插入图片素材。将图片大小调整为一行内，高度相同。在 Word 中选中第 2 张图片，按 2 次"空格"键，在两张图片的中间插入 2 个空格，并且将段落格式设置为"居中"。

10. 添加文本框：【插入"简单"文本框】单击"插入"→"文本"组中的"文本框"→"简单文本框"，输入"登月成功"。【设置文字环绕为"浮于文字上方"】右击文本框的"边框"，在快捷菜单中选择"环绕文字"为"浮于文字上方"。【设置文本框背景颜色为无填充颜色】单击文本框的"边框"(选中文本框),单击"绘图工具"→"形状样式"组的"形状填充"→"无填充颜色"。
【设置文本框的边框为无边框】选中文本框后,单击"绘图工具"→"形状样式"组的"形状轮廓"→"无轮廓"。【设置文本框文字格式为"微软雅黑 小四"】选中文本框后,单击"开始"→"字体"→"微软雅黑""小四"。

图 4-33 段落设置

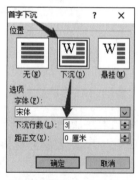

图 4-34 首字下沉

实验任务二 表格制作

实验目的:

1. 掌握表格的创建;

2. 掌握表格的编辑。

实验步骤:

1. 打开"表格制作素材.docx"。

2. 文字转换为表格:选择最后第 1～6 行,单击"插入"→"表格"→"文字转换成表格",弹出如图 4-35 所示的对话框,单击"确认"按钮。

3. 表格尾部添加一行:将鼠标定位到表格的最后一行,右击,在快捷菜单中选择"插入"

图 4-35　文字转换为表格

→"在下方插入行"，选择新插入行的第 1～5 单元格，合并单元格（右击→"合并单元格"），输入文字"公司总销售额"。

4. 应用表格样式：单击表格左上角的 ⊕ 按钮，选择整个表格，单击"表格工具"→"设计"→"表格样式"组中的 ⩬ （"其他"按钮）→"浅色列表-强调文字颜色 1"。如图 4-36 所示。

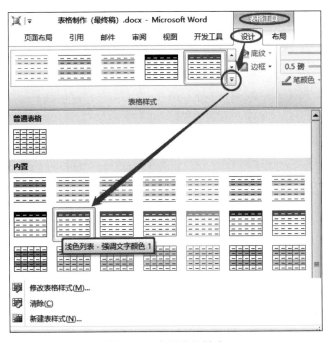

图 4-36　应用表格样式

5. 设置表格底纹和边框：①【设置最后一行的底纹】选择表格的最后一行，单击"表格工具"→"设计"→"底纹"→"蓝色，强调文字颜色 1"；②【设置第 6 列左侧框线为虚线】选择第 6 列，单击"表格工具"→"边框"→"边框和底纹…"，在弹出的"边框和底纹"对话框中单击"设置"中的"自定义"，选择"样式"中的"虚线"，"颜色"选择"蓝色，强调文字颜色 1"，在"预览"窗口中单击"左框线"，确定；③【设置整个表格的外框线为双窄线】选择整个表格，单击"表格工具"→"边框"→"边框和底纹…"，在弹出的"边框和底纹"对话框中单击"设置"中的"自定义"，选择"样式"中的"双窄线"，"颜色"选择"蓝色，强调文字颜色 1"，在"预览"窗口中单击所有的 4 个外框线,确定,如图 4-37 所示。

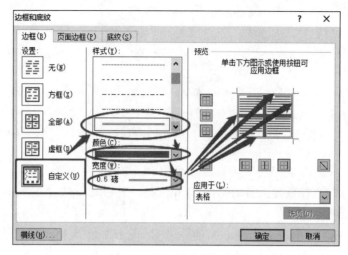

图 4-37　自定义设置表格边框

6.插入公式:将鼠标定位到表格的第 2 行最后一列,单击"表格工具"→"布局"→"公式",弹出如图 4-38 所示对话框,输入公式"＝SUM(LEFT)",表示求左边所有数字的"和"。同理,在第 3～6 行的最后一列中也输入此公式。在第 7 行最后一列中输入公式"＝SUM(ABOVE)"。

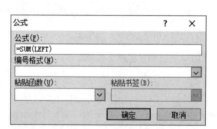

图 4-38　"公式"对话框

技巧:因为第 3～6 行最后一列的公式是相同的,所以可以公式复制,但 Word 中公式是"域"进行实现的,而"域"的特点是"自动计算,但不自动更新",当复制粘贴这些公式(域)后,可以选中所有要更新的"域"(公式),按 F9 键,可以更新所有域(公式),或者右击后选择→"更新域"。

完成后的结果如图 4-39 所示。

品牌名称	第1季度	第2季度	第3季度	第4季度	总销售额
联想	192100	70100	194900	100100	557200
华为	91800	70700	194500	8150000	438500
宏基	199000	92200	200800	8080000	572800
华硕	197600	72800	200800	5120000	522400
戴尔	36500	24000	36000	142857	239357
公司总销售额					2330257

图 4-39　表格制作后的结果

实验任务三　毕业论文排版

实验目的:

1. 掌握素材的导入；
2. 掌握样式的设置和使用；
3. 掌握页码设置；
4. 掌握分节符、分布符的使用；
5. 学会插入目录。

实验步骤:

毕业论文的排版比较复杂,归纳为下面 8 个简要步骤:导入素材、更改封面、应用系统样式、修改样式、插入分节符和分页符、插入目录、添加页码并设置页码格式、设置页码字体。

1. 导入素材

打开"毕业论文(素材:封面).docx",将光标定位到文档的末尾,单击"插入"→"对象"→"文件中的文本…",选择文件"毕业论文(素材:文字).docx",单击"插入"按钮。

2. 更改封面

将封面信息更改为自己的信息,如中文题目、英文题目、学号、学生姓名、教学学院、届别、专业班级、指导教师姓名及职称、评阅教师姓名及职称、完成时间。学位论文原创性声明保持原样,签名部分要打印后再手写签名。如图 4-40 所示。

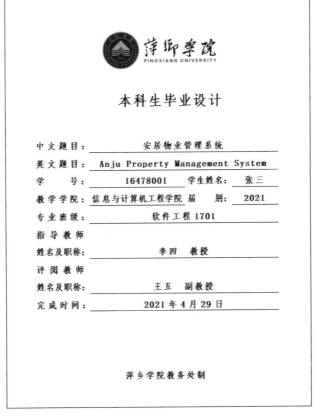

图 4-40　封面的最后效果

Word 2016 文档编辑

3. 应用系统样式

本操作的目的是先将标题样式应用到文档中,可以显示看到以后的效果,后一步再将样式的名字和格式进行修改,符合学校的排版要求。样式对应关系见表 4-4。

表 4-4　系统样式和学校样式的对应关系和具体格式

系统样式	学校要求的样式	具体格式 (基于"无样式"、宋体、Times New Roman)
无间隔	B 论文正文	小四号宋体,1.5 倍行距,中文为宋体,西文为 Times New Roman,首行缩进 2 个字符
标题 1	B1 级标题	1 级标题,居中 1.5 倍行间距,小二号加粗宋体 Times New Roman
标题 2	B2 级标题	2 级标题,1.5 倍行距,四号宋体 Times New Roman 加粗
标题 3	B3 级标题	3 级标题,1.5 倍行距,小四号宋体 Times New Roman 加粗
明显引用	B 关键词:	四号宋体 Times New Roman 加粗,1.5 倍行距,首行缩进 2 字符,左右缩进 0 字符
题注	B 表及说明	五号宋体 Times New Roman,1.2 倍行距,段前 0.2 行,居中,左右缩进-0.5 字符
引用	B 图及说明	1.5 倍行距,居中,五号宋体 Times New Roman,左右缩进－3 字符
列出段落	B 文献条目	小四号宋体 Times New Roman,1.5 倍行距,项目编号(设定项目编号为:[1]),左缩进 0 字符,悬挂缩进 1.5 字符,两端对齐

(1)"无间隔"样式的应用:选择从"摘要"开始到文末的所有文字,单击"开始"→"样式"组中的"无间隔"样式,就可以将"无间隔"样式应用到正文文字上。

说明:正文部分本来使用的是"正文"样式,但封面处也是使用的"正文"样式,为了以后方便对正文文字对应的"正文"样式进行统一修改,而封面则不要动,因此将正文部分使用"无间隔"样式,从而与封面的样式撇清关系。

(2)"标题 1"样式的应用:选择"摘要",单击"开始"→"样式"组中的"标题 1"样式,就可以将"标题 1"样式应用到"摘要"文字上。同样道理,将"标题 1"应用到"ABSTRACT""目录""第 1 章""第 2 章""第 3 章""第 4 章""参考文献""致谢"上。

(3)"标题 2"样式的应用:将"1.1 开发背景与现状"选中后,单击"开始"→"样式组"中的"标题 2",应用样式。同理,对"1.2"、"2.1"、"2.2"、"3.1"、"3.2"、"4.1"、"4.2"应用"标题 2"样式。

说明:有 1 个编号的或者没有编号的都是"标题 1"样式,如"第 1 章""目录";而有 2 个编号的是"标题 2"样式,如"1.1""1.2""1.3""2.1""2.2"等;而有 3 个编号的就是"标题 3"样式,以此类推。

(4)"标题 3"样式的应用:将所有 3 个编号的标题都应用上"标题 3"样式。

(5)导航窗格的应用:单击"视图"→"显示"组中的"导航窗格"勾选,在左侧就会显示导航窗格,用鼠标单击导航项就可以快速跳转到对应的章节中。设置了大纲级别的段落就能在导航窗格中进行显示,这里的"标题 1"的大纲级别为"1 级","标题 2"的大纲级别为"2级","标题 3"的大纲级别为"3 级",将 3 种级别的标题设置完后的导航窗格如图 4-41 所示。

【技巧】设置了大纲级别的文章,可以打开导航窗格查看各级标题并进行导航,如单击导

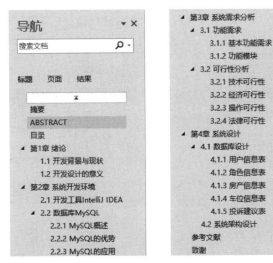

图 4-41　利用导航窗格进行定位和导航

航窗格中的"目录"可以快速跳转到"目录"页面。

（6）"关键词"样式的应用：找到"摘要"中的"关键词："这四个字，单击"开始"→"样式"组中的"明显引用"样式（目前是用这个系统样式，以后修改名字为"关键词："）。再找到"ABSTRACT"中的"Keywords："，应用"明显引用"样式。

（7）"表及说明"样式的应用：找到"表1 t_user 表"，将上面的表的说明和下面的表格都选中后，单击"开始"→"样式"组中的"题注"样式。同理，找到所有的表格和说明，都应用"题注"样式。

说明：可以用格式刷进行格式刷取。方法1：选中"表1"后，单击"开始"→"剪贴板"组中的"格式刷"，再单击"表2"，进行格式应用。方法2：也可以格式连续刷取，选中"表1"后，双击"开始"→"剪贴板"组中的"格式刷"，再单击"表2"，再单击"表3"、"表4"等，进行格式连续刷取。

（8）"图及说明"样式的应用：仿照上步操作，将所有图片和图片说明均应用"引用"样式。

（9）"文献条目"样式的应用：仿照上步操作，将"参考文献"下面的"丁函，罗军"这一段选中后，单击"开始"→"样式"组中的"列出段落"样式。

4. 修改样式

（1）修改"标题1"样式：右击"开始"→"样式"组中的"标题1"，在弹出的快捷菜单中单击"修改"，弹出图 4-42（左）所示的对话框，将"名称"更改为"B1级标题"，"样式基准"改为"无样式"，单击"格式"按钮，弹出如图 4-42（左）所示的快捷菜单，单击"字体..."，弹出字体对话框，如图 4-42（右上），设置字体为"小二宋体 Times New Roman 加粗"。同理修改"段落"中的对齐方式为"居中"、大纲级别为"1级"、段前"0"、段后"0"、行距"1.5倍行距"，如图 4-42（右下）所示。

设置完成的样式名称、样式基准、字体格式、段落格式的"B1级标题"样式如图 4-43所示。

【重要的一步：再次应用样式】右击"开始"→"样式"组中的"B1级标题"，单击"选择所

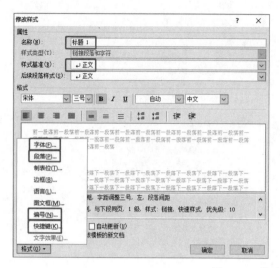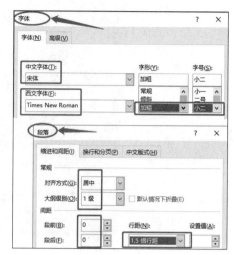

图 4-42　修改样式

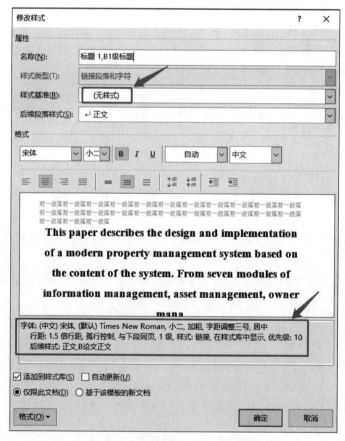

图 4-43　"B1 级标题"样式设置后的效果

有 9 个实例",如图 4-44 所示。再单击"B1 级标题"就可以将所有 9 个实例全部刷新为"B1 级标题"样式。

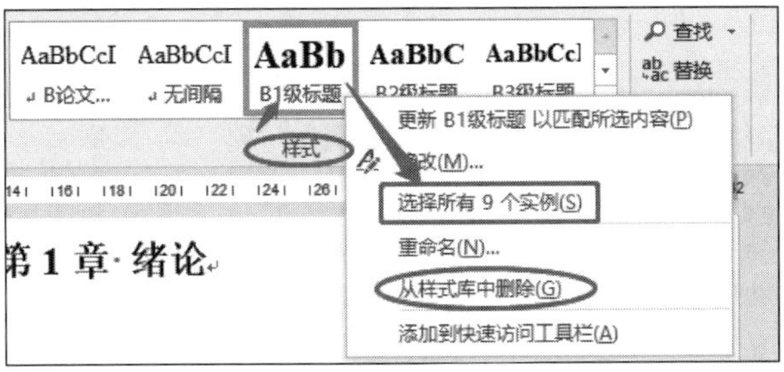

图 4-44　选择所有实例

（2）修改"标题 2"样式：按照上面修改的步骤，修改"标题 2"的名称为"B2 级标题"，样式基准为"无样式"，字体为"四号宋体 Times New Roman 加粗"，段落为"2 级标题，1.5 倍行距"。与上一步同样的操作方式再次应用"标题 2"样式。

（3）修改"标题 3"样式：修改"标题 3"的名称为"B3 级标题"，样式基准为"无样式"，字体为"小四号宋体 Times New Roman 加粗"，段落为"3 级标题，1.5 倍行距"。再次应用样式。

（4）同理，按照表 4-4 中的格式，将其他样式依次修改成对应的名称和具体格式，并且再次应用样式。

（5）删除"快速样式"中的样式：Word 2016 中创建的样式不会自动按照名称排序（Word 2010 中可以按照样式名称自动排序，因此本节创建的以"B"开始毕业论文样式会排列到一起）方便以后进行处理，操作方法为右击"样式列表"中的样式（如"标题 4"），单击"从样式库中删除"。

5. 插入分节符和分页符

插入分节符：分节符的插入方法为将鼠标单击"摘要"前面，单击选项卡"布局"→"分隔符"→"分节符：下一页"。同理在"第 1 章 绪论"前插入分节符（下一页）。

插入分页符：分页符的插入方法为单击选项卡"插入"→"页面"组中的"分页"按钮。在摘要、ABSTRACT、每一章、参考文献的最后插入"分页"符号。

6. 插入目录

将光标定位到目录下一行，单击选项卡"引用"→"目录"→"自定义目录"，弹出"目录"对话框，去掉"使用超链接而不使用页码"前的复选框的勾选，如图 4-45 所示。

7. 添加页码并设置页码格式

将鼠标在"摘要"页面单击，将光标置于摘要页中，单击"插入"→"页码"→"页面底端"→"普通数字 2"，可以在页面底部居中位置插入页码，这时会显示"页眉和页脚工具"选项卡，如图 4-46 所示。

图中显示了"上一节""下一节"，之前在摘要和第一章前插入了"分节符-下一页"，就表明了文章分为 3 节，每节的页码是不一样的，如摘要之前是不要页码的，摘要到目录的页码是罗马字符（Ⅰ，Ⅱ，Ⅲ，……），第 1 章到文末的页码是阿拉伯数字（1，2，3……），可以通过图中的"上一节""下一节"跳转到其他节中。而图中的"链接到前一条页眉"表示与前一节使用同样的页眉/页脚，因为页码不一样，所以必须将"链接到前一条页眉"去掉。

（1）通过"上一节""下一节"按钮定位到第 2 节（"摘要"节）中，单击"链接到前一条页

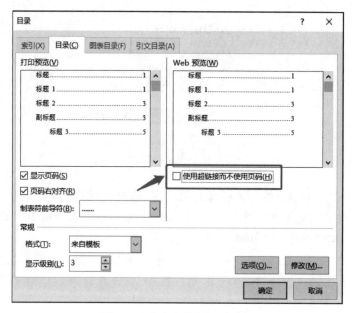

图 4-45　自定义"目录"对话框

图 4-46　"页眉和页脚工具"选项卡

眉",使其不反色显示,单击"页眉和页脚工具"选项卡中的"页码"→"设置页码格式…",弹出"页码格式"对话框,设置"编号格式"为"Ⅰ,Ⅱ,Ⅲ,……",起始页码为"I",如图 4-47 所示。

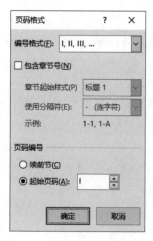

图 4-47　页码格式设置对话框

（2）通过"上一节""下一节"按钮定位到第 3 节（"第 1 章"节）中，取消"链接到前一条页眉"，设置页码格式的"编号格式"为"1,2,3,…""起始页码"为"1"。

（3）通过"上一节""下一节"按钮定位到第 1 节（"封面"节）中，将页码删除。

说明：从正文编辑到页脚编辑的切换方式为双击"页脚"区域，相反的，页脚切换到正文，则只需要双击"正文"区域即可。

8. 设置页码字体

双击页脚区域，进行页脚编辑，选择页码后，设置页码字体为 Times New Roman、五号字。

完成后的结果如图 4-48 所示。

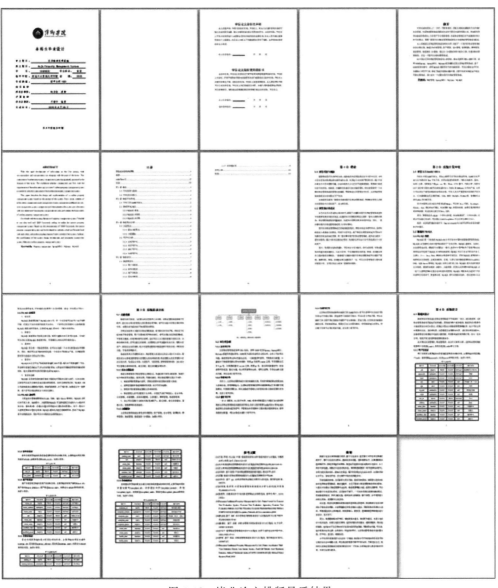

图 4-48　毕业论文排版最后结果

第 5 章　Excel 2016 电子表格

　　人们在日常生活、学习和工作中经常会遇到各种数据计算和分析问题。如教师统计学生成绩、商业上进行销售统计、会计人员对财务报表进行分析等,这些都可以通过电子表格处理软件来实现。Excel 是一款强大的电子表格处理软件,它是 Microsoft Office 办公系列软件中的一员大将。它不仅具有强大的数据处理分析功能,还提供了图表、财务、统计、求解规划方程等工具和函数,可以满足用户各方面的需求,因此被广泛应用于财务、金融、统计、行政和教育领域。Excel 2016 不仅继承了之前版本的各种强大功能,并且新增了几个更人性化的功能,让我们的使用更得心应手。

1. 新增了六个图表

　　Excel 2016 新增了六个图表,分别是树状图、旭日图、直方图、箱形图、瀑布图和排列图,这些图表可以帮助我们创建一些常用的数据可视化的财务信息、层次结构的信息和展示相关统计数据中的属性。

2. 一键式预测

　　在 Excel 的早期版本中,只能使用线性预测。在 Excel 2016 中,FORECAST 函数进行了扩展,允许基于指数平滑(例如 FORECAST.ETS( )…)进行预测,此功能也可以作为新的一键式预测按钮来使用。在“数据”选项卡上,单击“预测工作表”按钮可快速创建数据系列的预测可视化效果。

3. 3D 地图

　　最受大家欢迎的三维地理可视化工具 Power Map 经过了重命名内置在 Excel 中,可供所有 Excel 2016 的客户使用,它已重命名为 3D 地图。我们可以通过单击“插入”选项卡上的“3D 地图”随其他可视化工具一起找到。

4. 墨迹公式

　　在 Office 中进行数学公式的输入一直是令我们头疼的难题,现在如果工作簿中包含了复杂的数学公式,那我们可以在任何时间转到“插入”→“公式”→“墨迹公式”,如果你拥有触摸设备,则可以使用手指或触摸笔手动写入数学公式,如果没有触摸设备,也可以使用鼠标进行写入,Excel 2016 会自动将它转换为文本,还可以在进行过程中擦除、选择以及更正所写入的内容。

5. 操作说明搜索框

　　Excel 2016 中的功能区上的一个文本框,其中显示的是“告诉我您想要做什么”。这是一个文本字段,我们可以在其中输入与接下来要执行的操作相关的字词和短语,这样可以快速访问要使用的功能或要执行的操作,还可以选择获取与要查找的内容相关的帮助,或是对输入的术语执行智能查找。

5.1 Excel 2016 的基本操作

学会使用 Excel 首先要掌握工作簿、工作表和单元格这几个基本概念，认识 Excel 工作窗口，了解 Excel 的数据类型和数据的录入。

5.1.1 Excel 基本概念

工作簿是一个 Excel 的文件，其中可以包含一个或多个表格。工作簿就像一个文件夹，把相关的表格或图表存在一起，便于处理，每张工作表由单元格组成。

1. 工作簿

一个 Excel 文件就是一个工作簿，这个文件的扩展名默认为 xlsx。当启动 Excel 时，会自动新建一个工作簿，默认名称为"工作簿 1.xlsx"，一个工作簿可以包含多张工作表。

2. 工作表

一个新建的工作簿只包含一个工作表，这个工作表的名称为 sheet1，用户可以根据需要添加或删除工作表，每一个工作表都有一个工作表标签，单击它可以实现工作表间的切换。工作表中以数字标识行，以字母标识列。一张工作表最多可以包含 1048576 行，16384 列，是一张非常庞大的工作表。

3. 单元格

单元格是 Excel 工作簿的最小组成单位，所有的数据都存储在单元格中，它的内容可以是数字、字符、公式、日期、图形或声音文件等。在工作表编辑区中，行和列的交叉部分就称为单元格，每一个单元格都有其固定的地址，用行号和列标进行标识，如 A1 指的是位于第 A 列第 1 行的单元格。为了区分不同工作表的单元格，需要在单元格地址前加上工作表名称，如 Sheet1! B6，表示的是工作表 Sheet1 中的 B6 单元格。当前正在使用的单元格称为"活动单元格"。

4. 单元格区域

在 Excel 中，如果选定的是一个单元格区域，则用左上角单元格地址和右下角的单元格地址共同表示，如 A1:D6 表示从 A1 到 D6 这个区域，共包含 24 个单元格。

5.1.2 Excel 工作窗口

启动 Excel 2016，在屏幕上即可显示 Excel 2016 的工作窗口，如图 5-1 所示。Excel 2016 的工作窗口与 Word 2016 的基本相同，不同的主要是编辑栏和工作表编辑区、工作表标签等。

1. 编辑栏：编辑栏是 Excel 特有的，用于显示和编辑数据、公式。编辑栏有三部分组成，最左侧是名称框，当选择单元格或单元格区域时，显示活动单元格地址或区域名称；右端是编辑框，当在工作表的某个单元格中输入数据时，编辑栏会同步显示输入的内容；中间是"插入函数"按钮，单击它可以打开"插入函数"对话框，同时在它的左边会出现"取消"和"确定"按钮。

2. 工作区：显示由行和列交叉组成的单元格，用于编辑工作表中的数据。

3. 工作表标签：位于工作簿窗口的左下角，默认名称为 Sheet1，单击不同的工作表标签可在工作表间进行切换,在这个区域可以完成工作表的增加、删除、复制、移动、重命名等操作。

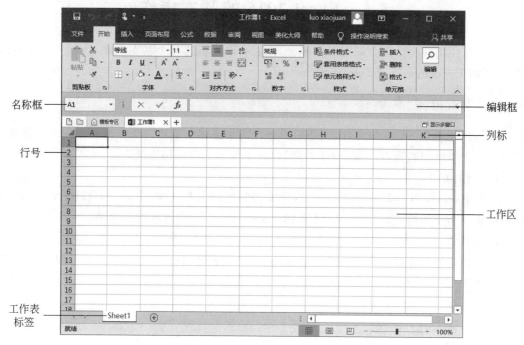

图 5-1　Excel 2016 的工作窗口

5.1.3　Excel 数据类型

在 Excel 的单元格中可以输入多种类型的数据,如文本、数值、日期时间、逻辑类型等。

1. 文本型数据。在 Excel 中,文本型数据包括汉字、英文字母、空格等,每个单元格最多可容纳 32 000 个字符。默认情况下,文本型数据自动在单元格左对齐。当输入的字符串超出了当前单元格的宽度时,如果右边相邻单元格里没有数据,那么字符串会往右延伸;如果右边单元格有数据,超出的那部分数据就会隐藏起来,只有把单元格的宽度变大后才能显示出来。

2. 数值型数据。在 Excel 中,数值型数据包括 0~9 中的数字以及含有正号、负号、货币符号、百分号等任一种符号的数据。默认情况下,数值自动沿单元格右边对齐。在录入数值型数据时,有以下两种比较特殊的情况要注意。

- 负数:在数值前加一个"-"号或把数值放在括号里,都可以输入负数。例如,要在单元格中输入"-66",可以输入"-66"或"(66)",然后按 Enter 键都可以在单元格中出现"-66"。

- 分数:要在单元格中输入分数形式的数据,应先在编辑框中输入"0"和一个空格,然后再输入分数,否则 Excel 会把分数当作日期处理。例如,要在单元格中输入分数"2/3",可在编辑框中输入"0"和一个空格,然后接着输入"2/3",按一下 Enter 键,单元格中就会出现分数"2/3"。

3. 日期时间型数据。在很多管理表格中,经常需要录入一些日期时间型的数据,这些数据是可以加减计算的,所以输入时默认在单元格中右对齐。在录入日期时间型数据时要注意以下几点。

- 输入日期：年、月、日之间要用"/"号或"-"号隔开,如"2020-10-2"或"2020/10/2"。
- 输入时间：时、分、秒之间要用冒号隔开,如"10：29：36"。
- 同时输入日期和时间：日期和时间之间应该用空格隔开,如"2020/10/2 10：29：36"。

4. 逻辑类型。这种类型的数据只有两个值,表示真的"TRUE"和表示假的"FALSE",数据输入后会自动居中对齐。

5.1.4 Excel 数据录入

Excel 最主要的功能是帮助用户存储和处理数据信息,所有的操作都是在有数据内容的前提下才是有效的。下面介绍数据录入的一些常用技巧,让用户在录入数据的时候可以更加高效。

1. 录入数据的几种方法

工作表是由单元格组成,用户想要在工作表中添加数据,其实就是向单元格中输入数据。对单元格的数据录入有以下两种方法：

- 在单元格中输入

【例 5-1】 在 A1 单元格中输入"萍乡学院",操作步骤如下：

步骤 1：选中需要输入数据的单元格,如：A1。

步骤 2：当单元格边框变为黑色,说明此单元格已选中,我们直接录入内容即可,如图 5-2 所示。

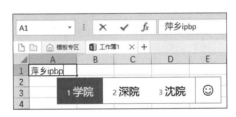

图 5-2 在单元格中输入数据

- 在编辑栏输入

有时需要录入的内容过长,可能超出所选单元格的边界,这时在单元格内编辑和修改变得不太方便,就可以选择在"编辑栏"录入内容。

【例 5-2】 在 A1 单元格中录入"2020-2021 学年第 1 学期软件工程 1805 班成绩表",操作步骤如下：

步骤 1：选中需要录入内容的单元格。

步骤 2：在"编辑栏"录入数据,如图 5-3 所示。

图 5-3 在"编辑栏"中输入数据

2. 录入由数字组成的文本型数据

如果要输入的字符串全部由数字组成,如邮政编码、电话号码、身份证号、序号等,为了避免 Excel 把它按数值型数据处理,在输入时就要将它们处理为文本型数据。

例如,成绩表中第一列数据为序号,当用户输入"001"时,系统会将它自动识别为数值型数据,所以在单元格中只显示"1",如果一定在单元格中输入以 0 开头的内容,则可以使用以下两种方法。

• 将单元格的格式设置为文本

在 Excel 中单元格的数据类型默认是"常规"类型,这是一种不包含任何特定的数字格式。当向单元格中输入"001",系统将它看成是一串数字,然而任何数字前面的"0"都是没有数学意义的,所以系统会将其省略掉,所以需将单元格的格式改为文本格式。

【例 5-3】 在单元格中输入序号"001",操作步骤如下:

步骤 1:选中需要更改格式的单元格或单元格区域,在"开始"选项卡中单击"数字格式"。

步骤 2:在弹出的"设置单元格格式"对话框中选择"数字"选项卡,在下面的"分类"列表框中选择"文本",如图 5-4 所示。

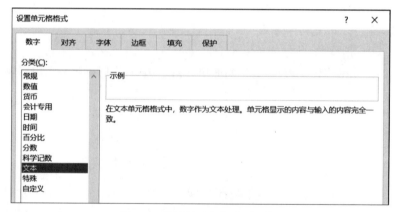

图 5-4　设置单元格格式对话框

步骤 3:输入"001",就会显示成"001"。

• 在需要输入的内容前加上撇号

上述方法有点麻烦,在输入由数字构成的文本型数据时,有一种更简便的方法,就是在需要输入的内容前加上撇号,用以注释当前所输入的内容按文本格式处理。例如,在单元格中输入'001,就可以完成 001 这个文本型数据的输入。

3. 使用自动填充录入内容

在 Excel 中录入数据时,最棒的功能莫过于自动填充,使用自动填充可以使输入或更改内容的效率提高,节省时间。下面介绍在 Excel 中常用的几种自动填充的方法。

• 使用自动填充复制内容

当需要在一列或者一行输入相同内容的时候,可以使用自动填充来快速实现。

【例 5-4】 在"成绩表"中添加一个新的字段"专业",然后给所有的学生都加上"软件工程",操作步骤如下:

步骤 1：首先打开"成绩表"，在"序号"字段后插入新的一列，在 B2 单元格中输入字段名"专业"，并在 B3 单元格中输入"软件工程"。

步骤 2：选中 B3 单元格，在黑色边框的右下角有一个黑色的十字形，被称之为"填充柄"，如图 5-5 所示。

	A	B	C	D	E 专业英语/专业核心课/2	F 网络营销/专业核心课/3	G JavaEE应用开发/专业限选课/2.5	H Android提高/专业限选课/2.5	I 就业指导/实践课/0.5	J Web前端开发/专业核心课/3
1	2020-2021学年第1学期软件工程1805班成绩表									
2	序号	专业	学号	姓名						
3	001	软件工程	18376001	罗恒彪	72	79	61	68	87	70
4	002		18376002	骆姝健	69	72	88	62	81	74
5	003		18376003	施振雄	75	82	92	60	81	72
6	004		18376004	李仁祥	75	81	92	91	94	88
7	005		18376005	邹韬	84	82	85	72	92	80
8	006		18376006	李清迪	77	82	84	68	87	76
9	007		18376007	杨丽娇	70	85	88	62	91	86
10	008		18376008	周良	71	70	80	66	83	84
11	009		18376009	郭林峰	59	85	88	77	87	77
12	010		18376010	刘宇	72	75	84	72	82	70
13	011		18376011	张世玮	84	87	87	79	94	83
14	012		18376012	王亮	73	80	82	62	92	74
15	013		18376013	曾凡源	79	79	90	84	88	75
16	014		18376014	胡晶	72	78	86	85	88	76
17	015		18376015	刘子鸣	57	74	40	54	92	56
18	016		18376016	杨超	15	60	78	46	87	49
19	017		18376017	曹学鹏	72	80	78	52	76	73
20	018		18376018	罗豪	57	80	58	61	76	74

图 5-5　单击填充柄

步骤 3：拖动填充柄到对应记录的最后一个单元格释放鼠标，或者双击填充柄，则表中这一列单元格都以"软件工程"填充。

- 填充序列

自动填充不仅可以复制内容，还可以对有序的序列进行自动填充，系统会根据前面单元格的内容计算步长值自动对序列进行填充。

【例 5-5】　以序列填充"序号"列号，操作步骤如下：

步骤 1：在不同列的前两个单元格中分别填"001""002"和"001""003"，选中前两个元素所在的单元格。

步骤 2：按住黑色边框的右下角的填充柄，向下拖动，一直到填充的值为 16 和 31，如图 5-6 和图 5-7 所示。

- 填充日期

填充日期可以选择不同的日期单位，如工作日，则在填充日期的时候将忽略周末或其他国家法定节假日。

【例 5-6】　用序列填充日期，操作步骤如下：

步骤 1：在 A1 单元格中输入日期"2020-5-3"，选择需要填充的单元格 A2：A10，同时也包括数据所在单元格 A1。

步骤 2：在"开始"选项卡下单击"填充"按钮，从下拉列表中选择"序列"选项，如图 5-8 所示。

第一个元素和第二个元素之间的步长值为1，所以填充按+1的数值填写数据。

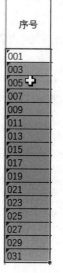

第一个元素和第二个元素之间的步长值为2，所以填充按+2的数值填写数据。

图 5-6　以步长值为 1 填充序列　　　　图 5-7　以步长值为 2 填充序列

步骤 3：在弹出的"序列"对话框中选择"日期"类型，日期单位选择"工作日"，步长值设置为1。

步骤 4：单击确定显示结果，从显示结果可以看出，系统忽略了 2020/5/9 和 2020/5/10 周六和周末这两天，如图 5-9 所示。

图 5-8　选择填充按钮下的序列

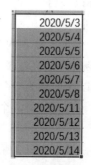

图 5-9　填充结果

· 创建自定义序列填充内容

如果用户所需的序列比较特殊，如张三、李四、王五、赵六，那么就需要先进行定义，再像内置序列那样使用。

【例 5-7】　自定义序列"张三、李四、王五、赵六"，操作步骤如下：

步骤 1：在菜单"文件"→"选项"→"高级"，移动垂直滚动条找到"常规"选项卡，在下方可以找到"编辑自定义列表"按钮，如图 5-10 所示。

步骤 2：单击此按钮弹出"自定义序列"对话框，在"输入序列"列表框中输入自定义序列的全部内容，每输入一条按一次 Enter 键，完成后单击"添加"按钮，如图 5-11 所示。

图 5-10 找到"编辑自定义列表"按钮

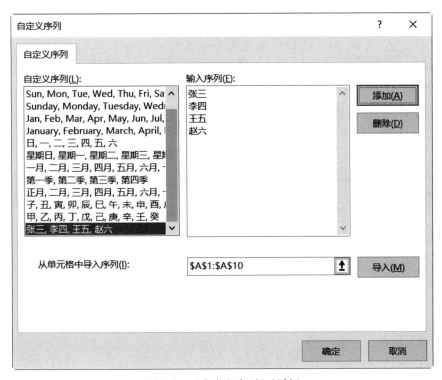

图 5-11 "自定义序列"对话框

Excel 2016 电子表格

步骤3：整个序列输入完毕后，单击"确定"按钮。

步骤4：创建好自定义序列，在 B1 单元格中输入"张三"，用拖放填充柄的方法即可以进行序列填充。

4. 获取外部数据

Excel 还可以获取外部数据，单击"数据"选项卡，就会出现一个获取外部数据的按钮组，如图 5-12 所示，单击相应的按钮，就可以导入其他数据库（如 Access、SQL Server 等）产生的文件，也可以导入网页、文本文件、XML 文件中的数据等。

图 5-12　获取外部数据按钮组

5.2　学生成绩分析

一学期结束了，院办教学干事小刘从教务系统中导出了软件工程专业几个班的学生成绩表，下面协助小刘按以下要求进行成绩分析和管理。

1．打开"成绩表.xlsx"文件，将工作表"Sheet1"重命名为"成绩表"。

2．按照"001、002……"的顺序填充"成绩表"中"序号"列。

3．根据原始成绩计算填充"总分"、"平均分"、"排名"这三列的内容。

4．在"成绩表"的"姓名"列前插入一列"班级"，学号的第 3、4 位代表学生所在班级，例如，"180206"代表 18 级 2 班 6 号，请提取每个学生所在的班级，并按如图 5-13 所示对应关系填写在"班级"列中。

"学号"的3、4位	对应班级
01	1班
02	2班
03	3班

5．标出"成绩表"中各科目不及格的成绩，例如将所在单元格以粉红色填充，深红色文本显示。

图 5-13　学号、班级对应关系

6．美化"成绩表"：在成绩表顶端插入标题行"软件工程专业 2020-2021-1 学期成绩表"，设置其格式让它在整个表格左右居中，将有小数的成绩列设为保留一位小数的数值，适当加大行高列宽，改变字体、字号，设置对齐方式，设置适当的边框和底纹使工作表更加美观。

7．在"成绩表"后面新建一个工作表"期末成绩分析"，求出每科的最高分、最低分、平均成绩、统计每科优秀人数（80 分以上），及格人数（60 分到 80 分之间），不及格人数（60 分以下）。

8．根据"成绩表"的"姓名"和"平均分"两列数据，插入簇状柱形图，创建的图表在"成绩表"的后面。

5.2.1　工作表的基本操作

1. 新建工作表

Excel 2016 新建的工作簿中默认只包含一张工作表 Sheet1，一个工作簿可以包含的工作表数量是没有限制的。当用户需要在工作簿中新增工作表时，通常可以单击"工作表标签区"中的"新工作表"按钮,如图 5-14 所示。

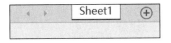

图 5-14 "新工作表"按钮

　　或者在 Sheet1 工作表标签上右击弹出快捷菜单,然后选择菜单项中的插入命令,则会弹出"插入"对话框,这时除了可以插入工作表之外,还可以插入很多其他类型的对象,如图表、宏表、对话框、数据透视表教程等,如图 5-15 所示。

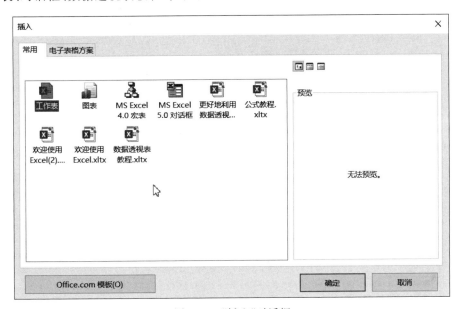

图 5-15 "插入"对话框

2. 工作表的其他操作

　　在右击工作表标签时弹出的快捷菜单中,可以看到工作表的其他操作:删除、重命名、移动或复制、保护工作表、工作表标签颜色、隐藏工作表等。移动和复制也是工作表的常用操作之一。假如需要对"成绩表"进行备份,就需要进行复制操作。如果工作簿中有很多工作表,需要把经常使用的工作表放在最前面,这时就要进行移动操作。工作表的移动和复制可以在同一个工作簿中进行,也可以在不同的工作簿中进行。移动操作和复制操作如何区分呢?请看"移动或复制工作表"对话框,如图 5-16 所示,如果选中"建立副本"复选框,则进行复制工作表的操作,否则就进行移动工作表的操作。

5.2.2 工作表的美化

1. 设置单元格格式

（1）设置数字格式

　　"开始"选项卡中"数字"组中有相应的按钮,如图 5-17 所示,使用这些按钮可以改变数字(包括日期)在单元格中的显示形式,但是不改变编辑栏中的显示形式。

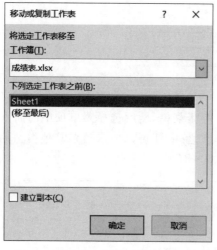

图 5-16 "移动或复制工作表"对话框   图 5-17 "数字"组按钮

数字格式的分类主要有：常规、数字、货币、会计专用、日期、时间、百分比、分数、科学记数、文本和其他数字格式等。单击数字格式分类下拉选项中的"其他数字格式"，或者"数字"组中右下角小箭头，弹出"设置单元格格式"对话框，如图 5-18 所示，其中数字项可以设置数值的小数位数；货币项和会计专用项可以设置货币的小数位数，同时还可以设置不同国家的

图 5-18 "设置单元格格式"对话框

货币表现符号；日期时间项可以设置日期时间的表现形式和设置国家区域；百分比项可以设置以百分数的形式显示数值，以及保留几位小数等。

（2）设置字体和对齐方式

使用"开始"选项卡的"字体"组中的按钮，如图 5-19 所示，可以设置单元格内容的字体、颜色、下画线和特殊效果等。使用"对齐方式"组中的按钮，如图 5-20 所示，可以设置单元格中内容的水平对齐方式、垂直对齐方式、文本方向、自动换行和合并后居中等。若要将几个单元格合并，则需同时选中这些单元格，然后使用"合并后居中"按钮进行设置，合并后的单元格内容只能保留刚才选定区域中最左上角单元格中的内容。如果要取消合并单元格，则可选定已合并的单元格，再次单击"对齐方式"组中的"合并后居中"按钮即可，但因为合并单元格被删除的内容不会再恢复。

图 5-19 "字体"组按钮

图 5-20 "对齐方式"组按钮

使用"设置单元格格式"对话框中"字体"标签或者"对齐"标签中的选项，也可以完成上面这些设置，并且应该包含更多的字体和对齐方式设置的功能。

（3）设置单元格边框

Excel 工作表中的预设边框是为了显示和编辑的需要，在打印时是没有边框线的，如果需要添加边框线，则需要选定单元格区域进行设置。

单击"设置单元格格式"对话框中"边框"标签，如图 5-21 所示，可以使用"预置"选项组为所选单元格或单元格区域设置"外边框""内部"和"无"；利用"边框"选项为所选区域分别设置上边框、下边框、左边框、右边框和斜线等；还可以用"线条"选项设置边框的线型和颜色。如果要取消已设置的边框，选择"预置"选项组中的"无"即可。

（4）设置单元格填充颜色

单击"设置单元格格式"对话框中的"填充"标签，可以设置突出显示某些单元格或单元格区域，为这些单元格设置背景色和图案，如图 5-22 所示。

2. 设置列宽和行高

在 Excel 进行行高和列宽设置时，行高所使用的单位为磅，1 cm 等于 28.6 磅，列宽所使用的单位为 1/10 英寸，1 英寸等于 72 磅。如果要把一个单元格的列宽和行高都设置为 1 cm，通过单位换算，应设置的行高为 27.682，列宽为 4.374。

（1）设置列宽

• 使用鼠标粗略设置列宽。

将鼠标指针指向要改变列宽的列标之间的分隔线上，鼠标指针变成水平双向箭头形状，按住鼠标左键并拖动鼠标，直至将列宽调整到合适宽度，放开鼠标即可。

• 使用"列宽"命令精确设置列宽。

选定需要调整列宽的区域，选择"开始"选项卡内的"单元格"命令组的"格式"命令，选择"列宽"对话框可精确设置列宽。

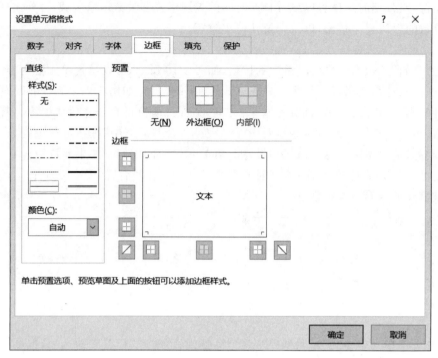

图 5-21 "边框"设置

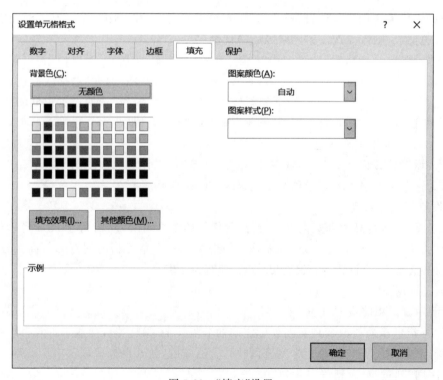

图 5-22 "填充"设置

（2）设置行高

• 使用鼠标粗略设置行高。

将鼠标指针指向要改变行高的行号之间的分隔线上，鼠标指针变成垂直双向箭头形状，按住鼠标左键并拖动鼠标，直至将行高调整到合适高度，放开鼠标即可。

• 使用"行高"命令精确设置行高。

选定需要调整行高的区域，选择"开始"选项卡内的"单元格"命令组的"格式"命令，选择"行高"对话框可精确设置行高。

3. 设置条件格式

条件格式可以使数据在满足不同的条件时，显示不同的格式。单击"开始"选项卡中的"样式"组中的"条件格式"下拉按钮，在下拉菜单中选择相应的规则来完成。

4. 使用样式

样式是单元格字体、字号、对齐、边框和图案等一个或多个设置特性的组合，将这样的组合加以命名和保存供用户使用。应用样式即应用样式名的所有格式设置。

样式包括内置样式和自定义样式。内置样式为 Excel 内部定义的样式，用户可以直接使用，包括常规、货币和百分数等；自定义样式是用户根据需要自定义的组合设置，需定义样式名。

样式设置是利用"开始"选项卡内的"样式"组完成的，如图 5-23 所示。

图 5-23　"样式"组按钮

5. 自动套用格式

自动套用格式是一组已定义好的格式的组合，包括数字、字体、对齐、边框、颜色、行高和列宽等格式。Excel 提供了许多种漂亮、专业的表格自动套用格式，将这些格式自动套用到用户指定的单元格区域，可以使表格更加美观，易于浏览。

自动套用格式是利用"开始"选项卡内的"样式"组中的"套用表格格式"完成的。

5.2.3　认识公式和函数

1. 认识公式

Excel 中的公式是一种对工作表中的数值进行计算的等式，它可以帮助用户快速完成各种复杂的运算。公式以"="开始，其后是表达式，如"=A1+A2"。

利用公式可以对工作表中的数据进行各种运算，公式中包含的元素有运算符、函数、常量、单元格引用、单元格区域引用，如图 5-24 所示。

• **常量**：直接输入到公式中的数字或者文本，是不用计算的值。

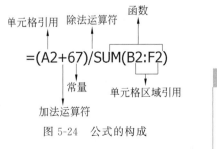

图 5-24　公式的构成

- **单元格引用**：即单元格地址或区域名称,引用某一单元格或单元格区域中的数据。
- **函数**：包括函数及它们的参数。
- **运算符**：连接公式中的基本元素并完成特定运算的符号,如"＋"">""&"等,不同的运算符完成不同的运算。

Excel 公式中,运算符有算术运算符、比较运算符、文本连接运算符和引用运算符四种类型。

（1）算数运算符

算术运算符包含加、减、乘、除、求余和幂运算符,如图 5-25 所示。

算术运算符	含义	示例
+	加号	2+1
-	减号	2-1
*	乘号	3*5
/	除号	4/2
%	百分号	30%
^	乘幂号	4^2

图 5-25　算术运算符

（2）比较运算符

比较运算符能够比较两个或者多个数字、文本串、单元格内容、函数结果的大小关系,比较的结果为逻辑值,TRUE 或者 FALSE,如图 5-26 所示。

比较运算符	含义	示例
=	等于	A2=B1
>	大于	A2>B1
<	小于	A2<B1
>=	大于等于	A2>=B1
<=	小于等于	A2<=B1
<>	不等于	A2<>B1

图 5-26　比较运算符

（3）文本连接运算符

文本连接运算符用"&"表示,用于将两个文本连接起来合并成一个文本。例如,公式"江西"&"萍乡"的结果就是"江西萍乡"。

例如：A1 单元格内容为"Excel 2016",B2 单元格内容为"教程",如要使 C1 单元格内容为"Excel 2016 教程"公式应该写成"＝A1&B2"。

（4）引用运算符

引用运算符可以把两个单元格或者区域结合起来生成一个联合引用,常用的引用运算符如图 5-27 所示。

这 4 类运算符的优先级别从高到低依次为引用运算符、算术运算符、文本运算符、关系运算符。当多个运算符同时出现在公式中时,按运算符的优先级时行运算,优先级相同时,

引用运算符	含义	示例
：（冒号）	区域运算符，生成对两个引用之间所有单元格的引用。	**A5:A8**
，（逗号）	联合运算符，将多个引用合并为一个引用。	**SUM(A5:A10,B5:B10)**（引用 A5:A10 和 B5:B10 两个单元区域）
（空格）	交集运算符，产生对两个引用共有的单元格的引用。	**SUM(A1:F1 B1:B3)**（引用 **A1:F1** 和 **B1:B3** 两个单元格区域相交的 **B1** 单元格）

图 5-27　引用运算符

自左向右运算。

2. 公式的使用方法

公式在 Excel 中的作用就是为用户完成某种特定的运算。

（1）输入公式

在 Excel 中使用公式必须遵循特定的语法结构，即在公式的最开始位置必须是以"＝"开头的，后面跟的是参与公式的运算符和元素，元素可以是之前介绍的"常量"或单元格的引用。

【例 5-8】　到 2020 年末，中国高铁运营里程已经达到了 3.89 万公里，中国高铁的飞速发展是中国经济、科技快速发展的缩影，中国高铁也成为了中国发展、中国成就、中国价值的一张独特而靓丽的"名片"，相信中国未来在高铁事业方面的发展将会更加辉煌与壮丽，会为世界上的人们带来更多福祉与便利！下面让我们来完成"世界各国高铁里程排行"工作表中"两年增长里程（公里）"列的数据录入，操作步骤如下：

步骤 1：选择需要输入公式的单元格，工作表中"两年增长里程（公里）"列为 E 列，先选中 E3 单元格，如图 5-28 所示。

	A	B	C	D	E	F
1			世界各国高铁运营里程排行			
2	排名	国家/地区	2018年（公里）	2020年（公里）	两年增长里程（公里）	2020年全球占有率
3	1	中国	22000	38875		
4	2	西班牙	3100	4900		
5	3	日本	2765	3637		
6	4	德国	3038	3368		
7	5	法国	2658	3345		
8	6	土耳其	1420	3137		
9	7	俄罗斯	645	2385		
10	8	美国	44.8	1956		
11	9	英国	1377	1927		
12	10	瑞典	1706	1827		
13	11	韩国	880	1529		
14	12	伊朗	900	1351		
15	13	意大利	923	1115		
16		其他国家	1000	8783		
17		全球总里程				

图 5-28　"世界各国高铁里程排行"表

步骤 2：在 E3 单元格内先输入公式，先输入"＝"号，然后对需要参与运算的单元格进行引用。可以单击需要引用的单元格，也可以在 E3 中直接输入，如图 5-29 所示。使用运算

Excel 2016 电子表格

符"-"将需要引用的单元格连接,从不同的颜色的边框可以看到本次公式引用了多少个单元格。

图 5-29　输入公式

步骤 3：按下 Enter 键查看运算结果,如图 5-30 所示。

图 5-30　显示结果

注意：E3 单元格中显示计算结果,但编辑栏中仍显示公式。

(2) 复制公式

表中其他国家近两年增长里程的计算方法和中国是一样的,那么需要像前面那样在每个单元格中重新写入公式吗？答案当然是否定的,只需要复制 E3 单元格的公式,将其应用在后面单元格中即可,最简单的公式复制方法就是填充柄的拖放或双击。

3. 函数的使用

Excel 中所提的函数其实是一些预定义的公式,它们使用一些称为参数的特定数值按特定的顺序或结构进行计算。简单点说,函数是一组功能模块,使用函数能帮助你实现某个功能。

函数一般包含三个部分："等号(＝)"、"函数名"和"参数"。例如"＝SUM(A1：A5)",SUM 是求和函数的函数名,后面(A1：A5)是函数的参数,告诉函数求 A1 到 A5 内所有单元格的和。

【例 5-9】 完成"世界各国高铁里程排行"工作表中"全球总里程"行中数据的录入,操作步骤如下：

步骤 1：选中需要插入函数的 C17 单元格,选择"公式"选项卡中的"插入函数"按钮,或单击"编辑栏"中的 fx 按钮弹出"插入函数"对话框,如图 5-31 所示。

步骤 2：在弹出的对话框内选择 SUM 求和函数,之后在"函数参数"Number1 中选择或输入需要求和的单元格,如图 5-32 所示,单击"确定"按钮。

在 Excel 中常用的函数有求和(SUM)、平均数(AVERAGE)、最大值(MAX)、最小值

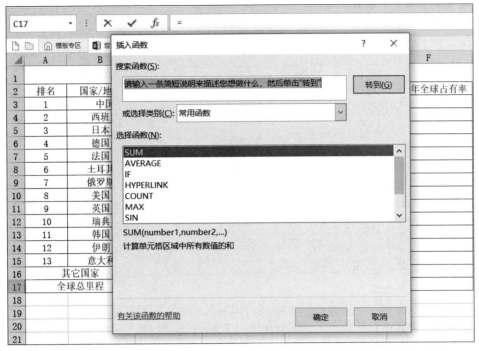

图 5-31　插入函数对话框

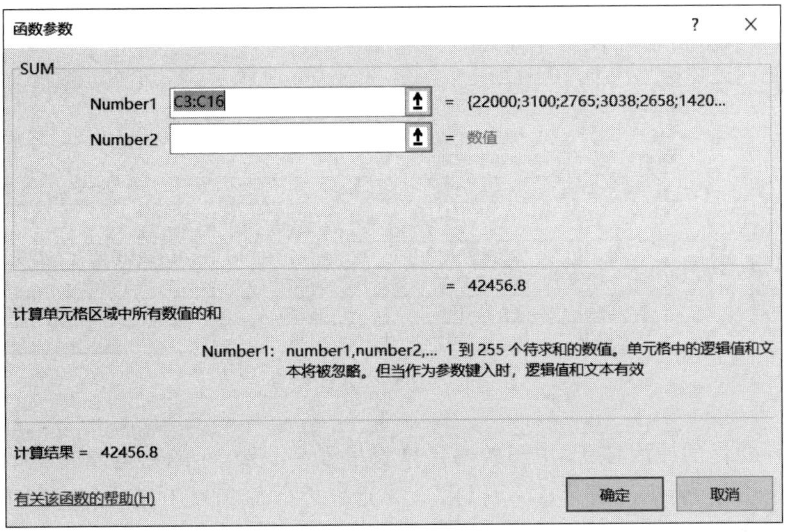

图 5-32　函数参数对话框

（MIN）、计数（COUNT）等，这些常用函数可以直接在"开始"选项卡"编辑"组中单击"∑"按钮或旁边的"向下三角形"弹出选项中选择，如图 5-33 所示。如果要选择的函数没有显示"插入函数"对话框中的"常用函数"中，请在选择类别框中选择"全部函数"，所有函数按字母排序。例如，COUNTIF 函数用来统计条件区域中满足指定条件单元格的个数；IF 函数用来根据条件是否成立返回相应的表达式值；INT 函数用来对数值取整；ABS 函数求绝对值

Excel 2016 电子表格

等,这些也属于数据计算和分析中经常会用到的函数。

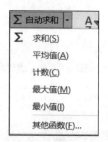

图 5-33　常用函数菜单

4. 单元格的引用

在使用刚才的公式进行计算时,公式中用到了单元格的地址 D3 和 C3,也称为单元格的引用。所谓的引用就是在本公式中所使用到的数据元素是来源于其他单元格的,Excel 中引用分为相对应用、绝对引用和混合引用。

（1）相对引用

例 5-8 中,不少同学可能会纠结于这样一个问题,那就是计算中国两年增长里程的公式为"＝D3-E3",如果把它复制到其他国家中去计算的话,得到的结果怎么不是和中国的结果一样呢?

那是因为在复制公式并粘贴的时候 Excel 默认使用的是相对引用,所谓的相对引用就是当前单元格与公式所在单元格的相对位置。如图 5-34 所示,可以看到,对公式进行相对引用的时候,公式其实已经发生了变化。

E4		fx	=D4-C4	
	横板专区	世界各国高铁里程排行.xlsx		
	A	B	C	D	E
1	世界各国高铁运营里程排行				
2	排名	国家/地区	2018年（公里）	2020年（公里）	两年增长里程（公里）
3	1	中国	22000	38875	16875
4	2	西班牙	3100	4900	1800
5	3	日本	2765	3637	872

图 5-34　复制公式的结果

产生这种变化的原因在于,中国的两年增长里程是 2020 年的数量减去 2018 年的数量。当将公式向下填充,到了西班牙这一行,由于单元格地址的相对引用,西班牙的增长也是他左边的两个数相减的结果,这个公式计算的结果当然是正确的。大家可以思考一下如果将 E3 的公式向右填充,公式会是怎样的呢?

（2）绝对引用

绝对引用是指公式复制到新的位置后公式中的单元格地址不会随着新的位置而改变,与它包含公式的单元格位置无关,绝对引用是通过"冻结"单元格地址来达到效果的,在 Excel 中想要使用绝对引用就必须在单元格地址的行坐标和列坐标的前面添加"＄"符号。

【例 5-10】　完成"世界各国高铁里程排行"工作表中"2020 年全球占有率"列数据的录入,操作步骤如下:

步骤1：在 F3 单元格输入公式,并对全球总里程所在单元格 D17 使用＄D＄17 进行绝对引用,如图 5-35 所示,按 Enter 键确认。

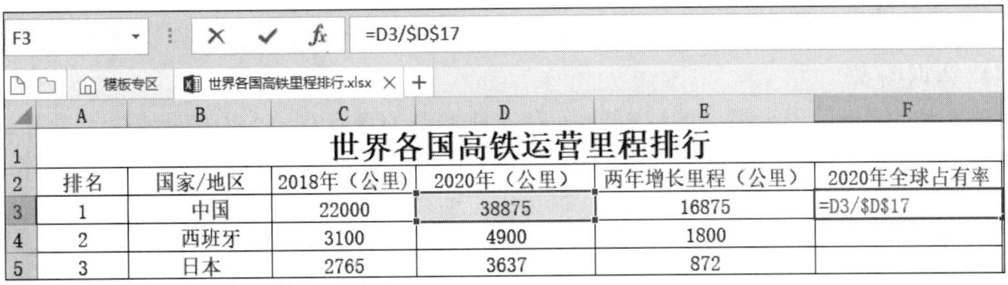

图 5-35　在公式中使用绝对引用

步骤2：复制 F3 单元格内容填充下面各行,如图 5-36 所示。从编辑栏中可以看到,填充到西班牙这一行时,公式的第一个参数已经发生了变化,但是第二个参数由于是绝对引用所以还是 D17。

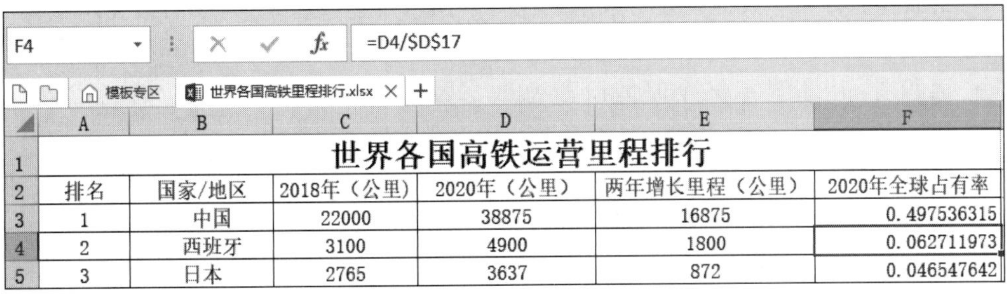

图 5-36　使用绝对引用后复制公式

步骤3：选中 F3:F16 单元格,设置"数字"格式为百分比形式,显示结果如图 5-37 所示。

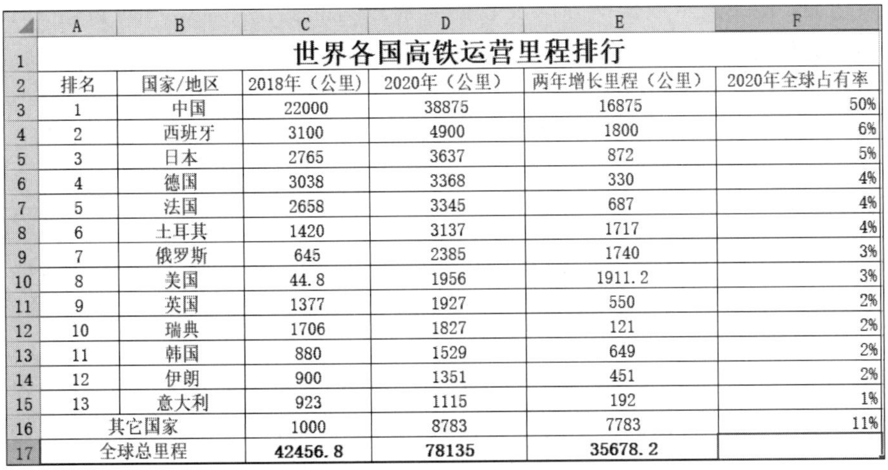

图 5-37　完成的"世界各国高铁运营里程排行"

（3）混合引用

绝对引用是在单元格的行号和列标都面加上"＄"符号用来固定住单元格的位置,混合引用则是只固定行或列的其中一个,如＄B1和B＄1,它是相对引用地址和绝对引用地址的混合使用,＄B1是列不变,行变化;B＄1是列变化,行不变。

5.2.4 图表的操作

1. 认识图表

Excel能够将电子表格中的数据转换成各种类型的统计图表,更直观地揭示数据之间的关系,反映数据的变化规律和发展趋势,使用户能一目了然地进行数据分析。当工作表中的数据发生变化时,图表也会相应改变,不需要重新绘制。

Excel 2016提供了10余种图表类型,每一类又有若干种子类型,并且有很多二维和三维图表类型可供选择。常用的图表类型有以下几种。

- 柱形图:用于显示一段时间内数据变化或各项之间的比较情况。柱形图简单易用,是最受欢迎的图表形式。
- 条形图:可以看作是横着的柱形图,是用来描绘各个项目之间数据差别情况的一种图表,它强调的是在特定的时间点上进行分类和数值的比较。
- 折线图:将同一数据系列的数据点在图中用直线连接起来,以等间隔显示数据的变化趋势。
- 面积图:用于显示某个时间阶段总数与数据系列的关系,又称为面积形式的折线图。
- 饼图:能够反映出统计数据中各项所占的百分比或是某个单项占总体的比例,使用该类图表便于查看整体与个体之间的关系。
- XY散点图:通常用于显示两个变量之间的关系,利用散点图可以绘制函数曲线。
- 圆环图:类似于饼图,但在中央空出了一个圆形的空间,它也用来表示各个部分与整体之间的关系,但是可以包含多个数据系列。
- 气泡图:类似于XY散点图,但是它是对成组的3个数值而非两个数值进行比较。
- 雷达图:用于显示数据中心以及数据类别之间的变化趋势。可对数值无法表现的倾向分析提供良好的支持,为了能在短时间内把握数据相互间的平衡关系,也可以使用雷达图。

Excel可以快速方便地制作一些商务图表,如层次结构图中的树状图、旭日图,统计图表中的直方图、箱形图,还有瀑布图等。Excel还可以创建自定义组合图。

2. 创建图表

认识图表的类型之后,接下来就可以创建图表。图表是数据特征的一种体现,所以要使用图表就必须要有相应的数据对象。例如,可以使用饼图来显示"世界各国高铁运营里程排行"中的各国2020年占有率情况。

【例5-11】 使用"世界各国高铁运营里程排行"中的占有率创建图表,操作步骤如下:

步骤1:打开"世界各国高铁运营里程排行"工作表,按住Ctrl键使用鼠标分别选择图表中需要使用到的两列数据,B列和F列数据,如图5-38所示。

步骤2:选择"插入"选项卡"图表"组中单击"饼图"按钮,在弹出的列表中单击"二维饼图"中的第一个"饼图"。

步骤3:单击后,图表就会出现在工作表的空白区域,效果如图5-39所示。

世界各国高铁运营里程排行

排名	国家/地区	2018年（公里）	2020年（公里）	两年增长里程（公里）	2020年全球占有率
1	中国	22000	38875	16875	50%
2	西班牙	3100	4900	1800	6%
3	日本	2765	3637	872	5%
4	德国	3038	3368	330	4%
5	法国	2658	3345	687	4%
6	土耳其	1420	3137	1717	4%
7	俄罗斯	645	2385	1740	3%
8	美国	44.8	1956	1911.2	3%
9	英国	1377	1927	550	2%
10	瑞典	1706	1827	121	2%
11	韩国	880	1529	649	2%
12	伊朗	900	1351	451	2%
13	意大利	923	1115	192	1%
14	其它国家	1000	8783	7783	11%
	全球总里程	42456.8	78135	35678.2	

图 5-38 选择数据

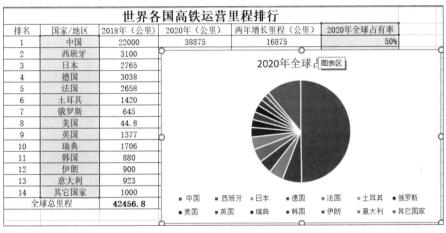

图 5-39 插入饼图

3. 编辑图表

在创建图表之后，还可以对图表进行修改编辑，包括更改图表类型及选择图表布局和图表样式等。这些操作通过"图表工具"选项卡中的相应功能来实现。该选项卡在选定图表后会自动出现，该选项卡中的"设计"部分如图 5-40 所示，可以完成如下操作。

图 5-40 "图表工具"中的"设计"选项卡

- 添加图表元素：显示或隐藏主要横坐标轴与主要纵坐标轴；显示或隐藏网格线；添加或修改图表标题、坐标轴标题、图例、数据标签和数据表；添加误差线、趋势线、涨/跌柱线和线条等。
- 快速布局：快速套用集中内置的布局样式，更改图表的整体布局。
- 更改颜色：自定义图表颜色。

- 更改图表样式：为图表应用内置样式。
- 切换行/列：将图表中的 X 轴数据和 Y 轴数据对调。
- 选择数据：打开"选择数据源"对话框，在其中可以编辑、修改系列和分类轴标签。
- 更改图表类型：重新选择合适的图表。
- 移动图表：在本工作簿中移动图表可将图表移动到其他工作簿。

4. 格式化图表

生成一个图表后，为了获得更理想的显示效果，可以对图表的各个对象进行格式化。这些操作可以通过"图表工具"选项卡中"格式"部分的相应按钮来完成，如图 5-41 所示。也可以通过双击要进行格式设置的图表对象，在打开的格式任务窗格中进行设置。

图 5-41 "图表工具"中的"格式"选项卡

- 设置所选内容格式：在"当前所选内容"组中快速定位图表元素，并设置所选内容格式。
- 插入形状：在图表中插入形状。
- 编辑形状样式：套用快速样式，设置形状填充、形状轮廓以及形状效果。
- 插入艺术字：快速套用艺术字样式，设置艺术字颜色、外边框或艺术效果。
- 排列图表：排列图表元素的对齐方式等。
- 设置图表大小：设置图表的宽度与高度、裁剪图表。

5. 创建迷你图表

迷你图表是显示在单个单元格中的一个微型图表，可提供数据的直观表示，每个迷你图表代表所选内容中的一行数据。由于迷你图太小，无法在图中显示数据内容，所以迷你图与表格是不能分离的。迷你图包括折线图、柱形图、盈亏三种类型，其中折线图用于返回数据的变化情况，柱形图用于表示数据间的对比情况，盈亏则可以将业绩的盈亏情况形象地表示出来。

【例 5-12】 打开"手机销售表"，插入迷你图表，操作步骤如下：

步骤 1：选择需要插入迷你图的 G2 单元格，在"插入"选项卡中的"迷你图"组中选择"折线图"，如图 5-42 所示。

图 5-42 插入迷你图表

步骤 2：在弹出的“创建迷你图”对话框中输入华为手机的数据范围 B2:F2，单击“确定”按钮。

步骤 3：使用自动填充向下复制，完成所有行的迷你图创建，如图 5-43 所示。

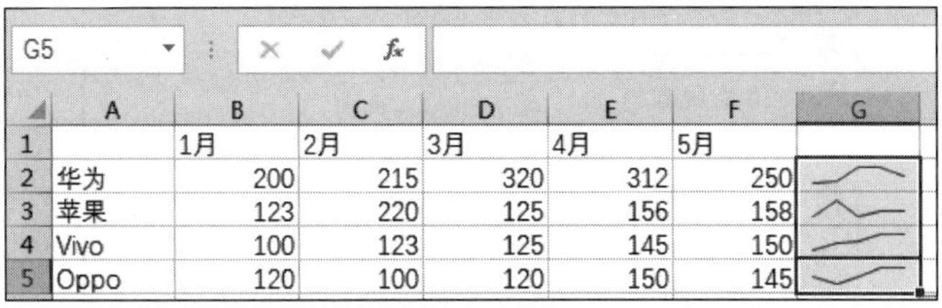

	A	B	C	D	E	F	G
1		1月	2月	3月	4月	5月	
2	华为	200	215	320	312	250	
3	苹果	123	220	125	156	158	
4	Vivo	100	123	125	145	150	
5	Oppo	120	100	120	150	145	

图 5-43　插入迷你图表

5.2.5　案例实现

1. 重命名工作表

步骤 1：打开“成绩表.xlsx”文件。

步骤 2：右击工作表标签“Sheet1”，在弹出的快捷菜单中选择“重命名”，输入“成绩表”。

2. 在“序号”列录入数据

步骤 1：选中 A2 单元格，输入“'001”按 Enter 键确认，单元格中显示“001”，并左对齐。特别需要注意的是，在数字前面输入的必须是英文状态下的单引号。

步骤 2：选中 A2 单元格，选中填充柄往下拖放，进行自动填充，完成序号的顺序填充。

3. 填充“总分”“平均分”“排名”这三列的内容

步骤 1：选中总分列的第一个要填充的单元格 K2，单击“开始”选项卡中的“Σ”按钮中的“自动求和”，按 Enter 键确认。

步骤 2：选中 K2 单元格中的填充柄，向下拖放填充柄或者双击填充柄，完成所有学生总分项的计算。

步骤 3：选中“平均分”列的第一个要填充的单元格 L2，单击“开始”选项卡中的“Σ”按钮菜单中的“平均值”，L2 单元格中会自动填充“=AVERAGE(E2:K2)”，在编辑栏中将 AVERAGE 函数中的单元格引用修改成 E2:J2，单击“√”按钮确认。

步骤 4：选中 L2 单元格，使用填充柄复制公式填充所有学生的平均分项。

步骤 5：选中排名列的第一个要填充的单元格 M2，在“公式”选项卡中的“函数库”组中单击“其他函数”。

步骤 6：在“统计函数”中“RANK.EQ”函数如图 5-44 所示。RANK.EQ 函数用于返回一个数字在数字列表中的排位，如果多个值具有相同的排位，则返回该组数值的最佳排位，可以使用这个函数完成总分从高到低排名。

步骤 7：单击“确定”后弹出 RANK 函数的“函数参数”对话框，在参数 Number 中输入 K2，在参数 Ref 中输入 $K$2:$K$31，参数 Order 中省略，如图 5-45 所示。

步骤 8：单击“确定”后，M2 单元格中显示第一个学生的排名为 4，复制公式完成所有学生的排名列的填充，结果如图 5-46 所示。从结果中可以看到，当总分相同时，排名也相同。

4. 填充“班级”列数据

步骤 1：单击列标 D，选中“姓名”所有的列，右击弹出快捷菜单，选择“插入”，在新的一

图 5-44 "统计函数"菜单

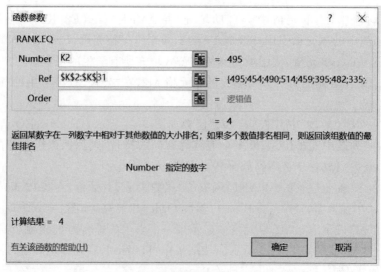

图 5-45 RANK.EQ 函数的"函数参数"对话框

序号	专业	学号	姓名	专业英语/专业核心课/2	网络营销/专业核心课/3	JavaEE应用开发/专业限选课/2.5	Android提高/专业限选课/2.5	就业指导/实践课/0.5	Web前端开发/专业核心课/3	总分	平均分	排名
001	软件工程	18016005	张三丰	84	82	85	72	92	80	495	82.5	4
002	软件工程	18016008	韦小宝	71	70	80	66	83	84	454	75.66667	20
003	软件工程	18036004	郭靖	78	81	88	69	93	81	490	81.66667	8
004	软件工程	18026001	杨康	84	87	87	79	94	83	514	85.66667	2
005	软件工程	18036002	欧阳锋	74	80	85	67	76	77	459	76.5	17
006	软件工程	18026009	洪七公	74	64	66	50	81	60	395	65.83333	27
007	软件工程	18016007	黄药师	84	82	85	72	92	80	495	82.5	4
008	软件工程	18026006	黄蓉	15	60	78	46	87	49	335	55.83333	30
009	软件工程	18026002	任盈盈	73	80	82	62	92	74	463	77.16667	15
010	软件工程	18036003	令狐冲	60	75	66	53	76	58	388	64.66667	28
011	软件工程	18016003	杨过	75	82	92	60	81	72	462	77	16
012	软件工程	18036001	小龙女	79	83	89	75	98	81	505	84.16667	3
013	软件工程	18016002	郭芙	69	72	88	62	81	74	446	74.33333	22
014	软件工程	18016001	郭襄	72	79	61	68	87	70	437	72.83333	23
015	软件工程	18026008	段誉	57	80	58	61	76	74	406	67.66667	26
016	软件工程	18026005	萧峰	57	74	40	54	92	56	373	62.16667	29
017	软件工程	18016010	陆无双	72	75	84	72	82	70	455	75.83333	19
018	软件工程	18016004	王语嫣	75	81	92	91	94	88	521	86.83333	1
019	软件工程	18016006	木婉清	77	82	84	68	87	76	474	79	11

图 5-46 “总分”“平均分”“排名”填充结果

列中的 D1 单元格中输入“班级”。

步骤 2：在 D2 单元格中输入公式“=VALUE(MID(C2,3,2))&"班"”，如图 5-47 所示。这个公式中 MID(C2,3,2)函数表示 C2 单元格中的字符串从第 3 位开始取 2 位，VALUE()函数的作用是将这个字符串转换成数值表示。例如，VALUE("01")则返回数值 1，再使用“&”文本连接符，将这个数值和“班”字连接成一个完整的字符串。

D2 =VALUE(MID(C2,3,2))&"班"

模板专区 成绩表.xlsx

	A	B	C	D	E	F	G	H	I	J	K	L	M	N
1	序号	专业	学号	班级	姓名	专业英语/专业核心课/2	网络营销/专业核心课/3	JavaEE应用开发/专业限选课/2.5	Android提高/专业限选课/2.5	就业指导/实践课/0.5	Web前端开发/专业核心课/3	总分	平均分	排名
2	'001	软件工程	18016005	1班	张三丰	84	82	85	72	92	80	495	82.5	4

图 5-47 D2 单元格中显示的公式

步骤 3：使用填充柄复制公式填充所有学生的班级。

5. 使用“条件格式”标出不及格的成绩

步骤 1：选定所有科目的成绩所在单元格区域 F2：K31。

步骤 2：单击“开始”选项卡中“条件格式”下“突出显示单元格规则”中的“小于”，如图 5-48 所示，弹出对话框。

步骤 3：在弹出的对话框中，设置小于的值为“60”，设置为的内容为“浅红填充色深红色文本”，如图 5-49 所示，单击“确定”，设置“条件格式”后的结果如图 5-50 所示。

6. 美化“成绩表”

步骤 1：单击行号 1 选中第一行，右击弹出快捷菜单，单击“插入”，插入了新的一行。

步骤 2：在 A1 单元格中输入“软件工程专业 2020-2021-1 学期成绩表”，选定 A1:N1 单元格，单击“合并后居中”按钮，设置字号为 22，加粗。

步骤 3：选定“平均分”列中的数值，使用“减少小数位数”和“增加小数位数”按钮，将平均分显示为一位小数。

图 5-48 设置"条件格式"

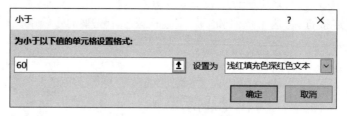

图 5-49 "小于"对话框

序号	专业	学号	班级	姓名	专业英语/专业核心课/2	网络营销/专业核心课/3	JavaEE应用开发/专业核心课/3	Android提高/专业限选课/2.5	就业指导/实践课/0.5	Web前端开发/专业核心课/3	总分	平均分	排名
001	软件工程	18016005	1班	张三丰	84	82	85	72	92	80	495	82.5	4
002	软件工程	18016008	1班	韦小宝	71	70	80	66	83	84	454	75.66667	20
003	软件工程	18036004	3班	郭靖	78	81	88	69	93	81	490	81.66667	8
004	软件工程	18026001	2班	杨康	84	87	87	79	94	83	514	85.66667	2
005	软件工程	18036002	3班	欧阳锋	74	80	85	67	76	77	459	76.5	17
006	软件工程	18026009	2班	洪七公	74	64	66	50	81	60	395	65.83333	27
007	软件工程	18016007	1班	黄药师	84	82	85	72	92	80	495	82.5	4
008	软件工程	18026006	2班	黄蓉	15	60	78	46	87	49	335	55.83333	30
009	软件工程	18026002	2班	任盈盈	73	80	82	62	92	74	463	77.16667	15
010	软件工程	18036003	3班	令狐冲	60	75	66	53	76	58	388	64.66667	28
011	软件工程	18016003	1班	杨过	75	82	92	60	81	72	462	77	16
012	软件工程	18036001	3班	小龙女	79	83	89	75	98	81	505	84.16667	3
013	软件工程	18016002	1班	郭芙	69	72	88	62	81	74	446	74.33333	22
014	软件工程	18016001	1班	郭襄	72	79	61	68	87	70	437	72.83333	23
015	软件工程	18026008	2班	段誉	57	80	58	61	76	74	406	67.66667	26
016	软件工程	18026005	2班	萧峰	57	74	40	54	92	56	373	62.16667	29
017	软件工程	18016010	1班	陆无双	72	75	84	72	82	70	455	75.83333	19
018	软件工程	18016004	1班	王语嫣	75	81	92	91	94	88	521	86.83333	1

图 5-50 标出不及格成绩的效果

步骤 4：选定 A2:N32 单元格，设置字号为"14"，对齐方式为"居中对齐"，边框设为"所有框线"，在"单元格"组中的"格式"按钮中选择"自动调整列宽"。

步骤 5：选中 A2:N2 单元格，设置标题行字体加粗，填充颜色为"浅灰色，10%"，设置后效果如图 5-51 所示。

序号	专业	学号	班级	姓名	专业英语/专业核心课/2	网络营销/专业核心课/3	JavaEE应用开发/专业限选课/2.5	Android提高/专业限选课/2.5	就业指导/实践课/0.5	Web前端开发/专业核心课/3	总分	平均分	排名
软件工程专业2020-2021-1学期成绩表														
001	软件工程	18016005	1班	张三丰	84	82	85	72	92	80	495	82.5	4
002	软件工程	18016008	1班	韦小宝	71	70	80	66	83	84	454	75.7	20
003	软件工程	18036004	3班	郭靖	78	81	88	69	93	81	490	81.7	8
004	软件工程	18026001	2班	杨康	84	87	87	79	94	83	514	85.7	2
005	软件工程	18036002	3班	欧阳锋	74	80	85	67	76	77	459	76.5	17
006	软件工程	18026009	2班	洪七公	74	64	66	50	81	60	395	65.8	27
007	软件工程	18016007	1班	黄药师	84	82	85	72	92	80	495	82.5	4
008	软件工程	18026006	2班	黄蓉	15	60	78	46	87	49	335	55.8	30
009	软件工程	18026002	2班	任盈盈	73	80	82	62	92	74	463	77.2	15
010	软件工程	18036003	3班	令狐冲	60	75	66	53	76	58	388	64.7	28
011	软件工程	18016003	1班	杨过	75	62	92	60	81	72	462	77.0	16
012	软件工程	18036001	3班	小龙女	79	83	89	75	98	81	505	84.2	3
013	软件工程	18016002	1班	郭芙	69	72	88	62	81	74	446	74.3	22
014	软件工程	18016001	1班	郭襄	72	79	61	68	87	70	437	72.8	23
015	软件工程	18026008	2班	段誉	57	80	58	61	76	74	406	67.7	26
016	软件工程	18026005	2班	萧峰	57	74	40	54	92	56	373	62.2	29

图 5-51　美化工作表的效果

7. 创建工作表"期末成绩分析"

步骤 1：单击工作表标签区的"+"按钮，新建一个工作表，并将其重命名为"期末成绩分析"。

步骤 2：复制"成绩表"中的科目名称，选中"期末成绩分析"的 B1 单元格，使用"粘贴"命令，在 A2、A3、A4、A5、A6、A7 单元格中分别输入"最高分、最低分、平均分、优秀人数、及格人数、不及格人数"。

步骤 3：选中"期末成绩分析"工作表中的 B2 单元格，单击"Σ"按钮中的最大值，插入 MAX() 函数，单击工作表标签"成绩表"，到成绩表中选择 F3:F32 单元格，编辑栏中的公式内容如图 5-52 所示，单击编辑栏中的"√"按钮表示确定。

| ✕ | ✓ | *fx* | =MAX(成绩表!F3:F32) |

图 5-52　求最高分的公式内容

步骤 4：选中"期末成绩分析"工作表中的 B3 单元格，单击"Σ"按钮中的最小值，插入 MIN() 函数求最低分。

步骤 5：选中"期末成绩分析"工作表中的 B4 单元格，单击"Σ"按钮中的平均值，插入 AVERAGE() 函数求平均分。

步骤 6：选中"期末成绩分析"工作表中的 B5 单元格，单击编辑栏中的 *fx* 按钮，弹出"插入函数"对话框，找到 COUNTIF() 函数，在弹出的"函数参数"对话框中进行参数设置，如图 5-53 所示，单击"确定"按钮。

步骤 7：复制 B5 单元格的内容到 B6、B7 单元格。

Excel 2016 电子表格

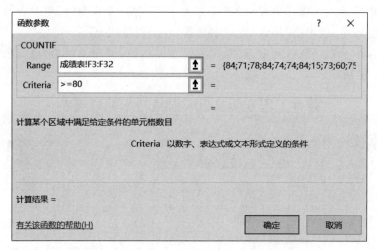

图 5-53　COUNTIF"函数参数"对话框

步骤 8：在编辑栏中编辑 B6 单元格的公式,改为"＝COUNTIF(成绩表! F3：F32,"＞＝60")-B5",此公式的含义是求出 60 分以上的人数减去 80 分以上的人数。

步骤 9：在编辑栏中编辑 B7 单元格的公式,改为"＝COUNTIF(成绩表! F3：F32,"＜60")"。

当然,为了复制公式时不改变参数的行号,也可以在 B5 单元格的公式中使用混合引用,公式为"＝COUNTIF(成绩表! F＄3：F＄32,"＞＝80")",这样可以固定行号。

步骤 10：选中 B2:B7 单元格,使用拖放填充柄的方法将这些公式一起复制到其他科目对应的单元格中,结果如图 5-54 所示。

	专业英语/专业核心课/2	网络营销/专业核心课/3	JavaEE应用开发/专业限选课/2.5	Android提高/专业限选课/2.5	就业指导/实践课/0.5	Web前端开发/专业核心课/3
最高分	84	87	92	91	98	88
最低分	15	60	40	46	76	49
平均分	70.76667	77.63333	79.53333	67.43333	87.1	74.7
优秀人数	5	17	20	4	26	10
及格人数	21	13	8	21	4	17
不及格人数	4	0	2	5	0	3

图 5-54　创建"期末成绩分析"工作表

8. 创建图表

步骤 1：右击工作表标签"成绩表",选择"插入"—"图表"。

步骤 2：在"图表工具"的"设计"选项卡中,单击"选择数据",弹出"选择数据源"对话框,按住 Ctrl 键,选择"姓名"列和"平均分"列数据,选定后对话框内容设置如图 5-55 所示,单击"确定"按钮。

步骤 3：单击"添加图表元素"中的"图表标题",修改为"平均分分布图"。

步骤 4：右击工作表标签 Chart1,将其重命名为"平均分图表",移动到"期末成绩分析"工作表之前,效果如图 5-56 所示。

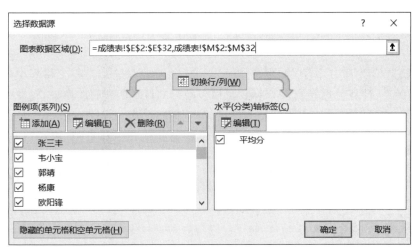

图 5-55   "选择数据源"对话框

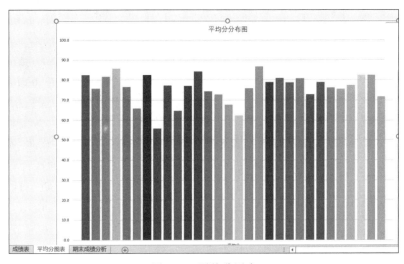

图 5-56   平均分图表

5.3   销售情况统计

盛世图书销售公司销售部助理小赵需要针对 2019 年和 2020 年公司图书销售情况进行统计分析,以便给领导制订新的销售计划和工作任务时做参考,小赵需要按以下要求对销售情况进行分析。

1. 在"订单明细"工作表中,删除订单编号重复的记录(保留第一次出现的那条记录),但须保持原订单明细的记录顺序。

2. 在"订单明细"工作表的"单价"列中,利用 VLOOKUP 公式计算并填写相对应图书的单价金额。图书名称与图书单价的对应关系见工作表"图书定价"。

3. 如果每订单的图书销量超过 40 本(含 40 本),则按照图书单价的 9 折销售;否则按图书单价的原价进行销售。按照此规则，使用公式计算并填写"订单明细"工作表中每笔订单的"销售额小计"，保留 2 位小数。要求该工作表中的金额以显示精度参与后续的统计计算。

4. 根据"订单明细"工作表的"发货地址"信息，并对照"城市对照"工作表中省市与销售区域的对应关系，计算并填写"订单明细"工作表中每笔订单的"所属区域"。

5. 根据"订单明细"工作表中的销售记录，分别创建名为"东区""西区""南区"和"北区"的工作表，这 4 个工作表分别统计销售区域各类图书的累计销售金额，统计格式请参考"统计样例"工作表。将这 4 个工作表中的金额设置为带千分位的、保留两位小数的数值格式。

6. 在"统计报告"工作表中，分别根据"统计项目"列的描述，计算并填写所对应的"统计数据"单元格中的信息。

5.3.1 查找函数的用法

Excel 中有多个查找和定位函数，VLOOKUP 和 HLOOKUP 是其中最常用的两个，一个是按列查找，一个是按行查找。它是通过制定一个查找目标 M（即两个表中相同的那一列），从指定的区域找到另一个想要查的值，这样就可以将一个表中数据匹配到另一个表中。

1. VLOOKUP 函数（纵向查找函数或按列查找函数）

格式：VLOOKUP(lookup_value,table_array,col_index_num,range_lookup)

功能：在表格或数值数组的首列查找指定的数值，并由此返回表格或数组当前行中指定列处的数值。

参数：lookup_value 为需要在数据表中第一列中进行查找的数值。table_array 为需要在其中查找数据的数据表。col_index_num 为 table_array 中待返回的匹配值的列序号。range_lookup 为一逻辑值，指明 VLOOKUP 函数查找时精确匹配还是近似匹配。如果其值为 TRUE 或省略，则返回近似值匹配。也就是说，如果找不到精确匹配值，则返回小于 lookup_value 的最大数值。如果 range_value 为 FALSE，VLOOKUP 函数将查找精确匹配值，如果找不到，则返回错误值"#N/A!"。

2. HLOOKUP 函数（横向查找函数或按行查找函数）

格式：HLOOKUP(lookup_value,table_array,row_index_num,range_lookup)

功能：在表格的首行查找指定的数值，并由此返回表格中指定行的对应列处的数值。

参数：与 VLOOKUP 函数类似。

【**例 5-13**】 在"学生信息表"的表一中查找对应的年龄，填到表二中，如图 5-57 所示，操作步骤如下：

步骤 1：选定要填写数据的单元格 B16。

步骤 2：在 B16 单元格中输入公式"＝VLOOKUP(A16,\$B\$2：\$D\$12,3,)"，单击编辑栏中的"√"按钮确认输入。

步骤 3：复制 B16 公式到 B17：B19 单元格中，结果如图 5-58 所示。

lookup_value 是 A16，这是要查找内容的单元格引用。在表一中的姓名列开始查找，所以 table_array 为 \$B\$2：\$D\$12。要查找的年龄在这个区域的第 3 列，这个列数是指在第二个参数查找区域 \$B\$2：\$D\$8 中的列数，而不是在工作表中的列数。最后一个参数

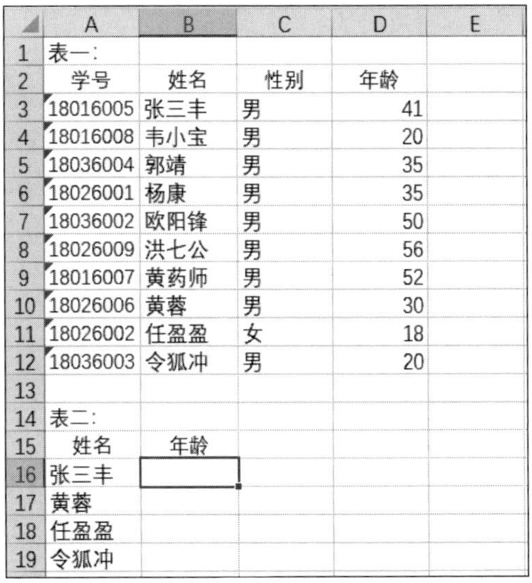

图 5-57   从表一中查找年龄填入到表二中

图 5-58   从表一中查找年龄填入到表二中的填充结果

FALSE 表示精确匹配,也可以用代替。

其中,table_array 这个查找区域,必须符合以下条件:

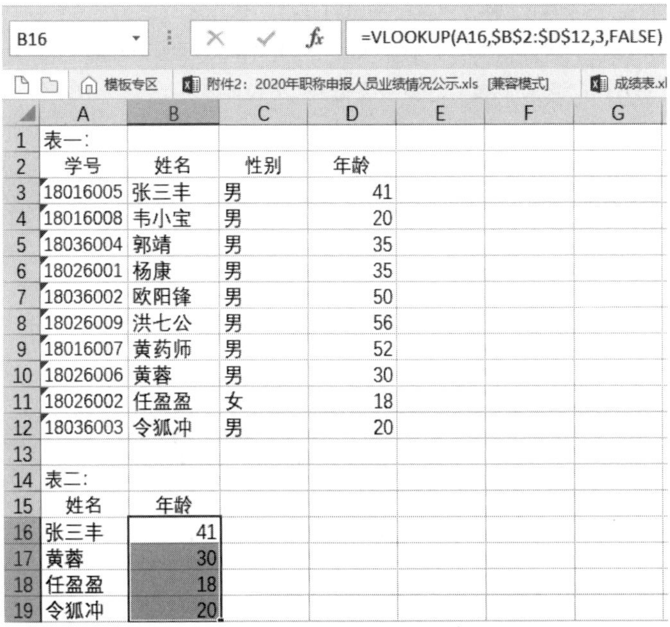

- 查找目标要在该区域的第一列。例题中要查找的是姓名,那么表一的姓名列一定要是查找区域的第一列。所以给定的查找区域要从第二列开始,即＄B＄2：＄D＄16,而不能是＄A＄2：＄D＄16,因为复制公式后查找区域不变,所以要用绝对引用。
- 该区域一定要包含返回值所在的列,例题中要返回的值是年龄,所以表一的 D 列(年

Excel 2016 电子表格

龄)一定要包括在这个范围内,即：＄B＄2：＄D＄12,如果写成＄B＄2：＄C＄12就是错的。

通常,表一和表二不会在同一个工作表中,那么以上公式就需稍作修改：在查找区域前加上表名。则公式变为"＝VLOOKUP(A2,表一!＄B＄2：＄D＄8,3,FALSE)",如图 5-59 所示,或者也可以定义一个区域的名称,这样公式会更加简洁。

图 5-59　表一和表二不在一个工作表中

为了引用的方便,Excel 可以将一个数据区域设置为一个简短的名称,在后面的引用中就可以用这个名称代替数据区域。

例 5-13 就可以先进行定义区域名称,操作步骤如下：

步骤 1：在表一中选定一个要引用的数据区域＄B＄3：＄D＄12,在"编辑栏"的名称框中输入区域名称,并按 Enter 键确认才可以,如图 5-60 所示,则"dataArea"和数据区域＄B＄3：＄D＄12 就是等价的。

图 5-60　名称框中输入 dataArea

步骤 2：表二中的公式就可以写成"＝VLOOKUP(A2,dataArea,3,FALSE)",同样可以完成填充年龄的操作。

5.3.2　数据管理和分析

如果要使用 Excel 的数据管理功能,首先必须将电子表格创建为数据清单。数据清单又称为"数据列表",是由 Excel 工作表中单元格构成的矩形区域,即一张二维表。数据清单是一种特殊的表格,必须包括两部分,表结构和表记录。表结构是数据清单中的第一行,即"列标题"或称为字段名,Excel 将利用这些字段名对数据进行查找、排序及筛选等操作。Excel 中有一种非常规范的数据清单表示形式——"表格"。

1. Excel 的"插入表格"

Excel 的"插入"选项卡中的"表格"命令并不是创建一个新的表格,而是将现有的普通表格转换为一个规范的可自动扩展的数据表单,这样会对后续数据处理及维护提供很多便利。

【例 5-14】 将"成绩表"转换成"表格",操作步骤如下:

步骤 1:选中数据区域中的任一单元格,单击"插入"选项卡"表格"组中的"表格"按钮,弹出"插入表"对话框,如图 5-61 所示。注意表来源的数据区域,如果默认区域不对,可以自己调整要创建表的数据区域,并勾选"表包含标题"这个选项,单击"确定"按钮。

步骤 2:在"表"内任意单元格鼠标右击,在弹出的快捷菜单中选择"表格"中的"转换为区域"就可以将"表格"转换成普通区域。

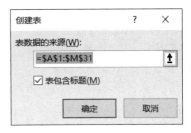

图 5-61 "创建表"对话框

将数据区域转换成表格后,可以看到原有的表格格式改变了,并且多了一个"表格工具"选项卡,如图 5-62 所示,这样就可以修改"表名称",并且可以在这快速切换表格。当需要进行跨表数据引用的时候,就可以直接在写公式的时候得到相应字段名的提示。

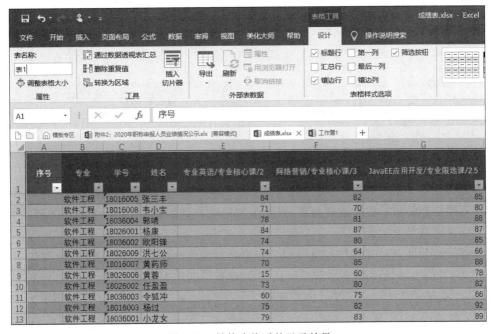

图 5-62 转换表格后的显示效果

2. 数据排序

在很多应用中,为了方便查找数据,通常需要按一定顺序对数据进行排序,其中数值按

Excel 2016 电子表格

大小排序、时间按先后排序、英文按字母顺序排序、汉字按拼音首字母或笔画顺序排序。数据排序有两种形式:简单排序和复杂排序。

(1) 简单排序

简单排序指对一个关键字(单一字段)进行升序或降序排列。可以单击"开始"选项卡中"排序和筛选"中的按钮快速实现,也可以通过单击"排序"选项卡中的"排序和筛选"组中的"排序"按钮来实现。

(2) 复杂排序

复杂排序指对一个以上关键字进行升序或降序排列。当排序的字段值相同时,可按另一个关键字继续排序,可以设置多个排序关键字。这时,要通过"数据"选项卡中的"排序和筛选"组中的"排序"按钮,弹出"排序"对话框来实现。

【例 5-15】 将成绩表按"专业英语"的升序,"网络营销"的降序排列,操作步骤如下:

步骤 1:选中数据区域的任一单元格,单击"数据"选项卡中的"排序和筛选"组中的"排序"按钮,弹出"排序"对话框。

步骤 2:选中主要关键字为"专业英语",次序为"降序",单击"添加条件"按钮,设置次要关键字为"网络营销",次序为"升序",如图 5-63 所示,单击"确定"按钮,排序完成。

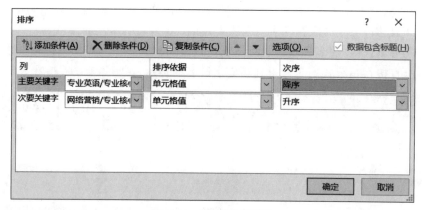

图 5-63 "排序"对话框

3. 数据筛选

当数据列表中记录非常多,用户只对其中一部分数据感兴趣时,可以使用数据筛选功能将用户不感兴趣的记录暂时隐藏起来,只显示用户感兴趣的数据,当筛选条件被清除时,隐藏的数据又会恢复显示。

对于筛选数据,Excel 提供了自动筛选和高级筛选两种方法:自动筛选是一种快速的筛选方法,它可以方便地将那些满足条件的记录显示在工作表上;高级筛选可进行复杂的筛选,挑选出满足多重条件的记录。

(1) 自动筛选

自动筛选一般用于简单的条件筛选,将数据转换成表之后,标题行中每个字段名旁边会出现一个向下的箭头,单击这个箭头就可以添加筛选条件。如果没有转换成表格,也只需要"开始"选项卡中的"排序和筛选"中的"筛选"按钮或者"数据"选项卡中"排序和筛选"组中的"筛选"按钮,标题行的字段名旁边就会出现下拉箭头。

【例 5-16】 筛选出"成绩表"中"专业英语"75 分以上和"网络营销"80 分以上的学生的记录,操作步骤如下:

步骤 1:单击"专业英语"下拉箭头,选择"数字筛选"—"大于或等于",弹出"自定义自动筛选方式"对话框,设置筛选条件,如图 5-64 所示,单击"确定"按钮。

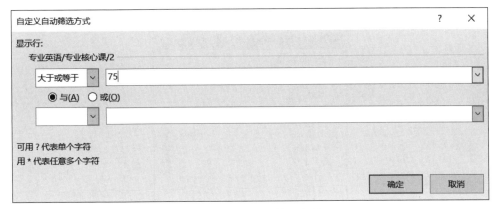

图 5-64　设置自动筛选条件

步骤 2:继续单击"网络营销"下拉箭头,设置筛选条件为"大于或等于 80",单击"确定"按钮,筛选结果如图 5-65 所示。

序号	专业	学号	姓名	专业英语/专业核心课/2	网络营销/专业核心课/3
	软件工程	18016005	张三丰	84	82
	软件工程	18036004	郭靖	78	81
	软件工程	18026001	杨康	84	87
	软件工程	18016003	杨过	75	82
	软件工程	18036001	小龙女	79	83
	软件工程	18016004	王语嫣	75	81
	软件工程	18016006	木婉清	77	82
	软件工程	18026010	陈圆圆	80	82

图 5-65　筛选结果

步骤 3:单击"专业英语"字段名旁边的下拉箭头,选择"从'专业英语'中清除筛选",下拉菜单如图 5-66 所示,则删除筛选条件,隐藏的不符合筛选条件的记录恢复显示。"网络营销"字段也可以同样操作。

(2)高级筛选

高级筛选一般用于条件较复杂的筛选操作,其筛选的结果可显示在原数据表格中,不符合条件的记录被隐藏起来;也可以在新的位置显示筛选结果,不符合的条件的记录同时保留在数据表中而不会被隐藏起来,这样就更加便于进行数据的比对了。

【例 5-17】 筛选出"成绩表"中"专业英语"80 分以上或者"网络营销"80 分以上的学生的记录,操作步骤如下:

步骤 1:复制"成绩表"中标题行中"专业英语"和"网络营销"这两个标题到下方空白单元格中,如 A34:B34 单元格,在 A35 单元格中输入条件">=80",在 B36 单元格中输入条

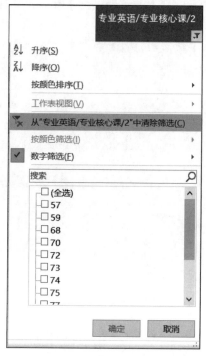

图 5-66　清除筛选条件

件"＞＝80",如图 5-67 所示。在高级筛选中,不同字段同一行中的条件表示"与",不同行的中的条件表示"或"。

　　步骤 2:选中数据区域的任一单元格,如 A1,单击"数据"选项卡中"排序和筛选"组中的"高级"按钮,设定"条件区域"为刚才输入的条件,如图 5-68 所示,单击"确定"按钮。

图 5-67　设置高级筛选的条件

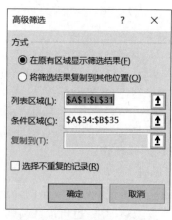

图 5-68　"高级筛选"对话框

　　在"高级筛选"对话框中可以选定"将筛选结果复制到其他位置",还可以使用"选择不重复的记录"删除数据表中的重复记录。单击"数据"选项卡中"排序和筛选"组中的"清除"按钮可以删除筛选条件,恢复被隐藏的数据。

　　从上面的例题中可以看到,同一字段的多个条件,无论是"与"还是"或"的条件组合,或者不同字段的"与"的条件组合,都可以使用自动筛选;而不同字段的"或"的条件组合就只能使用高级筛选。

自动筛选的结果都是在原有区域上显示,即隐藏不符合筛选条件的记录。高级筛选的结果可以在原有区域上显示,也可以复制到其他指定区域,即复制符合条件的记录。

4. 分类汇总

分类汇总,就是将数据清单按某个字段进行分类,将字段值相同的连续记录作为一类,进行求和、求平均、记数、求最大值、最小值等汇总运算。针对同一个分类字段,可进行多种方式的汇总。

需要注意的是,在分类汇总前,必须对分类字段排序,否则将得不到正确的分类汇总结果。并且在分类汇总时,要清楚哪个是分类字段,哪些是汇总字段,汇总方式是什么,这些都将在"分类汇总"对话框中进行设置。

【例 5-18】 统计"销售业绩表"中每个部门的平均销售额,操作步骤如下:

步骤 1:将数据按"销售团队"字段进行排序,排序结果如图 5-69 所示。

	A	B	C	D	E	F	G	H	I	J
1	员工编号	姓名	销售团队	一月份	二月份	三月份	四月份	五月分	六月份	个人销售总计
2	XS28	程小丽	销售1部	¥ 66,500.00	¥ 92,500.00	¥ 95,500.00	¥ 98,000.00	¥ 86,500.00	¥ 71,000.00	¥ 510,000.00
3	XS1	刘丽	销售1部	¥ 79,500.00	¥ 98,500.00	¥ 68,000.00	¥ 100,000.00	¥ 96,000.00	¥ 66,000.00	¥ 508,000.00
4	XS30	张成	销售1部	¥ 82,500.00	¥ 78,000.00	¥ 81,000.00	¥ 96,500.00	¥ 96,500.00	¥ 57,000.00	¥ 491,500.00
5	XS17	李佳	销售1部	¥ 87,500.00	¥ 63,500.00	¥ 67,500.00	¥ 98,500.00	¥ 78,500.00	¥ 94,000.00	¥ 489,500.00
6	XS7	张艳	销售1部	¥ 73,500.00	¥ 91,500.00	¥ 64,500.00	¥ 93,500.00	¥ 84,000.00	¥ 87,000.00	¥ 494,000.00
7	SC14	杜月红	销售2部	¥ 88,000.00	¥ 82,500.00	¥ 83,000.00	¥ 75,500.00	¥ 62,000.00	¥ 85,000.00	¥ 476,000.00
8	XS2	彭立旸	销售2部	¥ 74,000.00	¥ 72,500.00	¥ 67,000.00	¥ 94,000.00	¥ 78,000.00	¥ 90,000.00	¥ 475,500.00
9	XS7	范俊秀	销售2部	¥ 75,500.00	¥ 72,500.00	¥ 75,000.00	¥ 92,000.00	¥ 86,000.00	¥ 55,000.00	¥ 456,000.00
10	XS19	马路刚	销售2部	¥ 77,000.00	¥ 60,500.00	¥ 66,050.00	¥ 84,000.00	¥ 98,000.00	¥ 93,000.00	¥ 478,550.00
11	SC18	杨红敏	销售2部	¥ 80,500.00	¥ 96,000.00	¥ 72,000.00	¥ 66,000.00	¥ 61,000.00	¥ 85,000.00	¥ 460,500.00
12	XS5	李晓晨	销售2部	¥ 83,500.00	¥ 78,500.00	¥ 70,500.00	¥ 100,000.00	¥ 68,150.00	¥ 69,000.00	¥ 469,650.00
13	XS21	李成	销售2部	¥ 92,500.00	¥ 93,500.00	¥ 77,000.00	¥ 73,000.00	¥ 57,000.00	¥ 84,000.00	¥ 477,000.00
14	XS3	李诗	销售2部	¥ 97,000.00	¥ 75,500.00	¥ 73,000.00	¥ 81,000.00	¥ 66,000.00	¥ 76,000.00	¥ 468,500.00
15	XS41	卢红	销售3部	¥ 75,500.00	¥ 62,500.00	¥ 87,000.00	¥ 94,500.00	¥ 78,000.00	¥ 91,000.00	¥ 488,500.00
16	XS15	杜月	销售3部	¥ 82,050.00	¥ 63,500.00	¥ 90,500.00	¥ 97,000.00	¥ 65,150.00	¥ 99,000.00	¥ 497,200.00
17	XS29	卢红燕	销售3部	¥ 84,500.00	¥ 71,000.00	¥ 99,500.00	¥ 89,500.00	¥ 84,500.00	¥ 58,000.00	¥ 487,000.00
18	SC11	杨伟健	销售3部	¥ 76,500.00	¥ 70,000.00	¥ 64,000.00	¥ 75,000.00	¥ 87,000.00	¥ 78,000.00	¥ 450,500.00
19	SC33	郝艳芳	销售3部	¥ 84,500.00	¥ 78,500.00	¥ 87,500.00	¥ 64,500.00	¥ 72,000.00	¥ 76,500.00	¥ 463,500.00
20	SC12	张红	销售3部	¥ 95,000.00	¥ 95,000.00	¥ 70,000.00	¥ 89,500.00	¥ 61,150.00	¥ 61,500.00	¥ 472,150.00
21	SC4	杜乐	销售3部	¥ 62,500.00	¥ 76,000.00	¥ 57,000.00	¥ 67,500.00	¥ 88,000.00	¥ 84,500.00	¥ 435,500.00

图 5-69 按"销售团队"升序排列

步骤 2:选中数据中的任一个单元格,单击"数据"选项卡中"分级显示"组中的"分类汇总"按钮,弹出"分类汇总"对话框,设置分类字段为"销售团队",汇总方式为"平均值",选定汇总项为"个人销售总计",如图 5-70 所示,单击"确定"按钮。

步骤 3:分类汇总后,默认情况分 3 级显示,单击分级显示区上方的按钮"2",显示各个分类汇总结果和总计结果,如图 5-71 所示。

对同一字段进行多种不同方式的汇总,称为"嵌套汇总"。例如,统计了销售团队的平均销售额后,还要对销售团队成员进行计数,则需要在上一例题的基础上继续进行分类汇总。但要注意:不能选中"替换当前分类汇总"复选框。

如果要取消分类汇总,那么可以打开"分类汇总"对话框,单击"全部删除"按钮。

5. 数据透视表

分类汇总可以对一个字段进行分类,对一个或多个字段进行汇总。如果要对多个字段

Excel 2016 电子表格

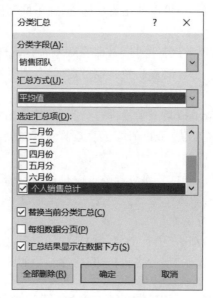

图 5-70　"分类汇总"对话框

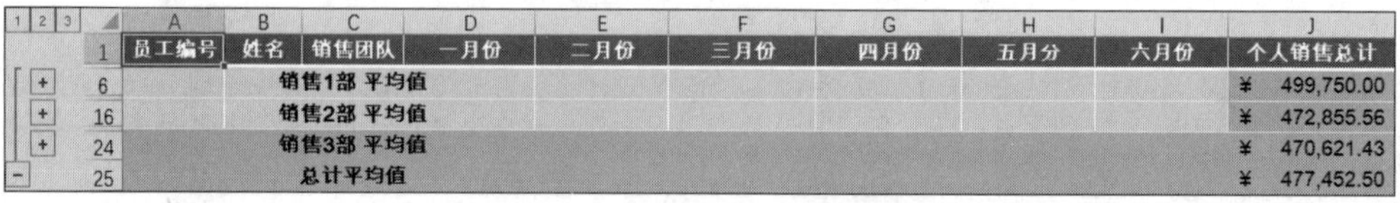

			A	B	C	D	E	F	G	H	I	J
		1	员工编号	姓名	销售团队	一月份	二月份	三月份	四月份	五月分	六月份	个人销售总计
+		6			销售1部 平均值							¥ 499,750.00
+		16			销售2部 平均值							¥ 472,855.56
+		24			销售3部 平均值							¥ 470,621.43
−		25			总 计平均值							¥ 477,452.50

图 5-71　分类汇总显示结果

进行分类并汇总,就需要使用数据透视表这个更强大的工具。数据透视表能够将数据筛选、排序和分类汇总等操作依次完成,制作出所需要的数据统计报表。Excel 2016 的"插入"选项卡中有"数据透视表"和"推荐的数据透视表"两个按钮。

【例 5-19】 将"公司员工表"中的员工按部门统计各职务人数。

步骤 1:选中数据清单中任一单元格,单击"插入"选项卡 "表格"组中的"数据透视表"按钮,弹出"创建数据透视表"对话框,如图 5-72 所示,确认选择要分析的数据范围及数据透视表的放置位置,单击"确定"按钮。

步骤 2:自动创建一个新工作表,并出现数据透视表字段任务窗格将"部门"字段拖动到"行标签","职务"字段拖动到"列标签","值字段"是对"工号"计数,如图 5-73 所示。

步骤 3:工作表中按字段设置显示统计结果,如图 5-74 所示,任务窗格中的字段可以按数据分析的要求动态进行调整。例如,统计各部分男女人数,则"列标签"要更改为"性别"。

创建数据透视表后,"数据透视表工具"选项卡会自动出现,它可以用来更改数据透视表的布局、改变"值字段"的汇总方式和进行数据透视表的更新。

5.3.3　案例实现

1. 删除订单编号重复的记录

步骤 1:打开"图书销售情况统计表.xlsx"文件,分别打开几个工作表进行"插入表格"操作。如"订单明细"工作表,单击"插入"选项卡"表格"组中的"表格"按钮,将表数据来源更

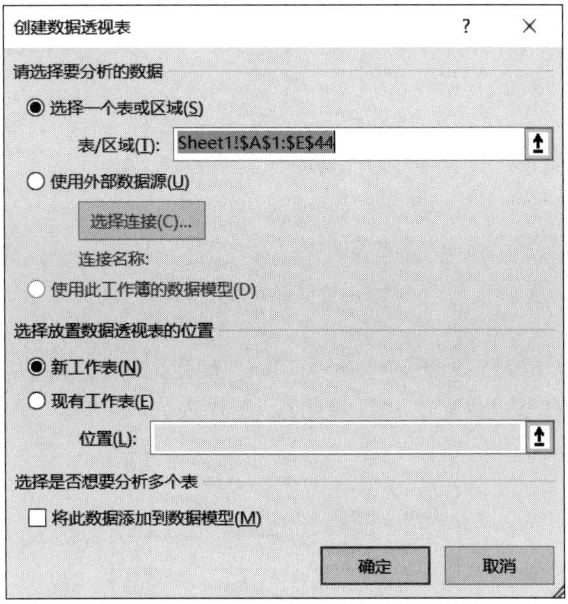

图 5-72 "创建数据透视表"对话框

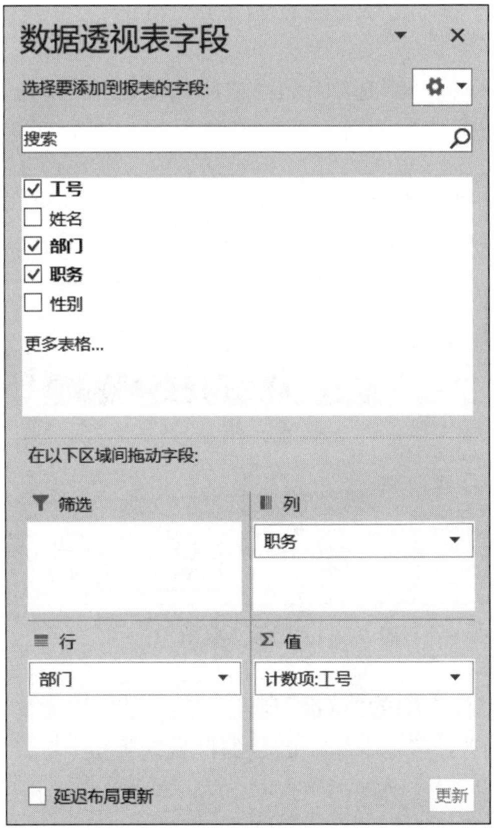

图 5-73 "数据透视表字段"任务窗格

计数项:工号	列标签											
行标签	部门经理	财务总监	出纳	副经理	会计	经理	秘书	项目经理	员工	员工	主任	总计
财务		1	2		2	1						6
管理	3					2						5
行政							1		4			5
人事				1					1		1	3
外联										1		1
销售				1					2	4		7
研发	2			2				2	8	1	1	16
总计	5	1	2	4	2	3	1	2	15	6	2	43

图 5-74　数据透视表显示结果

改为"＝＄A＄2：＄I＄647",如图 5-75 所示,单击"确定"按钮。其中,"城市对照"工作表为
"表 1","图书定价"工作表为"表 2","订单明细"工作表为"表 5"。

图 5-75　"创建表"对话框

步骤 2:单击"表格工具设计"选项卡中的"删除重复值"按钮,弹出"删除重复值"对话
框,选择"订单编号"列,如图 5-76 所示,单击"确定"按钮,删除重复的 11 条记录。

图 5-76　"删除重复值"对话框

2. 填充"订单明细"工作表中的"单价"列

步骤 1:将"图书定价"工作表中相应的数据区域转换成"表 2"。

步骤 2:选中"订单明细"工作表中 E3 单元格,单击"编辑栏"中的 fx 按钮,在弹出的
"插入函数"对话框中,设定选择类别为"全部",选定 VLOOKUP 函数,单击"确定"按钮。

步骤 3:在弹出的"函数参数"对话框中进行四个参数的设置,首先设置 Lookup_value

参数为 D3 单元格;设置 Table_array 参数为"图书定价"工作表数据区域的名称"表 2";设置 Col_index_num 参数为 2;设置 Range_lookup 参数为 FALSE,如图 5-77 所示,单击"确定"按钮,复制公式,完成"单价"列填充。

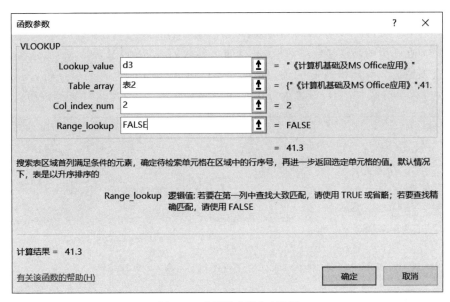

图 5-77 "函数参数"对话框

3. 填充"订单明细"工作表中"销售额小计"

步骤 1:选中"订单明细"工作表中的 I3 单元格。

步骤 2:单击"编辑栏"中的"fx"按钮,选择 if 函数,弹出"函数参数"对话框,通过鼠标选中和输入符号设置参数,如图 5-78 所示。Logical_test 参数设置条件表达式,Value_if_true 参数设置条件表达式为真时的值,Value_if_true 参数设置条件表达式为假值,这样的参数设置就表达了销量大于 40 本时,销售额是单价 * 销量再 9 折,否则就是单价 * 销量,单击"确定"按钮。在将数据区域转换成表格之后,单元格的引用就可以使用[@列名]的形式。

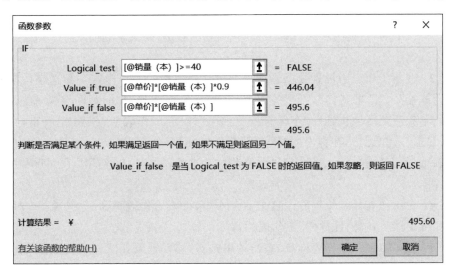

图 5-78 "函数参数"对话框

步骤 3：双击 I3 单元格填充柄，自动填充该列数据，并设置该列数据的单元格格式为"会计专用"。

4. 填充"订单明细"工作表的"所属区域"列

步骤 1：选中"订单明细"工作表中 H3 单元格，单击"编辑栏"中 fx 按钮，在弹出的"插入函数"对话框中，选择 VLOOKUP 函数，单击"确定"按钮。

步骤 2：在弹出的函数参数对话框，进行四个参数的设置，如图 5-79 所示，这个 Lookup_value 参数不是某个单元格所有的值，而是取这个单元格内容的前三个字符，所以要使用 MID 函数进行字符截取，参数设置为"mid([@发货地址],1,3)"，单击"确定"按钮。

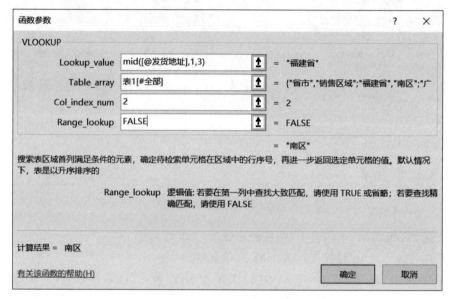

图 5-79 "函数参数"对话框

步骤 3：双击 H3 单元格的填充柄，自动填充其他记录的所属区域数据。

5. 创建名为"东区""西区""南区"和"北区"的工作表

步骤 1：选中"订单明细"工作表中任一数据单元格，单击"插入"选项卡"表格"组中"数据透视表"按钮中的"数据透视表"，弹出"创建数据透视表"对话框，如图 5-80 所示，单击"确定"按钮。

步骤 2：在新工作表中设置数据透视表字段任务窗格的各项内容，"筛选字段"为"所属区域"，"行标签"为"图书名称"，"值字段"为"销售额小计"的求和项，如图 5-81 所示。

步骤 3：在所属区域中选择"东区"，依照"统计样例"工作表修改 A3 单元格内容为"图书名称"，双击 B3 单元格，在弹出的"值字段设置"对话框中设置自定义名称为"销售额"，设置"销售额"列所有数据单元格格式为"数值"，显示小数位数 2 位，使用"千位分隔符"，结果如图 5-82 所示。

步骤 4：在工作表标签位置右击这个新工作表，将该工作表重命名为"东区"，并拖动工作表标签，将其移动到"统计样例"工作表后。

步骤 5：选中"东区"工作表标签，右击菜单选择"移动或复制工作表"，选择"东区"后的一个工作表为复制的位置，选择"建立副本"，如图 5-83 所示。单击"确定"按钮，创建一个叫

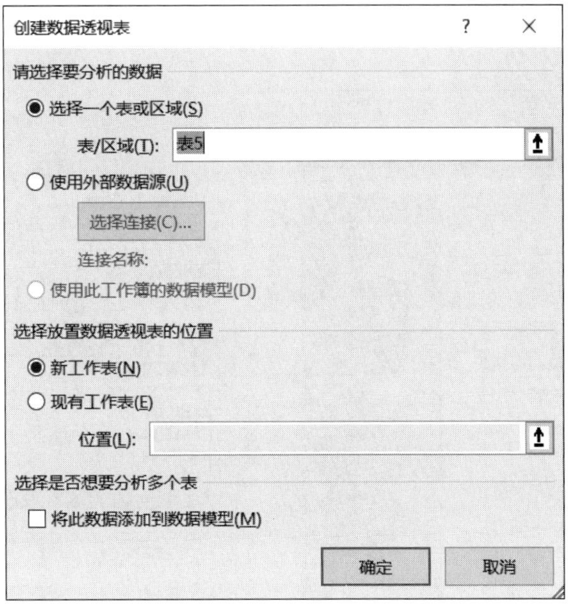

图 5-80 “创建数据透视表”对话框

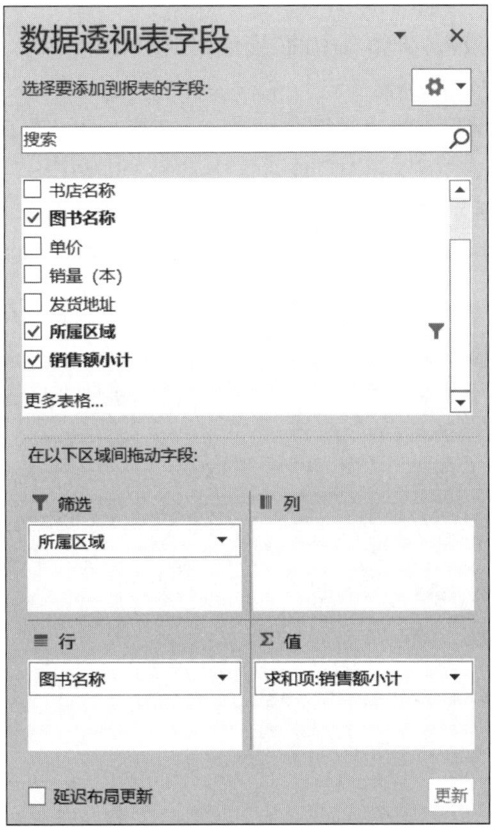

图 5-81 “数据透视表字段”任务窗格

"东区2"的工作表,将工作表标签重命名为"西区",并在"所属区域"中选择"西区"。其他两个工作表的操作类似。

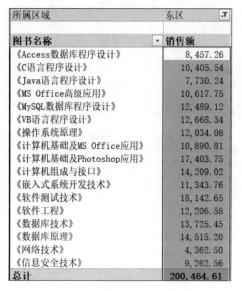

图 5-82　"数据透视表"结果

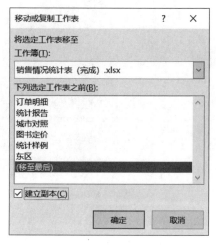

图 5-83　"移动或复制工作表"对话框

6. 计算并填充"统计报告"工作表中的"统计数据"列

"统计报告"工作表中的数据需要进行某种条件的数据计算,可以使用 SUMIFS 函数。

步骤 1:首先计算"2019 年的销售额小计",选中"统计报告"工作表中 B3 单元格,单击"编辑栏"中的"fx"按钮,在"插入函数"对话框中选择"SUMIFS"函数,在"函数参数"对话框中设置参数如图 5-84 所示,单击"确定"按钮。

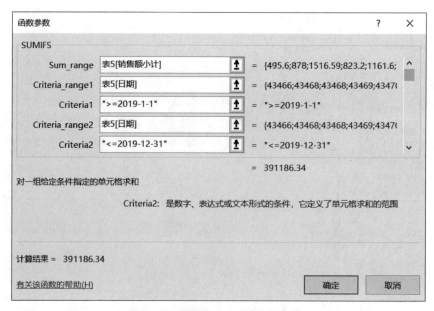

图 5-84　设置 SUMIFS 函数参数

步骤 2：复制 B3 单元格中的公式到 B4、B5 单元格，并按照上述步骤修改 B4、B5 单元格中 SUMIFS 函数的参数，设置参照如图 5-85 和图 5-86 所示。填充 B4 和 B5 单元格时需要再增加一个条件，"函数参数"对话框中的参数选项有滚动条。

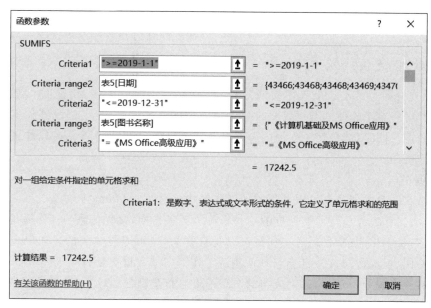

图 5-85　SUMIFS"函数参数"对话框

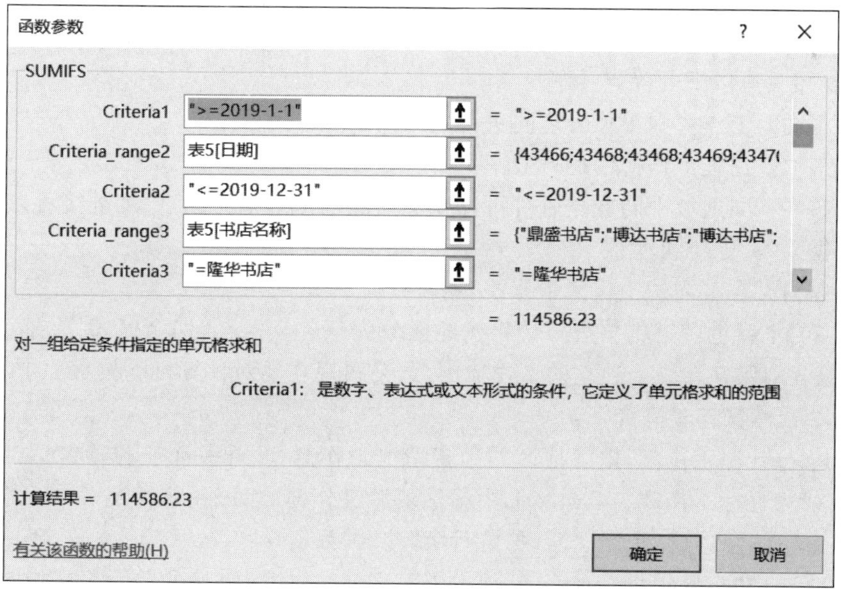

图 5-86　SUMIFS"函数参数"对话框

注意：上面这两个图都只显示最后 5 个参数的值，其他参数在上面没有显示出来。

5.4 Excel 的高级应用

Excel 对数据的计算和分析功能非常的强大,它提供了一个强大的函数库,可以完成对数据的各种运算,还提供了很多高级应用功能,例如合并计算和模拟分析等功能。

5.4.1 数据链接与合并计算

Excel 允许同时操作多个工作表或工作簿,通过工作簿的链接,使它们具有一定的联系。修改其中一个工作簿的数据,Excel 会通过它们的链接关系,自动修改其他工作表或工作簿中的数据。同时,链接使工作簿的合并计算成为可能,可以把多个工作簿中的数据链接到一个工作表中。

1. 数据链接

数据链接让一个工作簿可以共享其他工作簿中的数据,可以链接单元格、单元格区域、公式、常量或工作表。包含原始数据的工作簿称为源工作簿,接受信息的工作簿是目标工作簿,在打开目标工作簿的时候,源工作簿可以是打开的,也可以是关闭的。如果先打开源工作簿,后打开目标工作簿,Excel 会自动使用源工作簿中的数据更新目标工作簿中的数据。

链接有很多好处。例如,一个公司的产品销售遍布全国各地,在一个工作簿中处理所有的数据是不现实的。因为收集所有的这些数据可能要花费很大的代价;另外,一个工作簿中的工作表太多可能会出现许多问题。如果把各个地区的销售数据分别保存在不同的工作簿中,而各地区工作簿的数据可由各地区的销售代理完成,最后通过工作表或工作簿的链接,把不同工作簿的数据汇总在一起进行分析。这样数据收集简单了,工作表的更新也更方便了。数据链接具有以下的优点:

- 在不同的工作簿和工作表之间进行数据共享。
- 小工作簿比大工作簿的运行效率更高。
- 分布在不同地域中的数据管理可以在不同的工作簿中完成,通过链接可以进行远程数据采集、更新和汇总。
- 可以同时在不同的工作簿中修改、更新数据。

【例 5-20】 盛世图书销售公司销售按地区分为东、南、西、北四个区,每个地区 2019 年的销售情况分别保存在一个独立的工作簿中,该公司现在要对计算机类教材 2019 年的销售情况做一次统计,操作步骤如下:

步骤 1:打开源工作簿,即各地区的销售情况工作簿,新建一个工作簿"2019 年图书销售情况.xlsx"为目标工作簿,在 Sheet1 中粘贴从源工作簿"东区销售情况表.xlsx"中复制到的"图书名称"列,并创建"东区""西区""南区""北区"列。

步骤 2:选中"东区销售情况表.xlsx 工作表 Sheet1"中要链接的单元格区域 B3:B19 并进行复制。

步骤 3:选中"2019 年图书销售情况.xlsx"中 Sheet1 工作表中的 B3 单元格,右击弹出快捷菜单,在快捷菜单中选择"选择性粘贴"命令,弹出对话框,如图 5-87 所示,单击"粘贴链接"按钮,建立两个工作簿中单元格的链接。

步骤 4:用同样的方法实现"2019 年图书销售情况.xlsx"对西区、南区、北区销售情况数

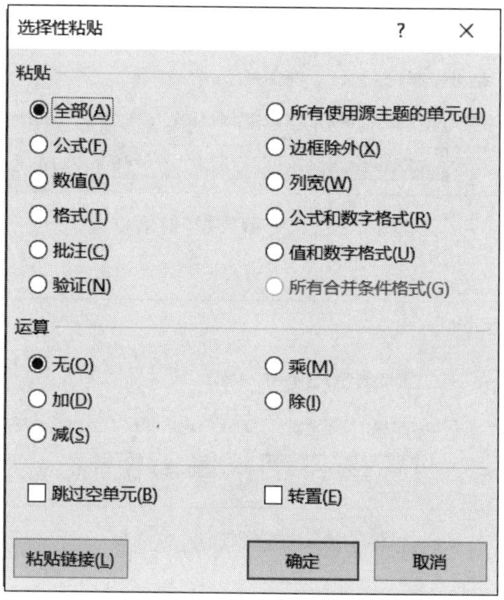

图 5-87 “选择性粘贴”对话框

据的链接,结果如图 5-88 所示。

2019年销售情况统计表

图书名称	东区	西区	南区	北区
《Access数据库程序设计》	¥ 8,457.26	¥ 6,276.36	¥ 7,222.06	¥ 15,228.22
《C语言程序设计》	¥ 10,405.54	¥ 4,767.40	¥ 10,752.26	¥ 25,889.74
《Java语言程序设计》	¥ 7,730.24	¥ 3,694.60	¥ 9,808.96	¥ 17,884.30
《MS Office高级应用》	¥ 10,617.75	¥ 6,468.66	¥ 11,274.78	¥ 5,009.40
《MySQL数据库程序设计》	¥ 12,489.12	¥ 2,744.00	¥ 3,367.28	¥ 8,624.00
《VB语言程序设计》	¥ 12,668.34	¥ 3,621.80	¥ 4,915.30	¥ 13,082.26
《操作系统原理》	¥ 12,034.08	¥ 534.30	¥ 4,923.78	¥ 11,047.68
《计算机基础及MS Office应用》	¥ 10,890.81	¥ 6,484.10	¥ 6,760.81	¥ 9,156.21
《计算机基础及Photoshop应用》	¥ 17,403.75	¥ 7,645.75	¥ 7,004.00	¥ 20,927.00
《计算机组成与接口》	¥ 14,209.02	¥ 6,271.02	¥ 13,320.72	¥ 19,380.06
《嵌入式系统开发技术》	¥ 11,343.76	¥ 3,336.40	¥ 4,916.80	¥ 11,730.08
《软件测试技术》	¥ 18,142.65	¥ 8,966.75	¥ 15,748.55	¥ 18,698.90
《软件工程》	¥ 12,206.58	¥ 4,378.02	¥ 6,378.39	¥ 11,023.65
《数据库技术》	¥ 13,725.45	¥ 7,820.55	¥ 12,591.45	¥ 19,229.40
《数据库原理》	¥ 14,515.20	¥ 8,138.88	¥ 2,112.48	¥ 18,580.32
《网络技术》	¥ 4,362.50	¥ 4,320.62	¥ 8,805.27	¥ 7,674.51
《信息安全技术》	¥ 9,262.56	¥ 1,545.60	¥ 5,354.40	¥ 19,478.24

图 5-88 “链接数据”结果

数据链接后,每次打开包含链接的工作簿,且源工作簿处于关闭状态时,Excel 默认会弹出一个对话框提醒用户是否更新,如图 5-89 所示,单击“更新”按钮会更新数据。如果源工作簿改名或者移动了位置,Excel 会报告一个链接错误信息,如图 5-90 所示,此时单击“编辑链接”按钮,打开“编辑链接”对话框,单击其中的“更改源”按钮,在随后“打开文件”对话框中可以选择链接的文件所有位置和文件名。

2. 选择性粘贴

Excel 的选择性粘贴功能很多。例如,在一个 Excel 文档中利用公式计算出的数值,想要粘贴到另一个位置且只需要保留数值而不需要公式,就会用到选择性粘贴中的“数值”。

184

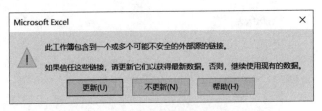

图 5-89 "更新数据"对话框

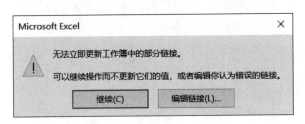

图 5-90 "链接错误"对话框

如果选择只粘贴"格式",这时就相当于格式刷的作用。

"选择性粘贴"对话框中的第二栏是运算,包括加减乘除,有什么作用呢? 例如,要在原始数值的基础上更新加上右边的那列数,利用公式来进行两个单元格的数值相加然后再粘贴为数值,这样做就比较烦琐。这时,如果直接利用选择性粘贴的运算功能,就可以简单分成两步操作:①选中需增加的数值,复制;②选中原始数值需新加运算的区域,选择性粘贴,运算一栏中选择"加",单击"确定"按钮即可完成,如图 5-91 所示。

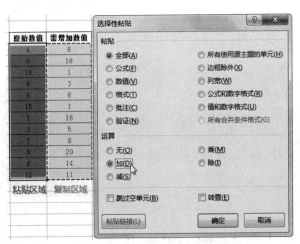

图 5-91 选择性粘贴的运算

"选择性粘贴"对话框中的第三栏有"跳过空单元"和"转置"两个选项。

【例 5-21】 如图 5-92 所示,表中原始数据为"数据一"列,现有部分数据需要更新到最新值,但要求其他数据不改变。使用"跳过空单元"的方法,操作步骤如下:

步骤 1:选中"更新数据"那一栏全部数据,复制;

步骤 2:选择"数据一"那一列的第一个数据或者全部数据,选择性粘贴,勾选"跳过空单元格",单击"确定"按钮,这样就得到图 5-92 中右侧更新后那列数据。

图 5-92　选择性粘贴的跳过空单元

"转置"的作用就是可以完成行列互换,如图 5-93 所示。

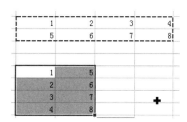

图 5-93　选择性粘贴的转置

3. 合并计算

Excel 提供了合并计算的功能,可以对多张工作表中的数据同时进行计算汇总。这些计算包括求和(SUM)、求平均值(AVERAGE)、求最大值(MAX)、求最小值(MIN)、计数(COUNT)、求标准差(STDDEV)等运算。Excel 支持将多张工作表中的数据收集到一个工作表中,这些工作表可以在同一个工作簿中,也可以在不同的工作簿中。

在合并计算中,计算结果的工作表称为"目标工作表",接受合并数据的区域称为"源区域"。按位置进行合并计算是最常用的方法,它要求参与合并计算的所有工作表数据的对应位置都相同,即各工作表的结构完全相同,这时,就可以把各工作表中对应位置的单元格数据进行合并。

【例 5-22】　盛世图书销售公司分成东、西、南、北四个销售区,现在要对全公司的销售情况进行合并计算,操作步骤如下:

步骤 1:选中工作表 Sheet1 中的 B3:B19 单元格(也可以只选中 B3 单元格)。

步骤 2:单击"数据"选项卡中的"合并计算"按钮,在弹出的"合并计算"对话框中设置函数为"求和",单击"引用位置"下面的文本框(如果是其他工作簿中的工作表,则单击旁边的"浏览"按钮),选中"东区"工作表中相对应的单元格区域,单击"添加"按钮,再选择西区、南

Excel 2016 电子表格

区、北区工作表中的相应单元格,分别进行引用位置的添加,如图 5-94 所示,单击“确定”,完成合并计算操作,结果如图 5-95 所示。

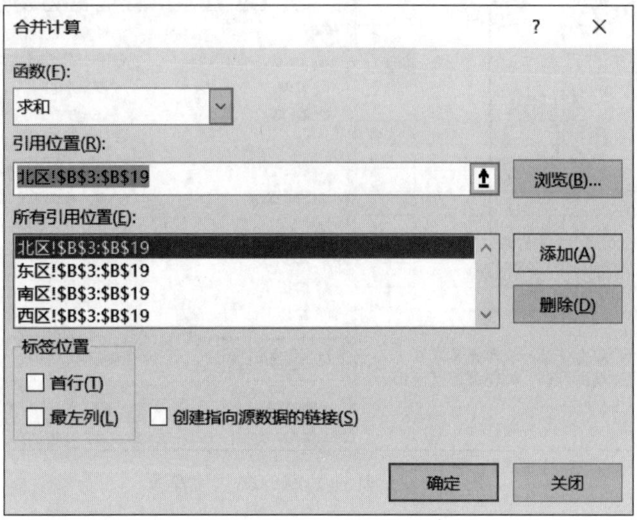

图 5-94 “合并计算”对话框

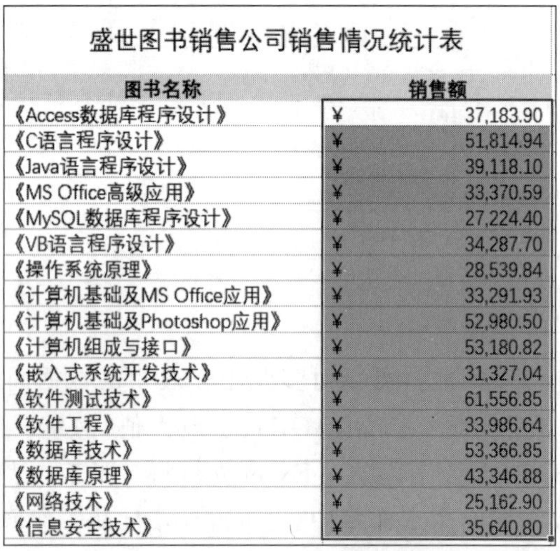

盛世图书销售公司销售情况统计表

图书名称	销售额
《Access数据库程序设计》	¥ 37,183.90
《C语言程序设计》	¥ 51,814.94
《Java语言程序设计》	¥ 39,118.10
《MS Office高级应用》	¥ 33,370.59
《MySQL数据库程序设计》	¥ 27,224.40
《VB语言程序设计》	¥ 34,287.70
《操作系统原理》	¥ 28,539.84
《计算机基础及MS Office应用》	¥ 33,291.93
《计算机基础及Photoshop应用》	¥ 52,980.50
《计算机组成与接口》	¥ 53,180.82
《嵌入式系统开发技术》	¥ 31,327.04
《软件测试技术》	¥ 61,556.85
《软件工程》	¥ 33,986.64
《数据库技术》	¥ 53,366.85
《数据库原理》	¥ 43,346.88
《网络技术》	¥ 25,162.90
《信息安全技术》	¥ 35,640.80

图 5-95 “合并计算”的结果

如果在“合并计算”对话框中选中“创建指向源数据的链接”,那么在工作表 Sheet1 中的行号前会出现一排“+”号,单击这些“+”号,可以查看参与计算的明细数据,单击“-”号,就可以隐藏明细数据。

5.4.2 模拟分析和运算

Excel 的模拟分析是在单元格中更改值以查看这些更改将如何影响工作表中公式结果的过程。模拟分析可以根据不同的结果变量反向计算因变量,它的本质就是解方程。

“数据”选项卡的“预测”组中“模拟分析”按钮包含了三种模拟分析工具:方案管理器、

单变量求解和模拟运算表。方案管理器和模拟运算表可获取一组输入值并确定可能的结果。模拟运算表仅可以处理一个或两个变量,但可以接受这些变量的众多不同的值。方案管理器中一个方案可具有多个变量,但它最多只能容纳 32 个值。单变量求解与方案管理器和模拟运算表的工作方式不同,它只针对一个变量。

1. 单变量求解

单变量求解主要用来解决的问题是这样的,假定一个公式的计算结果是某个固定值,求其中引用的单元格变量应取值多少时结果会成立,其实质就相当于解一元方程。

【例 5-23】 步步高商场今年的销售收入为 5679 万元,商品成本占销售收入的 70%,一年的销售支出为 300 万元,根据公式:利润＝销售收入－商品成本－销售支出可以计算出今年的利润。如果商场明年的利润要达到 1800 万元,那么该商场的销售收入要达到多少?

步骤 1:创建工作表,输入文本、数据、公式,输入结果如图 5-96 所示。

步骤 2:单击"数据"选项卡"预测"组中的"模拟分析"下拉按钮中的"单变量求解",打开"单变量求解"对话框,在目标单元格中选取 B4 单元格,设定目标值为 1800,可变单元格选取 B1,如图 5-97 所示,单击"确定"按钮。

	A	B
1	销售收入（万元）	5678
2	销售支出（万元）	300
3	商品成本（万元）	3974.6
4	利润（万元）	1403.4

图 5-96　输入结果

图 5-97　"单变量求解"对话框

步骤 3:求解结果如图 5-98 所示,单击"确定"按钮完成求解。

	A	B	C	D	E
1	销售收入（万元）	7000			
2	销售支出（万元）	300			
3	商品成本（万元）	4900			
4	利润（万元）	1800			

单变量求解状态　　?　×

对单元格 B4 进行单变量求解　　单步执行(S)
求得一个解。

目标值: 1800　　　暂停(P)
当前解: 1800

确定　　取消

图 5-98　计算结果

2. 模拟运算表

模拟运算表可以显示公式中一个或两个变量变动时对计算结果的影响,求得某一运算中可能发生的数值变化,并将这些变化列在一张表上便于比较。模拟运算表分为单变量模拟运算表和双变量模拟运算表。若需要测试公式中一个变量的不同取值如何改变公式的结果,就使用单变量模拟运算表,只需要在一行或一列中输入变量的值。若需要测试两个变量对计算公式的影响就需要使用双变量模拟运算表,同时使用到行和列来输入变量的值。

【例 5-24】 小张打算贷款 25 万元购买一套住房,按月还款。个人住房贷款有三类:银行商业贷款,利率为 0.0612;住房公积金贷款,利率为 0.045;组合贷款,利率为 0.0594。计算三种不同贷款利率下 5 年、10 年、15 年、20 年 4 个不同贷款期限的月还款额。

这里有两个变量:贷款利率和贷款期限,所以要使用双变量模拟运算表。计算贷款的月支付金额公式为 PMT(月利率,月数,贷款金额)。

步骤 1:创建工作表,并输入文本、数据和公式,如图 5-99 所示。其中,B6 单元格中应显示该公式的计算结果,因为公式中第一个参数为月利率,所以用年利率除以 12,第二个参数为月数,所以用年数乘以 12。

	A	B	C	D	E	F
1	贷款金额	250000				
2	贷款年限	15				
3	贷款利率	0.045				
4						
5	月还款额		贷款年限			
6		=PMT(B3/12,B2*12,B1)	5	10	15	20
7	贷款利率	0.045				
8		0.0594				
9		0.0612				

图 5-99　输入的数据

步骤 2:选择包括公式和保存计算结果的单元格区域 B6:F9,单击"数据"选项卡"预测"组中"模拟分析"下拉按钮,在下拉菜单中选取"模拟运算表"命令。

步骤 3:因为工作表中的贷款年限排成一行,贷款利率排成一列,所以在"模拟运算表"对话框中设置"输入引用行的单元格"为＄B＄2,"输入引用列的单元格"为＄B＄3,如图 5-100 所示,单击"确定",模拟运算表的计算结果如图 5-101 所示。

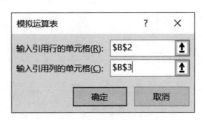

图 5-100　"模拟运算表"对话框

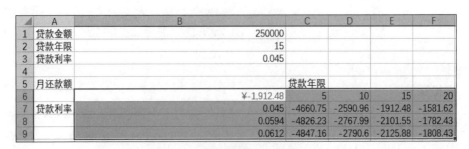

	A	B	C	D	E	F
1	贷款金额	250000				
2	贷款年限	15				
3	贷款利率	0.045				
4						
5	月还款额		贷款年限			
6		¥-1,912.48	5	10	15	20
7	贷款利率	0.045	-4660.75	-2590.96	-1912.48	-1581.62
8		0.0594	-4826.23	-2767.99	-2101.55	-1782.43
9		0.0612	-4847.16	-2790.6	-2125.88	-1808.43

图 5-101　模拟运算表的计算结果

3. 方案管理器

单变量求解只解决一个未知变量的问题,模拟运算表最多只能解决两个变量引起的问题。如果要解决包括较多可变因素的问题,或者要在几种假设分析中找出最佳方案,就可以使用方案管理器。

使用方案管理器,用户可以根据工作需要在多个方案间快速切换浏览,在创建或收集到所需的全部方案后,还可以创建综合性的方案摘要报告。

【**例 5-25**】 对于例 5-23 中的数据,若要使利润达到 1500 万元,设定了两种不同的方案:一种是增加销售收入为 6000 万元,另一种是在销售收入和商品成本不变的条件下,降低销售支出为 205 万元,比较两种方案的可行性。

步骤 1:单元格命名。在创建方案前,为了使创建的方案能明确地显示有关变量以及为了将来进行方案总结时便于阅读,需要先给有关变量所在的单元格命名。首先创建原始数据表,然后给数据区域 B1:B4 命名。方法是:选中单元格区域 A1:B4,单击"公式"选项卡中的"定义的名称"组中的"根据所选内容创建"命令,打开"以选定区域创建名称"对话框,在该对话框中选择"最左列",如图 5-102 所示,单击"确定"按钮。要注意的是,此时 B1 单元格的名称为"销售收入_万元",而不是"销售收入(万元)",因为这个名称不符合 Excel 的命名规则。

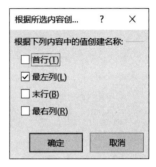

图 5-102 "根据所选内容创建"对话框

步骤 2:创建方案。单击"数据"选项卡"预测"组中"模拟运算"下拉按钮,在下拉菜单中选择"方案管理器"命令,打开"方案管理器"对话框,如图 5-103 所示。

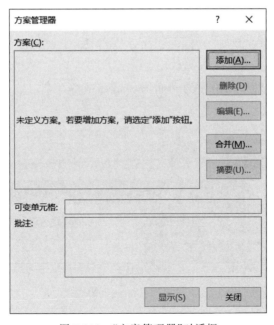

图 5-103 "方案管理器"对话框

步骤 3:单击"添加"按钮,在"添加方案"对话框中输入方案名为"增加销售收入",可变单

Excel 2016 电子表格

元格设置为"B1",如图 5-104 所示,单击"确定"按钮,输入可变单元格的值为"6000",单击"确定"按钮。

图 5-104 "添加方案"对话框

步骤 4:用同样的方法添加第二个方案"减少销售支出",这次设定的可变单元格为 B2,可变单元格的值为 205。

步骤 5:创建方案摘要。创建完所有方案后,单击"摘要"按钮,打开"方案摘要"对话框,如图 5-105 所示,选中"方案摘要",设置结果单元格为 B4,单击"确定"按钮,得到"方案摘要"工作表,如图 5-106 所示。

比较两个方案的结果单元格中的利润值,"增加销售收入"方案更接近目标,可行性更高。

图 5-105 "方案摘要"对话框

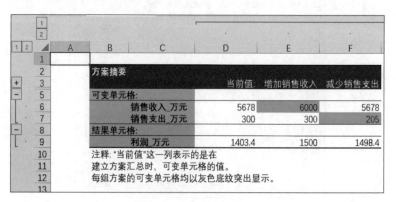

图 5-106 方案摘要结果

5.5 本章小结

本章主要讲述电子表格处理软件 Excel 2016 的应用。首先介绍 Excel 2016 的基本操作，包括基本概念、工作窗口、数据类型和数据录入。然后利用"学生成绩分析"案例讲述工作表的基本操作、工作表的美化、公式和函数的使用和图表的操作；利用"销售情况统计"案例讲述查找函数的用法和数据管理和分析。最后介绍了 Excel 高级应用中的合并计算和模拟分析功能。

上 机 实 验

实验任务一　中国高铁数据表的制作

实验目的：

1. 学会导入数据；
2. 学会使用序列输入数据；
3. 学会美化工作表；
4. 学会插入图表。

实验步骤：

1. 新建"中国高铁数据.xlsx"工作簿；
2. 从提供的素材文件"中国高铁数据.txt"中导入数据到工作表 Sheet1 中；
3. 重命名工作表为"每年高铁数据"；
4. 使用序列填充补充年份；
5. 插入第 3 列"中国高铁新增里程（公里）"，使用公式进行计算填充；
6. 插入第 4 列"全球高铁营业里程（公里）"，使用公式进行计算填充；
7. 添加标题行"2008-2018 高铁里程数据表"，进行工作表的美化。

完成后的工作表如图 5-107 所示：

年份	中国高铁营业里程（公里）	中国高铁新增里程（公里）	全球高铁营业里程（公里）	中国高铁里程全球占有率
2008	672		10804	6.22%
2009	2699	2027	13198	20.45%
2010	5133	2434	16500	31.11%
2011	6601	1468	18600	35.49%
2012	9356	2755	21602	43.31%
2013	11028	1672	23399	47.13%
2014	16456	5428	29002	56.74%
2015	19838	3382	32997	60.12%
2016	22000	2162	34998	62.86%
2017	25000	3000	37702	66.31%
2018	29000	4000	42200	68.72%

图 5-107　中国高铁数据表

8. 选中"年份"和"中国高铁营业里程（公里）"列，在 A16：E28 处插入"三维簇状柱形图"，如图 5-108 所示。

图 5-108　插入的图表

实验任务二　工资统计表的制作

实验目的:

1. 掌握公式的输入;

2. 掌握常用函数的应用;

3. 学会数据格式的设置。

实验步骤:

1. 打开工作簿"工资统计表.xlsx",完成"工资表"工作表;

2. 按要求完成"缺勤扣款"列的填充:缺勤一天扣一天的岗位工资和绩效工资(一个月按 22 个工作日计算);

3. 按要求完成"全勤奖"列的填充:如果该员工全勤则每月发 600 元全勤奖,如有缺勤则不发;

4. 按要求完成"社保扣款"列的填充:社保扣除为员工的基本工资、岗位工资、绩效工资总和的 3%;

5. 按要求完成"实发工资"列的填充:实发工资＝基本工资＋岗位工资＋绩效工资－缺勤扣款＋全勤奖－社保扣款,完成后工作表的数据格式如图 5-109 所示。

6. 运用正确的公式或函数完成"工资分析"工作表中各数据的计算,完成后工作表的数据格式如图 5-110 所示。

实验任务三　数据分析

实验目的:

1. 学会对数据设置条件格式;

2. 学会对数据进行排序;

3. 学会对数据进行自动筛选;

4. 学会对数据进行分类汇总;

5. 学会制作数据透视表和透视数据图。

员工姓名	所属部门	基本工资	岗位工资	绩效工资	缺勤天数	缺勤扣款	全勤奖	社保扣款	实发工资
陈聪	后勤部	2400	1600	1000	2	236.36	0	150.00	4613.64
陈键	生产部	3200	2500	1800	0	0.00	600	225.00	7875.00
邓鹏	总务部	2400	1800	1000	0	0.00	600	156.00	5644.00
刁文峰	生产部	3200	2500	800	0	0.00	600	195.00	6905.00
冯涓	行政部	3200	2500	1000	0	0.00	600	201.00	7099.00
高留刚	后勤部	2130	1600	600	0	0.00	600	129.90	4800.10
高庆丰	后勤部	3500	2000	1500	0	0.00	600	210.00	7390.00
郭彩霞	财务部	3200	2500	1200	0	0.00	600	207.00	7293.00
郭浩然	生产部	2130	1600	600	0	0.00	600	129.90	4800.10
郭米露	后勤部	2400	1600	1000	1	118.18	0	150.00	4731.82
何晶	销售部	3200	2500	800	0	0.00	600	195.00	6905.00
纪晓	生产部	2130	1600	800	0	0.00	600	135.90	4994.10
季小康	总务部	3200	2500	1000	0	0.00	600	201.00	7099.00
蒋　红	生产部	2130	1600	600	0	0.00	600	129.90	4800.10
蒋晴云	总务部	2130	1600	600	0	0.00	600	129.90	4800.10
金纪东	生产部	2130	1800	1800	0	0.00	600	171.90	6158.10
李海平	生产部	2400	1800	1000	0	0.00	600	156.00	5644.00
李力伟	生产部	2130	1800	1800	2	327.27	0	171.90	5230.83
李明明	生产部	3200	2500	1200	0	0.00	600	207.00	7293.00
李庆庆	销售部	3200	2500	600	0	0.00	600	189.00	6711.00
李霞	行政部	4000	3000	1500	0	0.00	600	255.00	8845.00
李张营	行政部	2400	1800	1000	0	0.00	600	156.00	5644.00

图 5-109　工资表

工资分析表	
总人数	54
最高实发工资	11755.00
最低实发工资	4339.55
平均实发工资	7197.88
实发工资在5000及以上的人数	43
全勤人数比例	83%

图 5-110　工资分析表

实验步骤:

1. 打开工作簿“成绩表.xlsx”;
2. 使用条件格式标识出英语 90 分以上的成绩;
3. 将成绩表按“名次”列进行升序排列;
4. 复制工作表“成绩表”,重命名新的工作表为“成绩筛选”;
5. 筛选出二班高数成绩 80 分以上的人;
6. 复制工作表“成绩表”,重命名新的工作表为“成绩分类汇总”;
7. 对“成绩分类汇总”工作表按“性别”分类,汇总“平均分”的平均值,汇总结果如图 5-111 所示;

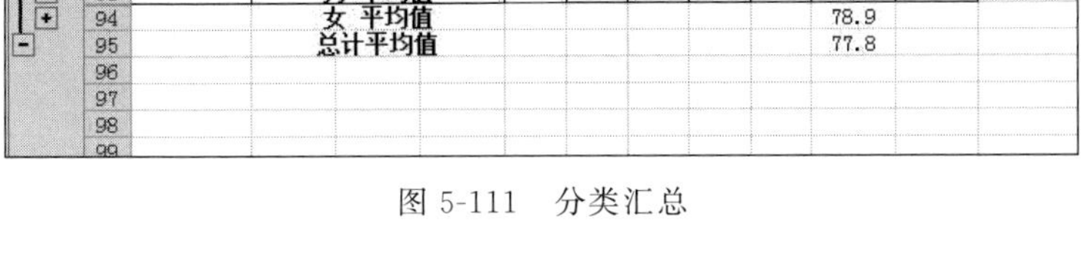

	A	B	C	D	E	F	G	H	I	J	K	L
1	信息管理专业成绩表											
2	学号	姓名	性别	班级	高数	英语	体育	哲学	总分	平均分	名次	
62			男 平均值							77.2		
94			女 平均值							78.9		
95			总计平均值							77.8		
96												
97												
98												
99												

图 5-111　分类汇总

8. 使用“成绩表”工作表中的数据,插入数据透视表到新工作表中,列标签为“性别”字段,行标签为"班级"字段,值字段为"平均分",汇总方式为平均值,并显示两位小数。在制作透视表的基础上添加数据透视图,完成对透视图的美化,如图 5-112 所示。

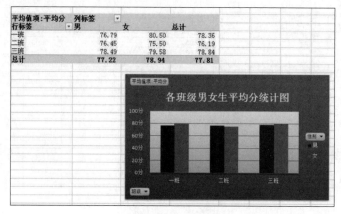

图 5-112　数据透视表和数据透视图

第6章 PowerPoint 2016 演示文稿

PowerPoint 2016 是一款由微软公司推出的文档演示软件,常用于办公室人员办公使用。和旧版本相比该版本带来了全新的幻灯片切换效果。使用起来更加美观大气;并且还对动画任务窗口进行更完善的优化,让用户体验升级。最为突出的是该版本不仅可以创建演示文稿,还可以在互联网上召开面对面会议、远程会议或在网上给观众展示演示文稿。PowerPoint 2016 不仅继承了之前版本的各种强大功能,还有以下特色。

1. 移动应用

借助专为手机和平板电脑设计的直观触控体验,随时随地查看、编辑或创建具有冲击力的演示文稿。通过各种设备在云中访问演示文稿。

2. 让演示文稿更上一个档次

(1) 像专业人士般进行设计

有关 PowerPoint 设计器的工具的提示只需简单两步,即可帮助最大限度地增强演示文稿的视觉冲击力,从而获得高质量的自定义演示文稿。添加一张图像,然后挑选最喜欢的内容,即可搞定。

(2) 单击一下,实现电影动作

平滑切换可以轻松创建流畅动作,赋予你的影像生命。只需复制要同时变换的幻灯片,再根据所希望的动画方式移动对象,然后单击"平滑"即可。

3. 自信演示

(1) 吸引受众

缩放可让你的演示文档生动起来,其带有一个交互式的总结幻灯片,可使在演示文档中进行导航变得轻松有趣。

(2) 保持专注

使用 PowerPoint 中的演示者视图查看和排练演示文稿。在向第二个屏幕放映演示文稿时,演示者视图将播放当前幻灯片、演讲者备注和下一张幻灯片。

(3) 保持掌控

借助自动扩展,在向第二个屏幕放映演示文稿时,幻灯片将自动在相应屏幕上显示,无需为设置和设备而烦心。

4. 团队作业,导向成功

(1) 首先同步

你的演示文稿将在线保存在 OneDrive、OneDriveforBusiness 或 SharePoint 上。关于在线共享的要求的工具提示,因此在向所有人发送指向 PPT 文件的链接,以及在查看和编辑权限时,他们都将具有最新版本。

（2）同步作业

可与你的团队同时在同一演示文稿上共同创作。你和你的团队可进行编辑和更改你的文档,且 PowerPoint 2016 中改进后的版本历史记录可让你查看或返回到较早草稿。

（3）保持同步

通过手机、平板电脑或 PC/Mac,在当前讨论的幻灯片的旁边添加和回复评论。

5. 协同处理共享项目

OfficeOnline 结合常用的 Office 功能和实时共同创作功能,使工作和学校中的团队可协同处理共享的文档、演示文稿和电子表格。

6. 快速开始设计

借助模板展示样式和专业水平,同时节省时间。浏览超过 40 个类别中的 PPT 模板。

7. 联系专家

获取经典提示和编辑人员技巧,帮助你像专家一样创建、编辑和完善文档。

6.1　创建与编辑演示文稿

2020 年 9 月 8 日上午 10 时,全国抗击新冠肺炎疫情表彰大会在北京人民大会堂隆重举行,中共中央总书记、国家主席、中央军委主席习近平向国家功勋和国家荣誉称号获得者颁授勋章并发表重要讲话。全国抗击新冠疫情已经取得阶段性的胜利,在疫情期间涌现出各种各样的"抗疫英雄",通过制作"致敬英雄"演示文稿,总结抗疫经验,弘扬抗疫精神。

制作该幻灯片需要先创建幻灯片、创建演示文稿大纲,然后在幻灯片中输入文本、设置文本样式、设置段落样式、最后保存幻灯片,下面分别对其进行介绍。

6.1.1　创建幻灯片

创建幻灯片与创建 Excel 工作簿的方法类似,在创建时应先启动 PowerPoint 演示文稿,再创建一个空白幻灯片,然后根据内容的编排需要创建并插入相应数目的空白幻灯片,其具体操作如下。

步骤 1：启动 PowerPoint,选择创建"空白的演示文稿"。

步骤 2：选择"文件"→"保存"选项,选择"浏览"按钮,打开"另存为"对话框。

步骤 3：在"另存为"对话框中选择文件的保存位置,这里选择"桌面",在"文件名"文本框中输入文件名称,这里输入"致敬英雄",单击"确定"按钮,如图 6-1 所示。

步骤 4：返回演示文稿、可发现演示文稿的名称已发生变化,在"开始"→"幻灯片"组中单击"新建幻灯片"按钮,如图 6-2 所示。

步骤 5：在第 2 张幻灯片上右击,在弹出的快捷菜单中选择"新建幻灯片"选项新建幻灯片。

步骤 6：按住 Ctrl 键,依次选择第 2 张和第 3 张幻灯片,右击,在弹出的快捷菜单中选择"复制幻灯片"选项,如图 6-3 所示。这里采用复制幻灯片的办法让幻灯片的数量达到 8 张。

【知识拓展】一些用户习惯先创建好空白幻灯片,然后分别对每一张幻灯片的内容进行编排;也有一些用户习惯对创建的幻灯片进行编排后,再继续逐张创建其他幻灯片。所以在对幻灯片进行创建和编排时,不必采用固定的模式,可根据自己的制作习惯决定创建顺序。

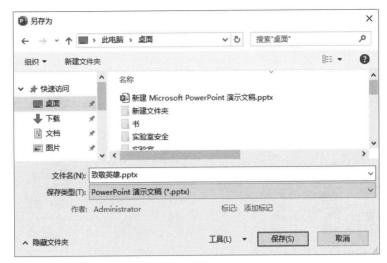

图 6-1　设置文件保存位置与名称

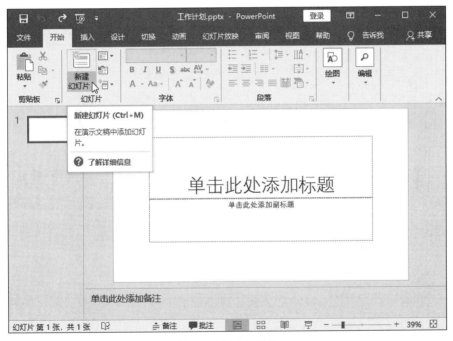

图 6-2　新建幻灯片

如果幻灯片过多,可以通过选择不需要的幻灯片,右击,在弹出的快捷菜单中选择"删除幻灯片"选项,删除多余的幻灯片,也可以选择使用 Delete 键来删除幻灯片。

6.1.2　创建幻灯片大纲

幻灯片大纲是指对将要编排的幻灯片结构进行规划,将数据信息合理划分在各个幻灯片中,确保信息能够直观清晰地展现,其具体操作如下。

步骤 1:在"视图"→"演示文稿视图"组中单击"大纲视图"选项。单击第 1 张幻灯片图

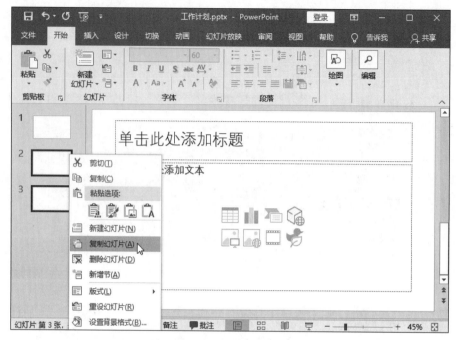

图 6-3　选择"复制幻灯片"选项

标的右侧,将文本插入点定位到该处。

步骤 2：输入第 1 张到第 8 张幻灯片的大纲内容。实际编排幻灯片时输入的大纲标题内容,会同时显示在幻灯片的标题占位符中,若输入的大纲内容超过了占位符,将自动换行,如图 6-4 所示。

图 6-4　输入标题大纲文本

6.1.3 在幻灯片中输入文本

在"视图"→"演示文稿视图"组中单击"普通选项"选项切换成普通视图,即可对单张幻灯片输入文本,使每张幻灯片能更加地完整,其具体操作如下。

步骤 1：单击选择第 1 张幻灯片,在幻灯片的编辑区中单击标题占位符,删除原有文字后,输入演示文稿标题"致敬英雄",单击幻灯片编辑区中的副标题占位符,在其中输入副标题内容"——向奋战在疫情防控一线的英雄致敬",如图 6-5 所示。

图 6-5 输入标题与副标题文本

步骤 2：依次切换到其他幻灯片,并分别在每张幻灯片中的正文占位符中输入相应内容,在需要换行的位置按 Enter 键换行输入完成后,单击"幻灯片浏览"按钮,切换到幻灯片浏览视图查看各张幻灯片中的内容,如图 6-6 所示。

【知识拓展】PowerPoint 中是不能直接将文字输入到幻灯片中的,这就需要用到占位符。占位符相当于一个文本框,用于放置幻灯片中的文本及将文本划分为区域并在幻灯片中任意排列。

【知识拓展】为满足用户不同的需求,PowerPoint 主要提供了普通视图、幻灯片浏览视图、阅读视图和幻灯片放映视图几种视图模式,单击"视图切换按钮组"中的按钮,即可切换至相应的视图模式。下面简单介绍各种视图模式的作用。

- 普通视图：它是制作演示文稿时最常用的视图模式。
- 幻灯片浏览视图：常用于演示文稿的整体编辑,如新建、删除和发布幻灯片等,但是不能对幻灯片的内容进行编辑。
- 阅读视图：在"阅读视图"模式下会自动开始播放演示文稿。单击状态栏中的按钮可切换至上一张或下一张幻灯片。

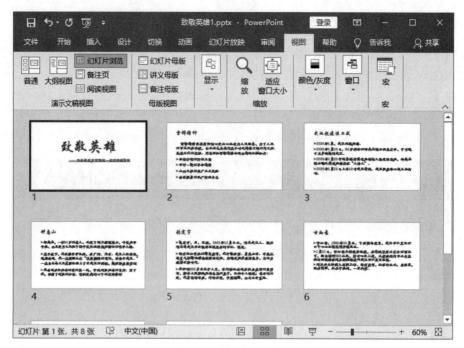

图 6-6　幻灯片浏览

- 幻灯片放映视图：将通过全屏方式,按编号依次放映所有幻灯片,还可在看演示文稿的动画、声音和幻灯片之间的切换动画等效果。

6.1.4　设置字体格式

输入文本后需要对文本格式进行相应的设置,从而使幻灯片内容结构更加规范和完整,便于幻灯片内容的阅读,其具体操作如下。

步骤 1：选择第 1 张幻灯片中标题占位符的文本。选择“开始”→“字体”组,单击“字体”右侧的下拉按钮,在打开的下拉列表中选择“华文行楷”选项,在字号框中输入“120”。如图 6-7 所示。

步骤 2：继续保持文本的选择状态,在“字体”组中单击“字符颜色”右侧的下拉按钮,在打开的下拉列表中选择“蓝色,个性色 5,深色 50％”选项,如图 6-8 所示。

步骤 3：选择副标题文本,右击,在弹出的快捷菜单中选择“字体”选项,打开“字体”对话框,在“中文字体”栏下的下拉列表中选择“华文楷体”选项,在“字体样式”下拉列表中选择“加粗”选项,并在“大小”数值框中输入“30”,单击“字体颜色”按钮,在打开的下拉列表中选择“绿色,个性色 6,深色 25％”选项,在“下画线线型”下拉列表中选择“单线”选项,单击“确定”按钮,如图 6-9 所示。

步骤 4：选择第 2 张幻灯片,选择标题占位符,设置“字体”为“华文行楷”,单击“文字阴影”按钮为文字添加阴影,设置“字号”为“44”,“字体颜色”为“蓝色,个性色 5,深色 50％”。

步骤 5：选择正文占位符,在“字体”组中单击“字体”按钮,打开“字体”对话框,在“中文字体”下拉列表中选择“华文楷体”选项,在“字体样式”下拉列表中选择“加粗”选项,并设置“大小”为“30”,单击“确定”按钮,效果如图 6-10 所示。

图 6-7　设置字体

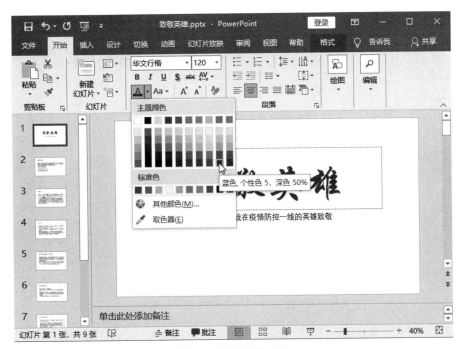

图 6-8　设置字体颜色

　　步骤 6：选择第 2 张幻灯片的标题占位符，双击"开始"→"剪贴板"组中的"格式刷"按钮，这时候注意鼠标图形为样式，切换到第 3 张幻灯片，单击标题占位符，即可复制第 2 张幻灯片中的标题格式，如图 6-11 所示。

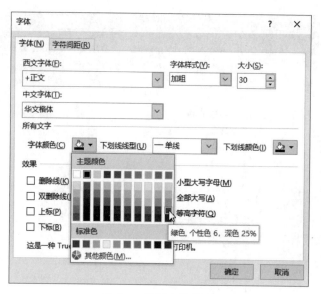

图 6-9　设置字体样式

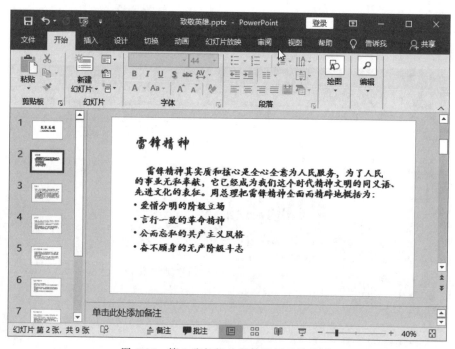

图 6-10　第 2 张幻灯片字体设置后的效果

　　步骤 7：按 Esc 键取消格式刷,再次切换到第 2 张幻灯片,选择正文占位符,双击"格式刷"按钮。切换到第 3 张幻灯片,单击正文占位符,复制第 2 张幻灯片中的正文格式。

　　步骤 8：切换到第 8 张幻灯片,单击选择正文占位符,并按 Delete 健将占位符删除。选择标题占位符,将其移动到幻灯片水平中心位置,并将文本格式设置为"华文彩云,72",字体颜色为"标准色,深红"。

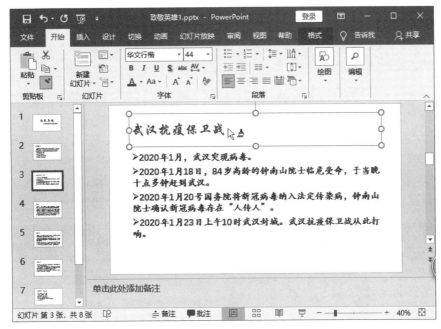

图 6-11　使用"格式刷"复制标题格式

6.1.5　设置段落对齐方式

设置段落的对齐方式可以使段落更加整齐、美观,其具体操作如下。

步骤 1:选择第 1 张幻灯片,选择副标题占位符,在"开始"→"段落"组中单击"右对齐"按钮,将文本在占位符中右对齐。

步骤 2:选择第 2 张幻灯片,选择正文占位符,在"开始"→"段落"组中单击"段落"按钮,打开"段落"对话框,在"对齐方式"栏右侧的下拉列表中选择"两端对齐"选项,单击"确定"按钮,如图 6-12 所示。

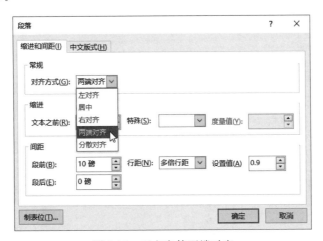

图 6-12　正文字符两端对齐

【知识拓展】段落对齐方式包括左对齐、右对齐、居中对齐、两端对齐与分散对齐,标题多采用左对齐或居中对齐，正文多采用左对齐或两端对齐，落款或日期时间等末尾信息多采用右对齐，一些特殊情况下采用分散对齐。

6.1.6　设置项目符号与段落间距

完成对齐方式的设置后，并不表示该幻灯片已经完成，还可对需要设置项目符号的段落进行项目符号的设置，然后调整其行间距，其具体操作如下。

步骤 1：选择第 3 张幻灯片，选择正文占位符，在"开始"→"段落"组中单击"项目符号"下拉按钮，在打开的下拉列表中选择"箭头项目符号"选项，如图 6-13 所示。

步骤 2：在选中正文占位符的状态下，在"开始"→"段落"组中单击"段落"按钮，在打开的"段落"对话框中，在"间距"栏中设置"段前""段后"都为"10 磅"，如图 6-14 所示。

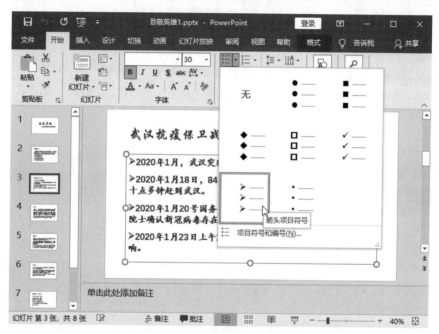

图 6-13　设置项目符号

图 6-14　设置段落间距

步骤 3：使用"格式刷"按钮对第 4 到第 7 张幻灯片的标题与正文的字体设置与段落设置使用和第 3 张幻灯片形同的应用，完成本例的制作，单击"保存"按钮，保存演示文稿。

【知识拓展】除了可以设置行距外，还可打开"段落"对话框，在"缩进"和"间距"栏中输入精确的缩进值、行距值或段落间距值，最后单击"确定"按钮，对缩进值进行设置。

6.2 装饰与美化演示文稿

创建与编辑"致敬英雄"演示文稿后，接下来对演示文稿装饰和美化。下面将对其进行介绍。

6.2.1 制作幻灯片背景

背景在幻灯片的制作中起到至关重要的作用，它不但可以使幻灯片更加美观，并且使幻灯片更便于查看，其具体操作如下。

步骤 1：启动 PowerPoint，打开上个例题制作的"致敬英雄"演示文稿。

步骤 2：选择第 1 张幻灯片，在"插入"→"图像"→"图片"组中插入图片来自"此设备"选项，如图 6-15 所示。打开"插入图片"对话框，在 PPT 素材中选择"背景 1"图片，单击"插入"按钮。

图 6-15　插入图片

步骤 3：此时图片属于选择状态，拖曳图片四周的控制点，将其调整至整个幻灯片页面大小。在保留图片的选择状态下，在"格式"→"排列"组中单击"下移一层"按钮右侧的下拉按钮，选择"置于底层"选项，将背景图片移至底层，如图 6-16 所示。用相同的方法插入"背景 2"，将图片移动到右上角，并适当调整其大小，将其"置于底层"。

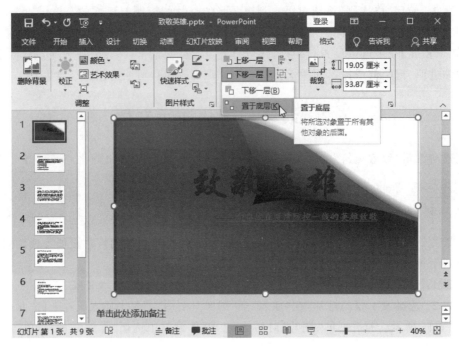

图 6-16　调整图片大小并置于底层

步骤 4：选择标题占位符，在"开始"→"段落"组中设置字符格式为"华文行楷，120"，单击"文字方向"按钮，在打开的下拉列表中选择"竖排"选项，设置文本竖排显示，如图 6-17 所示。

图 6-17　设置标题竖排显示

步骤 5：选择标题占位符，在"开始"→"字体"组中单击"字体颜色"按钮右侧下拉按钮，选择"主题颜色"中的"白色，背景 1"选项。

步骤 6：选择标题占位符，在"开始"→"字体"组中单击"字符间距"在弹出的下拉菜单中选择"其他间距"选项，在弹出的"字体"对话框中将字符间距设置为"紧缩，20 磅"。

步骤 7：选择副标题占位符，在"开始"→"段落"组中设置字符格式为"华文行楷，26"，取消副标题文本的"下划线"与"加粗"，将"字体颜色""文字方向"设置与标题一致，"字符间距"设置为"紧缩，5 磅"，拖曳文本框四周的控制点，调整文本框的大小，将文本框置于幻灯片左侧。完成后效果如图 6-18 所示。

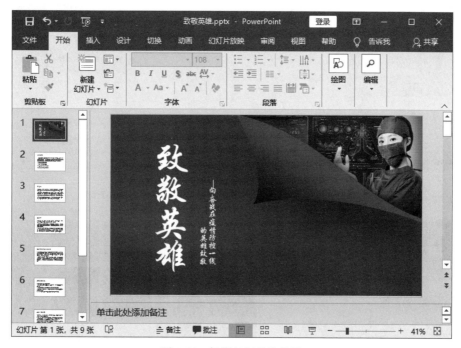

图 6-18　标题幻灯片效果图

6.2.2　编辑幻灯片母版

母版幻灯片控制整个演示文稿的外观，包括颜色、字体、背景、效果和其他所有内容。对幻灯片母版的编辑具体操作如下。

步骤 1：单击"视图"→"母版视图"组中的"幻灯片母版"按钮，进入幻灯片母版编辑状态。

步骤 2：进入幻灯片母版视图后，左侧大纲窗格中显示了所有版式的幻灯片母版。其中第 1 张幻灯片母版为通用幻灯片母版（设置该幻灯片将应用于演示文稿中的所有幻灯片）。

步骤 3：在大纲窗格中选择第 1 张幻灯片母版，在"幻灯片母版"→"背景"组中单击"背景样式"按钮，在打开的下拉列表中选择"设置背景格式"选项，如图 6-19 所示。

步骤 4：在打开"设置背景格式"的窗格中，在"填充"选项卡中选择"图片或纹理填充选项"，单击下方的"纹理"按钮，在弹出的纹理中选择"画布"选项，如图 6-20 所示。

步骤 5：单击"插入"→"插图"组中的"形状"按钮，单击"线条"中的"直线"按钮，画出一

图 6-19　选择"设置背景格式"选项

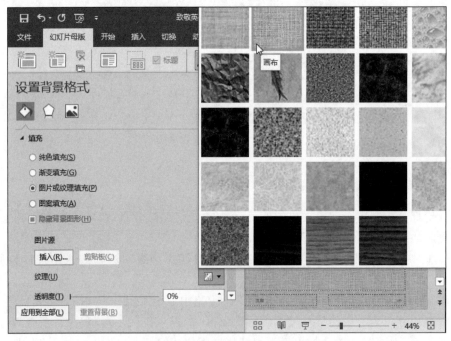

图 6-20　选择"画布"纹理

根水平的主线,单击"格式"→"形状样式"组中"设置形状格式"按钮,在打开的"设置形状格式"窗格中位置成"线条实线、颜色深红、宽度 7 磅、复合类型由细到粗",如图 6-21 所示。

　　步骤 6：插入 PPT 素材中的"母版 1""母版 2"两张图片,并适当调整大小、移动到幻灯片的左上角和右下角。最终效果如图 6-22 所示。

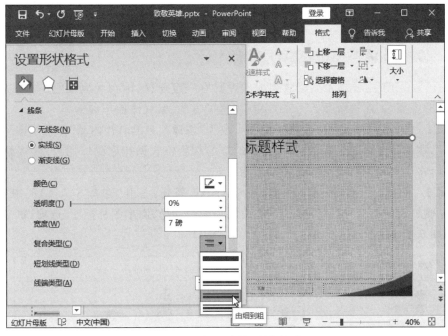

图 6-21 设置"直线"形状格式

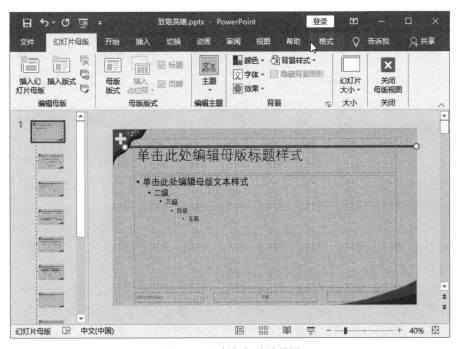

图 6-22 母版幻灯片效果图

步骤 7：切换到"幻灯片母版"选项卡，单击"关闭母版视图"按钮，退出幻灯片母版视图。

【知识拓展】幻灯片主题是指应用的幻灯片整体方案，主题中包含了幻灯片风格、布局、版式和文本框。通过该操作可快速对幻灯片样式进行应用。对于已经使用了主题的幻灯片而言,设置背景可能会影响到主题风格,但合理采用背景能够强化主题效果,使幻灯片整体更加美观。

6.2.3 插入与编辑 SmartArt 图形

SmartArt 图形主要用于简洁直观地展现具有一定规律、结构或流程的信息,以便理解幻灯片中的内容,下面讲解插入 SmartArt 图形的方法,其具体操作如下。

步骤 1:选择第 2 张幻灯片,将标题文本改为"雷锋精神的时代内涵"并将字体颜色设置为"深红",移动到合适的位置(对第 3-7 张幻灯的标题格式做相同的应用)。接着删除正文部分文本,将正文文本框大小和位置适当调整。

步骤 2:在"插入"→"插图"组中单击 SmartArt 按钮,打开"选择 SmartArt 图形"对话框。在左侧列表中单击"图片"选项卡,在中间列表中选择"图形图片标注"选项,单击"确定"按钮,如图 6-23 所示。

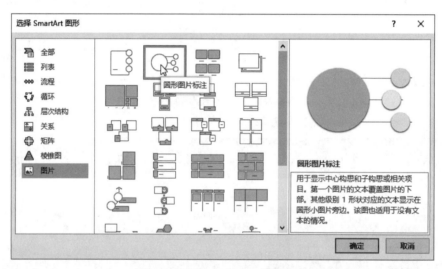

图 6-23　选择 SmartArt 图形种类

步骤 3:单击"文本窗格"按钮,在打开的窗格中根据提示输入需要的文字。按 Enter 键换行即可在该形状的下方创建一个新形状,在其中输入文本即可。

步骤 4:选择 SmartArt 图形,拖曳四周的控制点调整大小,并将其移动到合适位置。

步骤 5:选择 SmartArt 图形,在其中 5 个插入图片的按钮处分别插入"雷锋""数字 1""数字 2""数字 3""数字 4"一共 5 张图片,完成后效果如图 6-24 所示。

步骤 6:选择右侧最上面文本,设置字符格式为"华文楷体,38",字体颜色为"白色,背景 1"的主题颜色。在"格式"→"形状样式"组中单击"形状填充"按钮,在弹出的下拉菜单中选择"取色器"选项,用取色器吸取"数字 1"图片中的金色,如图 6-25 所示。

步骤 7:使用"格式刷"命令复制 SmartArt 图形中第一行文本框中样式到其他文本框中,并适当调整文本框长度,特别注意使用格式刷时必须选择整个文本框而不是里面的文本,复制到其他文本框时是单击鼠标左键。完成后效果如图 6-26 所示。

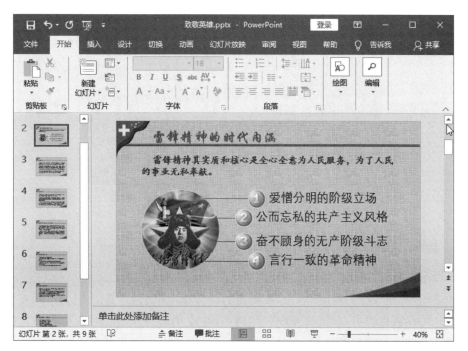

图 6-24　对 SmartArt 图形插入图片效果图

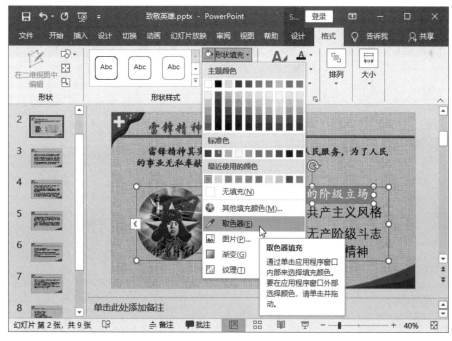

图 6-25　对文本框填充背景色

【知识拓展】当发现设置的 SmartArt 样式不适合该图形时,选择"设计"→"版式"组,单击"其他布局"按钮,在打开的下拉列表中重新选择新的布局样式。

图 6-26　插入 SmartArt 图形最终效果图

6.2.4　插入并编辑形状

插入与编辑形状的具体操作如下。

步骤 1：选择第 1 张幻灯片，右击，在弹出的快捷菜单中选择"新建幻灯片"选项，选中新建的幻灯片的标题占位符，输入文本"目录"两字，并应用第 3 张幻灯片的标题格式（使用格式刷），并将其移动到相应的位置，选择正文占位符，按 Delete 键将其删除。

步骤 2：在"插入"→"插图"组，单击"形状"按钮，在打开的下拉列表中选择"矩形"栏的"矩形：圆角"按钮，如图 6-27 所示。

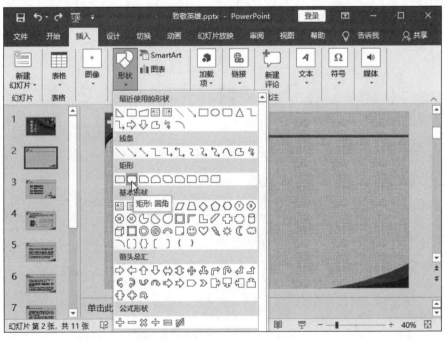

图 6-27　选择"矩形：圆角"按钮

步骤 3：此时鼠标光标呈"＋"形状显示，在下方绘制一个矩形，在选中矩形图形状态下，右击，在弹出的快捷菜单中选择"编辑文字"选项，此时该图形将出现文本插入点，在文本插入点处输入文本,这里输入"第一部分",设置字符格式为"隶书、30",并调整适当其大小与位置。

步骤 4：在选中矩形图形状态下,单击"格式"→"形状样式"组"形状填充"按钮,在打开的下拉列表中选择"标准色,深红"选项,单击"形状轮廓"按钮,在打开的下拉列表中选择"无轮廓"选项,单击"形状效果"按钮,在打开的下拉列表中选择"映像"选项,在其列表中选择"半映像：接触"选项,如图 6-28 所示。

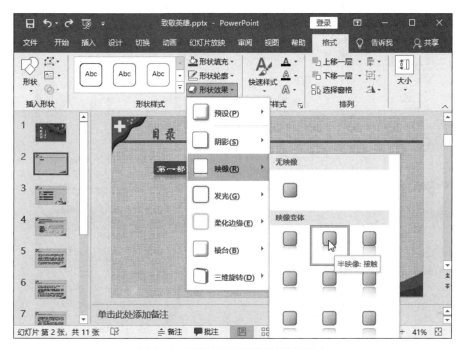

图 6-28 设置"矩形图形"的形状样式

步骤 5：选中矩形图形,按住 Ctrl 键,当鼠标指针变成 形状时,垂直往下拖动,到适合的位置松开鼠标就可以复制一个图形,这里一共复制 3 个。

步骤 6：按住 Ctrl 键,依次选中 4 个矩形图形,同时往右复制,并将复制的 4 个矩形的长度适当调整。修改所有矩形图形中的文本,并将 PPT 素材中的"插图 1"插入幻灯片,对其大小位置进行调整,完成后效果如图 6-29 所示。

步骤 7：选择"目录"幻灯片,将文本为"武汉抗疫保卫战"的矩形图形复制到第 4 张幻灯片中,并调整它的长度和位置。

步骤 8：将第 4 张幻灯片的标题改为"武汉抗疫保卫战",在空白处插入文本框并输入文本,字符格式设置为"华文楷体,20"。在"格式"→"形状样式"组中单击"形状轮廓"按钮,颜色设置为"标准色,深红",线条类型设置为"虚线,长画线"。使用相同方法创建其他 3 个文本框,并排列整齐,完成后效果如图 6-30 所示。

步骤 9：第 7、8、9 张幻灯片不做修改,直接选择第 10 张幻灯片将标题改为"疫情过后感言"。从 PPT 素材中选择"插图 2"插入,加入竖排文本框"疫情面前,我先上",取消正文部分项目符号,将"行间距"设置为 1.5 倍行距,完成后效果如图 6-31 所示。

PowerPoint 2016 演示文稿

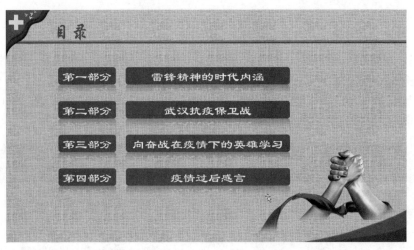

图 6-29 "目录"幻灯片完成效果图

图 6-30 "武汉保抗疫卫战"幻灯片效果图

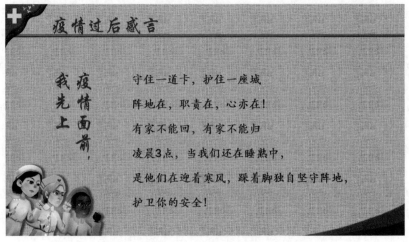

图 6-31 "疫情过后感言"幻灯片效果图

6.2.5　添加视频文件

完成上述美化幻灯片工作后,还可在幻灯片中插入视频,插入后可在幻灯片播放的同时放映视频内容,从而增强演示文稿的真实性与说服力,其具体操作如下。

步骤 1:在第 7 张幻灯片后面新建一张幻灯片,将版式更改为"仅标题",输入标题文字并设置与前面幻灯片标题相同的字体样式(使用格式刷)。在"插入"→"媒体"组中单击"视频"按钮,在打开的下拉列表中选择"此设备"选项,效果如图 6-32 所示。

图 6-32　选择"此设备"选项

步骤 2:打开"插入视频文件"对话框,在 PPT 素材中选择需要插入幻灯片中的视频文件,这里选择"钟南山.MP4"。

步骤 3:拖曳视频区域四周的控制点调整其大小,并将其拖曳到合适的位置。

步骤 4:在"播放"→"视频选项"组中的"开始"下拉列表框中选择"自动"选项,如图 6-33所示。

步骤 5:在"播放"→"编辑"组中单击"剪裁视屏"按钮,在弹出的"剪裁视屏"对话框中设置开始时间为"00:05",结束时间为"01:00",单击"确定"按钮,如图 6-34 所示。

步骤 6:在"格式"→"视频样式"组中单击"视频样式"按钮,在打开的列表框中选择"强烈"栏中的"棱台圆角矩形"选项,如图 6-35 所示。

步骤 7:在第 1 张幻灯片中添加声音,在"插入"→"媒体"组中单击"音频按钮"按钮,选择"PC 上的音频"选项,在弹出的对话框中选择"声音.MP3",单击"确定"按钮。选择喇叭形状的图标在"播放"→"音频选项"组中设置为"自动开始"与"放映时隐藏"。

步骤 8:完成设置后,单击"幻灯片放映"即可放映设置的幻灯片,查看放映的效果并保存演示文稿。

216

图 6-33　设置自动播放

图 6-34　剪裁视频

【知识拓展】因为制作的不同幻灯片表现的内容各不相同,应该在选择主打颜色时,根据制作幻灯片的元素对其主打颜色定位,如销售类应采用积极的颜色,婚礼类应采取带有浪漫性质的颜色,而本例幻灯片主要用于传递正能量,所以采用的主打颜色为红色。

图 6-35　设置"视频样式"

6.3　设置动画与幻灯片放映

因为前面已经对演示文稿的基本内容进行了编辑,因此只需要添加并设置幻灯片动画和设置放映时间即可,下面分别对其进行介绍。

6.3.1　添加幻灯片动画

下面将打开"致敬英雄"演示文稿,并根据其中的内容按照显示的先后顺序添加不同的动画效果,使其查看更加美观,其具体操作如下。

步骤 1：双击打开"致敬英雄"演示文稿,在其中选择第 4 张幻灯片中正文部分的第一个文本框,在"动画"→"动画"组中单击"动画样式"按钮,在弹出的下拉列表中的"进入"选项卡中选择"浮入"选项,如图 6-36 所示。

步骤 2：选中刚才设置完动画的文本框,在"动画"→"高级动画"组中双击"动画刷"按钮,出现动画刷符号后依次单击其他文本框,使得所有文本框的动画样式一致。这时的幻灯片中添加了动画的各个对象左侧会显示一个数字序号,表示动画的播放顺序,如图 6-37 所示。

步骤 3：对第 5 和第 6 张幻灯片设置与第 4 张幻灯片相同的动画。

【知识拓展】动画样式共有 4 种类型,在幻灯片中有不同的效果：进入动画用于设置幻灯片对象在幻灯片中从无到有的动画效果,用于突出幻灯片对象的显示,也就是使特定对象的显示能够吸引观众。强调动画用于将幻灯片对象以各种明显的动画特征突出显示出来,也就是从对象存在到明显显示的过程。退出动画用于设置幻灯片对象从有到无的过程,用于淡出特定对象在幻灯片中的显示。路径动画用于设置幻灯片对象的移动轨迹。

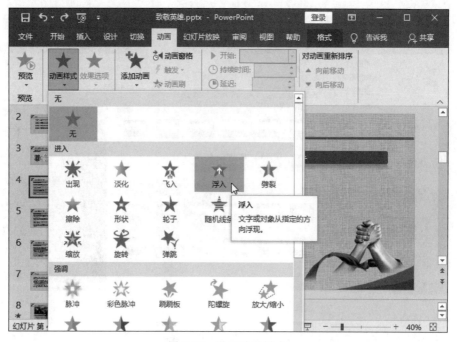

图 6-36 设置动画样式

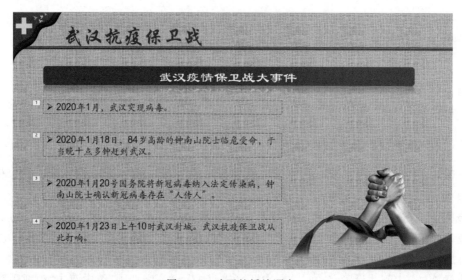

图 6-37 动画的播放顺序

6.3.2 编辑幻灯片动画

当完成幻灯片动画的添加后,除了部分动画需要设置方向等效果选项外,还需要对动画的开始方式、持续时间以及延退时间进行调整。如果需要,还可以调整动画顺序,或者将设置错误的动画删除。

步骤 1:切换至第 1 张幻灯片的标题文字,在"动画"→"高级动画"组中单击"添加动画"按钮,在打开的下拉列表中选择"更多进入效果"选项,如图 6-38 所示。

图 6-38　选择"更多进入效果"

步骤 2：在弹出的"添加进入效果"对话框中选择"华丽"选项卡中的"挥鞭式"选项，单击"确定"按钮。

步骤 3：单击"动画"→"计时"组的"开始"栏右侧的下拉按钮，在打开的下拉列表中选择"与上一动画同时"选项，在"持续时间"右侧的数字框中输入"03：00"，完成设置，如图 6-39 所示。

图 6-39　设置放映开始方式与持续时间

步骤4：使用"动画"→"高级动画"组中的"动画刷"按钮（双击），使得正副标题的动画样式一致。而为了让副标题出现在正标题之后，我们可以在"动画"→"计时"组中"延迟"右侧的数字框中输入"03：00"。这时的幻灯片各对象左侧显示的数字序号都为"0"表示在幻灯片播放的时候"声音""正标题""副标题"三个对象的动画会在第一时间同时开始播放。

【知识拓展】单击"动画"→"高级动画"组中的"动画窗格"按钮，在窗口右侧显示出动画窗格，在其中可查看每个动画的详情，如果要调整动画的播放顺序，只需在列表中向上或向下拖曳动画到其他动画之前或之后即可。如果要删除动画，则用鼠标单击右侧下拉按钮，在打开的下拉列表中选择"删除"选项即可。

6.3.3 设置幻灯片的切换方案

步骤1：选择第1张幻灯片，单击"切换"→"切换到此幻灯片"组的"切换效果"按钮，在打开的下拉列表中选择"帘式"选项。

步骤2：在"切换"→"计时"组中，将切换声音设置为"微风"，再将切换时间设置为"02：00"，换片方式设置为"单击鼠标时"，完成后单击"应用到全部"按钮，其设置后的效果如图6-40所示。

图6-40　设置切换方案与计时

【知识拓展】如果要为所有幻灯片设置相同的切换效果，只需单击"应用到全部"按钮即可。如果要为每张幻灯片设置不同的切换效果，则分别切换到每张幻灯片后逐张设置。不过对于商务幻灯片面言，通常只采用一种切换方案，有时甚至不采用切换方案。

6.3.4 设置放映方式与时间

放映方式是指幻灯片的放映类型及换片方式等,不同的放映方式适合的放映环境不同,用户需要根据实际情况来选择。放映时间是指通过排练计时功能来合理设置每张幻灯片的自动播放时间,其具体操作如下。

步骤 1:选择第 1 张幻灯片,在"幻灯片放映"→"设置"组中单击"设置幻灯片放映"按钮,打开"设置放映方式"对话框,在这里可以对"放映类型""放映选项"等进行设置,如图 6-41 所示。

图 6-41 设置幻灯片放映方式

步骤 2:在"幻灯片放映"→"设置"组中单击"排练计时"按钮,进入到排练计时界面并开始放映幻灯片,在录制框中显示当前幻灯片的放映时间,等待幻灯片内容放映完毕,并且"录制"框中的时间达到期望时间后,单击"下一项"按钮。

步骤 3:逐张播放幻灯片,对每张幻灯片的播放时间进行排练计时,当最后一张幻灯片播放完毕时,打开提示对话框显示放映总时间,单击"是"按钮,如图 6-42 所示。

图 6-42 确定排练时间

步骤 4:此时可以进入幻灯片浏览视图,在每张幻灯片缩略图下方会显示幻灯片的放映时间,如图 6-43 所示。

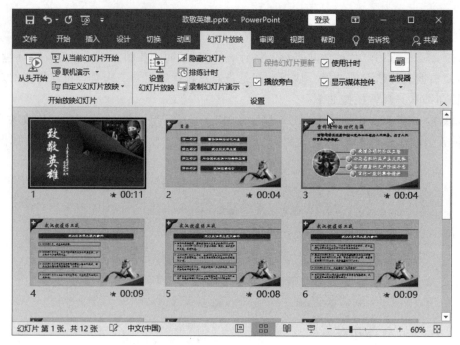

图 6-43　查看放映时间

6.4　本章小结

演讲的目的是为了使观众接收某种信息,观众对信息接收的程度有许多影响因素,包括信息本身、演讲技巧,当然也包括演示文稿。如果观众发现演示文稿非常专业、言简意赅,那么对演讲者的第一印象会很好,并且认为演讲者如同演示文稿一样清楚、简洁和有逻辑,甚至更容易记住演讲的信息,这就是演讲目的。

上 机 实 验

实验任务　制作"中国梦"演示文稿

实验目的:

(1)掌握演示文稿的基本操作;

(2)掌握幻灯片的编辑操作;

(3)掌握在幻灯片中插入各类对象;

(4)掌握幻灯片的美化操作;

(5)熟悉对象的动画设置及幻灯片的切换;

(6)熟悉幻灯片的放映方式。

实验步骤:

团委宋老师正在准备有关"中国梦"学习实践活动的汇报演示文稿,相关资料存放在Word文档"PPT素材及设计要求 docx"中。按要求帮助宋老师完成演示文稿的整合制作。

（1）创建一个名为"中国梦"的新演示文稿（文件扩展名为 pptx），该演示文稿的内容包含在 Word 文档"PPT 素材及设计要求 docx"中，Word 素材文档中的蓝色字不在幻灯片中出现，黑色字必须在幻灯片中出现，红色字在幻灯片的备注中出现。

（2）将幻灯片母版重命名为"中国梦母版 1"，并将图片"母版背景图片 1.jpg"做其背景。为第 1 张幻灯片应用"中国梦母版 1"的"空白"版式。

（3）第 1 页幻灯片中插入音频"中国梦.MP3"，剪裁音频只保留前 1 分钟，设置自动、循环播放、直到停止，且放映时隐藏音频图标。

（4）插入一个新的幻灯片母版，重命名为"中国梦母版 2"，其背景图片为素材文件"母版背景图片 2.jpg"。为从第 2 页开始的幻灯片应用该母版中合适的版式。

（5）第 2 页幻灯片为目录页，标题文字为"目录"且文字方向竖排，目录项内容为幻灯片 3-幻灯片 7 的标题文字，并采用 SmartArt 图形中的垂直曲形列表显示，调整 SmartArt 图形大小、显示位置、颜色（强调文字颜色 2 的彩色填充）、三维样式等。

（6）第 3、4、5、6、7 页幻灯片分别介绍第一到第五项具体内容，要求按照文件"PPT 素材及设计要求.docx"中的要求进行设计，调整文字、图片大小，并将第 3 到第 7 页幻灯片中所有双引号中的文字更改字体、设为红色、加粗。

（7）更改第 4 页幻灯片中的项目符号，取消第 5 页幻灯片中的项目符号，并为第 4、5 页添加备注信息。

（8）第 6 页幻灯片用 3 行 2 列的表格来表示其中的内容，表格第 1 列内容分别为"强国""富民""世界梦"，第 2 列为对应的文字。为表格应用一个表格样式、并设置单元格凹凸效果。

（9）用 SmartArt 图形中的向上箭头流程表示第 7 页幻灯片中的三部曲。

（10）为第 2 页幻灯片的 SmartArt 图形中的每项内容插入超链接，单击时可转到相应幻灯片。

（11）为每页幻灯片设计不同的切换效果；为第 2 至第 8 页幻灯片设计动画，且出现先后顺序合理。

演示文稿完成后效果如图 6-44 所示。

图 6-44 "中国梦"演示文稿效果图

图 6-44　（续）

第7章 计算机新技术

随着信息技术的快速发展,人工智能、云计算、大数据、物联网、VR 和 AR、区块链、5G 等计算机新技术被不断提出,引起了人们的广泛关注,并渗透到了人们的生活和工作中。本章我们将简要介绍一些计算机新技术。

7.1 人 工 智 能

7.1.1 人工智能概述

人工智能(Artificial Intelligence,AI),简单来说,就是希望让机器或程序能拥有人类的智慧,研究目的是促使智能机器会听(语音识别、机器翻译等)、会看(图像识别、文字识别等)、会说(语音合成、人机对话等)、会思考(人机对弈、定理证明等)、会学习(机器学习、知识表示等)、会行动(机器人、自动驾驶汽车等)。总的来说,人工智能是研究、开发用于模拟、延伸和扩展人的智能的理论、方法、技术及应用系统的一门新的技术科学,是计算机科学的一个分支,但它不是人的智能,它是对人的意识、思维的信息过程进行模拟,试图了解智能的实质,并生产出一种新的能以人类智能相似的方式做出反应的智能机器人,主要分成弱人工智能(Artificial Narrow Intelligence,ANI)、强人工智能(Artificial General Intelligence,AGI)和超人工智能(Artificial Super Intelligence,ASI)。

弱人工智能是指没有自主意识,不能独立推理思考,能替代人类处理某一领域的工作,但并不真正拥有智能的机器或程序。例如,微软开发的人工智能助理微软小娜(Cortana),百度旗下人工智能助手小度,谷歌旗下的围棋机器人 AlphaGo 等。迄今为止,人工智能系统都还是实现特定功能的专用智能,而不是像人类智能那样能够不断适应新的复杂的环境并不断涌现出新的功能。因此,目前全球人工智能的水平大部分都是处于弱人工智能阶段,并在图像识别、语音识别、自然语言处理、推荐系统等方面取得了重大突破,甚至可以接近或者超越人类的水平。

强人工智能是有自主意识,真正能推理思考,在各方面都能和人类比肩,能独自适应地应对外界挑战的智能机器人。创造强人工智能比创造弱人工智能要难得多,目前强人工智能鲜有进展,大部分专家预测至少在未来几十年都难以实现。

超人工智能可以是各方面都比人类强一点,也可以是各方面都比人类强万亿倍的机器。牛津哲学家、知名人工智能思想家 Nick Bostrom 把超级智能定义为"在几乎所有领域都比最聪明的人类大脑都聪明很多,包括科技创新、通识和社交技能。"

7.1.2 人工智能发展历程

人工智能的发展历程(如图 7-1 所示)大致可以划分为 6 个阶段:

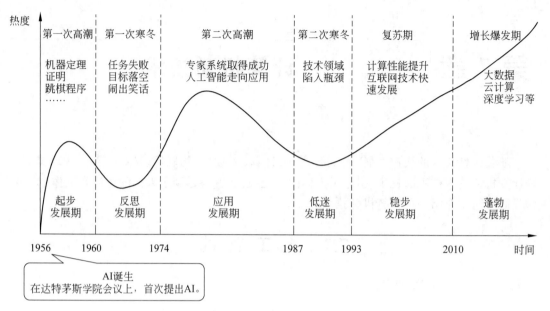

图 7-1　人工智能发展历程

1. **起步发展期**：从 1956 年到 20 世纪 60 年代初。1956 年夏，麦卡锡、明斯基等科学家在美国达特茅斯学院开会研讨"如何用机器模拟人的智能"，首次提出"人工智能"这一概念，标志着人工智能学科的诞生。人工智能概念提出后，相继取得了一批令人瞩目的研究成果，如机器定理证明、跳棋程序等，掀起人工智能发展的第一个高潮。

2. **反思发展期**：20 世纪 60 年代到 20 世纪 70 年代初。人工智能发展初期的突破性进展大大提高了人们对人工智能的期望，人们开始尝试更具挑战性的任务，并提出一些不切实际的研发目标。然而，接二连三的失败和预期目标的落空（比如无法用机器证明两个连续函数之和还是连续函数、机器翻译闹出笑话等），使人工智能的发展走入低谷。

3. **应用发展期**：从 20 世纪 70 年代初到 20 世纪 80 年代中。20 世纪 70 年代出现的专家系统模拟人类专家的知识和经验解决特定领域的问题，实现了人工智能从理论研究走向实际应用、从一般推理策略探讨转向运用专门知识的重大突破。专家系统在医疗、化学、地质等领域取得成功，推动人工智能走入应用发展的新高潮。

4. **低迷发展期**：从 20 世纪 80 年代中到 20 世纪 90 年代中。随着人工智能的应用规模不断扩大，专家系统存在的应用领域狭窄、缺乏常识性知识、知识获取困难、推理方法单一、缺乏分布式功能、难以与现有数据库兼容等问题逐渐暴露出来。

5. **稳步发展期**：从 20 世纪 90 年代中到 2010 年。由于网络技术特别是互联网技术的发展，加速了人工智能的创新研究，促使人工智能技术进一步走向实用化。1997 年国际商业机器公司开发的深蓝超级计算机战胜了国际象棋世界冠军卡斯帕罗夫，2008 年 IBM 提出"智慧地球"的概念。以上都是这一时期的标志性事件。

6. **蓬勃发展期**：从 2011 年至今。随着大数据、云计算、互联网、物联网等信息技术的发展，泛在感知数据和图形处理器等计算平台推动着以深度神经网络为代表的人工智能技术飞速发展，大幅跨越了科学与应用之间的"技术鸿沟"，诸如图像分类、语音识别、知识问答、人机对弈、无人驾驶等人工智能技术实现了从"不能用、不好用"到"可以用"的技术突破，迎来爆发式增长的新高潮。

7.1.3 人工智能的技术分支

1. 模式识别

（1）基本概念

模式识别（Pattern Recognition）诞生于 20 世纪 20 年代，随着 40 年代计算机的出现，50 年代人工智能的兴起，模式识别在 60 年代初迅速发展成为一门学科。模式识别是指对表征事物或现象的各种形式（如数值、文字、逻辑关系等）的信息进行处理和分析，对事物或现象进行描述、识别、分类和解释的过程，是人工智能的一个重要组成部分。简单来说，就是采用计算方法根据样本的特征对样本进行分类，其主要应用于图像分类、文本分类、语音识别、计算机辅助治疗等方面。

（2）模式识别的一般流程

模式识别流程如图 7-2 所示。

图 7-2　模式识别的一般流程

2. 机器学习

（1）基本术语

机器学习（Machine Learning，ML）是人工智能的一个重要分支，专门研究计算机怎样模拟或实现人类的学习行为。它是一类算法的总称，这些算法企图从有限的观测数据集中学习或挖掘出隐含在其中的规律，并利用这些规律对未知的数据进行预测或分类。

模型（Model）一般是指通过学习数据而得到的结果。

数据集（Data Set）是指一组记录的集合，其中每条记录是对一个事件或对象的描述，称为一个示例/实例（Instance）或样本（Sample）。在机器学习中，一般将数据集分成独立的三个部分：

- 训练集（Train Set）：用于训练模型。
- 验证集（Validation Set）：用于确定控制模型复杂度的参数。
- 测试集（Test Set）：用来预测样本的值，主要是检验最终选择的模型的性能好坏。

特征（Feature）就是一系列的信息，用来表征事物。例如，学生信息由学号、姓名、性别等特征组成。

标记/标签（Label）是指实例类别的标记。例如，一份邮件是否为垃圾邮件（标记为是或否）。

训练（Training）是从数据中学得模型的过程，也称为学习（Learning）。被训练的样本称为训练样本（Training Sample）。

测试（Testing）是指学习得到模型后，使用其对样本进行预测的过程。被预测的样本称为测试样本（Testing Sample）。

泛化能力（Generalization）：学习得到的模型适应于新样本的能力。

（2）机器学习的一般流程

机器学习的流程如图 7-3 所示。

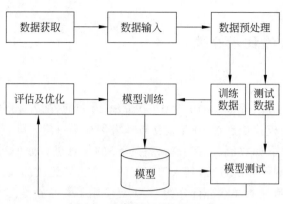

图 7-3　机器学习的一般流程

（3）机器学习的算法分类

机器学习的算法分类如图 7-4 所示。

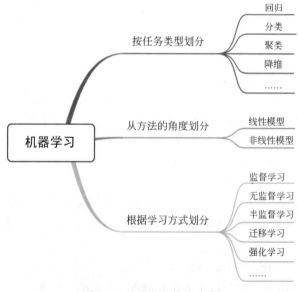

图 7-4　机器学习算法分类

① 根据任务类型划分，可将机器学习划分如下：

• 回归（Regression）

回归是机器学习的一个任务，可预测连续值。例如，预测一个城市的房价，预测某个城市的 PM2.5。常见的回归算法有：线性回归（Linear Regression）、逻辑回归（Logistic Regression）、局部加权回归（Local Weighted Regression）等。

• 分类（Classification）

分类是一个有监督的学习过程，它是通过对具有类别标记的观测数据进行学习，训练得到相应的分类器，让其能够对未知样本进行分类。分类模型可预测离散值。例如，判断一封邮件是否为垃圾邮件，判断一个病人是否得到癌症。常见的分类算法有：K 最近邻（K-Nearest Neighbor，KNN）、支持向量机（Support Vector Machine，SVM）、人工神经网络

(Artificial Neural Networks，ANNs)等。

- 聚类(Cluster)

聚类是指对大量未标记的数据集,根据数据的内在相似性将数据集划分为多个类别或簇,使类别内的数据相似度高,类别间的数据相似度低。常见的聚类算法有:K-Means、DBSCAN、层次聚类、谱聚类等。

- 降维(Dimension Reduction)

降维是机器学习中很重要的一种技术。在机器学习中经常会碰到一些高维的数据集,而在高维特征空间中会出现数据样本稀疏、距离计算等困难,这类问题是所有机器学习方法共同面临的严重问题,称之为"维度灾难"问题。另外,在高维特征空间中特征经常存在冗余。基于这些问题,降维被提出。降维是通过某种数学变换将原始高维特征空间转换为一个低维子空间,使得在该子空间中样本密度大幅提高,距离计算也更加容易。常见的降维方法有:主成分分析(Principal Component Analysis,PCA)、线性判别分析(Linear Discriminant Analysis,LDA)等。

② 从方法的角度划分,可将机器学习划分为:线性模型和非线性模型。

- 线性模型

假设样本 $x=(x_1,x_2,\cdots,x_d)^\mathrm{T}$,其中 x_i 为 x 第 i 个特征,d 为特征维数。线性模型试图学习得到一个通过特征的线性组合来进行描述和预测的函数。例如,学习一个线性模型 $f(x)=w^\mathrm{T}x+b$,其中 $w=(w_1,w_2,\cdots,w_d)^\mathrm{T}$ 是各属性特征的组合系数或权重系数,b 为偏差。w 和 b 通过学习得到之后,该线性模型就确定了。线性模型形式很简单且易于建模,具有很好的解释性。

- 非线性模型

与线性模型不同的是,非线性模型的参数不是线性的,不能用一条直线对样本进行划分。许多非线性模型也是在线性模型的基础上通过引入层级结构和高维映射而得。

③ 根据学习方式划分,可将机器学习划分为:监督学习、非监督学习、半监督学习、迁移学习、强化学习等。

- 监督学习(Supervised Learning)

监督学习是机器学习的一种方法。在监督学习过程中,数据是有标记的,通过对具有标记的训练样本进行学习,以尽可能正确地对未知样本的数据进行预测。监督学习可以分成分类和回归。

- 无监督学习(Unsupervised Learning)

在无监督学习中,训练样本的标记信息未知,其目标是通过对无标记的训练样本进行学习,进而来揭示数据的内在性质及规律,为进一步分析数据提供了基础。无监督学习任务中研究最多、应用最广的是聚类。

- 半监督学习(Semi-Supervised Learning)

半监督学习是监督学习与无监督学习相结合的一种学习方法。半监督学习使用的数据不仅有已标记数据而且还有未标记数据。半监督学习可分为半监督分类、半监督回归、半监督聚类、半监督降维等。

- 迁移学习(Transfer Learning)

在传统分类学习中,为了保证学习得到的分类模型泛化能力强,都有两个基本的假设:

（Ⅰ）用于学习的训练样本与测试样本满足独立同分布；（Ⅱ）必须有足够可用的已标记训练样本才能学习得到一个好的分类模型。然而，在许多实际应用中，难以获得大量的已标记数据，且对数据进行标记非常费时费力。此外，随着时间的推移，原先可用的已标记样本可能变得不可用，导致与新的测试样本分布不同。当一个领域（称为目标领域）只有少量已标记样本而难以训练一个好的分类模型时，可将其他不同但相关领域（称为源领域）的知识迁移到目标领域中，这样不仅充分利用了源领域中大量的已标记样本也避免了烦琐的标记工作。机器学习中的迁移学习是研究此类问题的一种学习框架，于 1995 年在关于"Learning to Learn"的 NIPS 研讨会上被首次提出，其目的是迁移源领域已有知识来解决目标领域中只有少量已标记样本甚至没有的学习问题。近年来迁移学习引起了人们的广泛研究和关注，也广泛应用于人类生活中，两个不同的领域共享的知识越多，迁移学习就越容易，否则就越困难，甚至会出现"负迁移"现象。例如，一个人要是学会了自行车，则很容易学会开摩托车，但学习三轮车反而不适应，因为它们的重心位置不同。

- 强化学习（Reinforcement Learning）

强化学习，又称为增强学习、再励学习或评价学习，是机器学习的一种学习范式之一，用于描述和解决智能体（Agent）在与环境（Environment）的交互过程中通过学习策略以达成奖励最大化或实现特定目标的问题，强调如何基于环境而行动，以取得最大化的预期利益。强化学习的灵感来源于心理学中的行为主义理论，即有机体如何在环境给予的奖励或惩罚的刺激下，逐步形成对刺激的预期，产生能获得最大利益的习惯性行为，其最早可以追溯到巴甫洛夫的条件反射实验，它从动物行为研究和优化控制两个领域独立发展，最终 Bellman 将其抽象为马尔可夫决策过程（Markov Decision Process，MDP）。经过几十年的发展，自 2016 年 AlphaGo 击败李世石之后，融合了深度学习的强化学习技术始终成为了人们讨论的焦点。

强化学习是让计算机（其实就是 Agent）试图采取行动（Action）来操纵环境（Environment），并且从一个状态（State）转变到另一个状态，当它完成任务时给予奖励（Reward），反之没有奖励，这也是强化学习的核心思想。强化学习主要包括四个元素：智能体、环境、行动和奖励，其目的是最大化长期累积奖励。

3. 数据挖掘

（1）基本概念

数据挖掘（Data Mining）通常与计算机科学有关，通过统计、在线分析处理、机器学习、模式识别、专家系统、数据库技术等方法从大量数据中挖掘出隐含在其中具有潜在价值的信息的过程，是人工智能和数据库领域的一个研究热点问题，广泛应用于金融、销售、医疗、电信等行业。

数据挖掘的对象可以是任何类型（如结构化、半结构化、非结构化、异构型）的数据源，数据可以是文本数据、多媒体数据、空间数据、时序数据和 Web 数据等。

（2）数据挖掘的步骤

数据挖掘的步骤主要包括定义问题、建立数据挖掘库（包括数据收集、数据描述、数据选择、数据质量评估、数据清洗、数据合并和整合、元数据构建、加载数据挖掘库、维护数据挖掘库）、分析数据、准备数据、建立模型、评价模型和实施。如图 7-5 所示。

（3）数据挖掘十大经典算法

2006 年 12 月在国际权威学术会议 IEEE International Conference on Data Mining

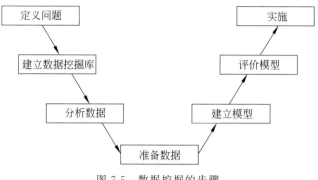

图 7-5　数据挖掘的步骤

(ICDM)评选出了数据挖掘领域的十大经典算法(Top 10 算法)：C4.5 分类决策树、K 均值(K-Means)聚类、支持向量机(Support Vector Machine，SVM)、Apriori 算法、期望最大化(Expectation Maximize，EM)算法、PageRank 算法、Adaboost 算法、K 近邻(K-Nearest Neighbor，KNN)算法、朴素贝叶斯(Naive Bayes，NB)分类器、分类与回归树(Classification and Regression Trees，CART)。如图 7-6 所示。

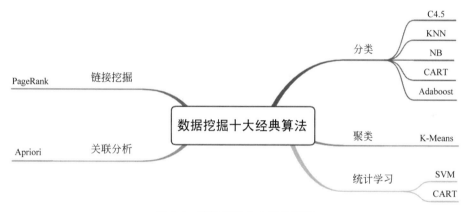

图 7-6　数据挖掘十大经典算法

7.1.4　人工智能的应用领域

1. 机器人领域

随着人工智能领域的快速发展,机器人领域也将大放异彩。在人们的生活和工作中,智能机器人随处可见,如扫地机器人、商业服务机器人、陪伴机器人、消防灭火机器人、搬运机器人等。机器人领域的发展离不开人工智能的核心技术,如人机对话智能交互技术、情感识别技术、虚拟现实机器人技术等。人工智能技术把机器视觉、自动规划等认知技术、各种传感器整合到机器人身上,使得机器人拥有判断、决策的能力,能够协助或取代人类的工作,如服务业、生产业、建筑业或危险的工作等。

2. 语音识别领域

语音识别是把语音转化为文字,并对其进行识别、认知和处理。近年来,语音识别系统非常火爆,比如百度语音、微软小娜、搜狗语音助手、苹果 siri 等。

3. 图像识别领域

图像识别是指通过计算机利用算法对图像进行采集、处理、分析和理解,以识别出不同模式的目标和对象的技术,是应用深度学习算法的一种重要的实践应用,例如人脸识别、车牌号识别、驾驶员行为识别等。

4. 专家系统

专家系统是一种基于计算机的交互式可靠的决策系统,它使用事实和启发式方法来解决复杂的决策问题,是一个具有大量的专门知识和经验的智能计算机程序系统,可以解决特定域中最复杂的问题,被认为是人类智慧和专业知识的最高水平,是当今人工智能、深度学习和机器学习系统的前身。一般的专家系统主要包括:人机接口、推理机、知识库、数据库、知识获取、解释器这 6 个部分。

7.2 云 计 算

7.2.1 云计算的产生

云计算的历史可追溯到 1959 年 Christopher Strachey 提出的"虚拟化"的概念,而虚拟化正是云计算基础架构的核心,是云计算发展的基础。1980 年,太阳电脑(Sun Microsystems)提出"网络是计算机"(The Network is the Computer)。2006 年 3 月亚马逊(Amazon)推出弹性计算云(Elastic Compute Cloud,EC2)服务。2006 年 8 月 9 日,Google 首席执行官埃里克·施密特(Eric Schmidt)在搜索引擎大会(SES San Jose 2006)首次提出"云计算"(Cloud Computing)的概念。

7.2.2 云计算的定义

云计算(Cloud Computing)是基于互联网的相关服务的增加、使用和交互模式,通常涉及通过互联网来提供动态易扩展且经常是虚拟化的资源,它是融合了分布式计算、网格计算、效用计算、负载均衡、并行计算、网络存储、热备份冗余和虚拟化等计算机技术的一种新型的商业计算模型。目前,对于云计算的认识在不断的发展变化,云计算仍没有普遍一致的定义。

中国网格计算、云计算专家刘鹏给出如下定义:云计算将计算任务分布在大量计算机构成的资源池上,使各种应用系统能够根据需要获取计算力、存储空间和各种软件服务。

美国国家标准与技术研究院(NIST)定义:云计算是一种按使用量付费的模式,这种模式提供可用的、便捷的、按需的网络访问,进入可配置的计算资源共享池(资源包括网络、服务器、存储、应用软件、服务),这些资源能够被快速提供,只需投入很少的管理工作,或与服务供应商进行很少的交互。

IBM 公司将云计算一词描述为一个系统平台或一类应用程序,该平台可以根据用户的需求动态部署、配置等。云计算是一种可以通过互联网进行访问的可以扩展的应用程序。

狭义的云计算指的是厂商通过分布式计算和虚拟化技术搭建数据中心或超级计算机,以免费或按需租用方式向技术开发者或者企业客户提供数据存储、分析以及科学计算等服务。广义的云计算指厂商通过建立网络服务器集群,向各种不同类型客户提供在线软件服务、硬件租借、数据存储、计算分析等不同类型的服务。

中国云计算专家委员会认为,云计算最基本的概念是通过整合、管理、调配分布在网络各处的计算资源,并以统一的界面同时向大量用户提供服务。

7.2.3 云计算的分类

云计算按服务模式分类可以分为私有云、公有云、社区云、混合云、行业云和移动云等;按服务类型分类可以分为基础设施即服务(Infrastructure as a Service,IaaS)、平台即服务(Platform as a Service,PaaS)和软件即服务(Software as a Service,SaaS)。如图 7-7 所示。

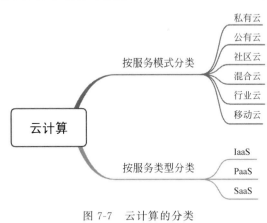

图 7-7 云计算的分类

1. 按服务模式分类

(1) 私有云(Private Cloud)

私有云是为用户单独使用而构建的,因而提供对数据、安全性和服务质量的最有效控制,其提供了更高的安全性服务,但安装成本很高。

(2) 公有云(Public Cloud)

公有云通常指第三方提供商为用户提供的能够通过 Internet 使用的云,其核心属性是共享资源服务,用户按需付费。

(3) 社区云(Community Cloud)

社区云是指有一些有着类似需求并打算共享基础设施的组织共同创立的云,其目的是实现云计算的一些优势。由于共同费用的用户数比公有云少,社区云往往比公有云贵,但隐私度、安全性和政策遵从都比公有云高。

(4) 混合云(Hybrid Cloud)

混合云是公有云和私有云两种方式的结合。由于安全和控制原因,并非所有的企业信息都能放置在公有云上,因此大部分已经应用云计算的企业将会使用混合云模式。混合云利用了公有云和私有云的优势,不过由于设置更加复杂,维护和保护难度较大。

(5) 行业云(Industry Cloud)

行业云是由行业内或某个区域内起主导作用或者掌握关键资源的组织建立和维护的,以公开或者半公开的方式,向行业内部或相关组织和公众提供有偿或无偿服务的云平台。行业云又可以分为金融云、政府云、教育云、电信云、医疗云、工业云等。

(6) 移动云(Mobile Cloud)

移动云把虚拟化技术应用于手机和平板电脑,适用于移动设备终端(手机或平板电脑)

使用企业应用系统资源,它是云计算移动虚拟化中非常重要的一部分。

2. 按服务类型分类

(1) 基础设施即服务

基础设施即服务(Infrastructure as a Service,IaaS)是厂商把由多台服务器组成的"云"基础设施,作为计量服务提供给用户,为用户提供计算机基础设施服务,它处于最底层。它将内存、输入输出(Input/Output,I/O)设备、存储和计算能力整合成一个虚拟的资源池,为整个业界提供所需要的存储资源和虚拟化服务器等服务。这是一种托管型硬件方式,用户付费使用厂商的硬件设施。其优点是用户只需低成本硬件,按需租用相应计算能力和存储能力,大大降低了用户在硬件上的开销。例如,Amazon S3、Zimory 等。

(2) 平台即服务

平台即服务通常(Platform as a Service,PaaS)也被称为中间件,其把开发环境作为一种服务来提供。这是一种分布式平台服务,厂商提供开发环境、服务器平台、硬件资源等服务给客户,用户在其平台基础上定制开发自己的应用程序并通过其服务器和互联网传递给其他客户。PaaS 能够给企业或个人提供研发的中间件平台,提供应用程序开发、数据库、应用服务器、试验、托管及应用服务。例如,Google App Engine、Force.com 等。

(3) 软件即服务

软件即服务(Software as a Service,SaaS)是指提供商将应用软件统一部署在自己的服务器上,用户根据需求通过互联网向厂商订购应用软件服务,服务提供商根据客户所定软件的数量、时间的长短等因素收费,并且通过浏览器向客户提供软件的模式。其优势是由服务提供商维护和管理软件、提供软件运行的硬件设施,用户只需拥有能够接入互联网的终端,即可随时随地地使用软件,这样客户不再像传统模式那样花费大量资金在硬件、软件和维护人员上,只需要支出一定的租赁服务费用,通过互联网就可以享受到相应的硬件、软件和维护服务,这是网络应用最具效益的运营模式。例如,Salesforce CRM、Google Docs 等。

7.2.4 云计算的关键技术

云计算的关键技术包括:虚拟化技术、分布式数据存储技术、大规模数据管理技术、并行编程技术、云计算平台管理技术、能耗管理技术和信息安全。

1. 虚拟化技术

虚拟化技术是云计算最重要的核心技术之一,它为云计算服务提供基础架构层面的支撑,是信息通信技术(Information and Communications Technology, ICT)服务快速走向云计算的最主要驱动力。从技术上讲,虚拟化是一种在软件中仿真计算机硬件,以虚拟资源为用户提供服务的计算形式,其最大的好处是增强系统的弹性和灵活性,降低成本、改进服务、提高资源利用效率。从表现形式上看,虚拟化分两种应用模式:①将一台性能强大的服务器虚拟成多个独立的小服务器,服务不同的用户;②将多个服务器虚拟成一个强大的服务器,完成特定的功能。这两种模式都有比较多的应用,它们的核心都是统一管理,动态分配资源,提高资源利用率。

2. 分布式数据存储技术

分布式数据存储技术是采用多个副本存储同一数据或采用多份备份法,采取并行的方法为用户提供所需服务,能实现动态负载均衡,故障节点自动接管,具有高可靠性、高可用性、高可扩展性。这种模式不仅摆脱了硬件设备的限制,同时扩展性更好,能够快速响应用户需求的变化。目前,云计算系统中广泛使用的数据存储系统是 Google 的 GFS 和 Hadoop 团队开发的 HDFS。

3. 大规模数据管理技术

高效的大规模数据处理技术是云计算不可或缺的核心技术之一。云计算需要对分布的、海量的数据进行处理和分析。因此,数据管理技术必须能够高效地管理海量的数据。云计算系统中的大规模数据管理技术主要有 Google 的 Big Table 数据管理技术和 Hadoop 团队开发的开源数据管理模块 HBase。

4. 并行编程技术

高效、简捷、快速是云计算的核心理念。为了能够通过网络把强大的服务器计算资源分配给用户使用,并保证低成本和良好的用户体验,云计算采用了分布式并行编程模式。MapReduce 是当前云计算主流并行编程模式之一,是 Google 开发的一种用于大规模数据并行计算的编程模型,其基本思想是将要执行的问题分解成 Map 和 Reduce 的方式,先通过 Map 程序将数据切割成不相关的区块,分配给大量计算机处理,达到分布式运算的效果,再通过 Reduce 程序将结果汇总输出。

5. 云计算平台管理技术

云计算资源规模非常庞大,服务器数目众多并可能同时跨越多个地区,同时运行着数以千计应用,如何有效地管理这些服务器,保证它们正常提供服务是一个巨大的挑战,需要强大的技术支撑。云计算系统的平台管理技术引入了分布式资源管理技术,能够使大量的服务器协同工作,方便进行业务部署和开通,快速发现和恢复系统故障,通过自动化、智能化的手段实现大规模系统的可靠运行。例如,Google 的大规模集群管理系统 Borg。

6. 能耗管理技术

云计算具有低成本、高效率等优点,带来了巨大的规模经济效益,提高了资源利用效率,同时节省了大量能源。但随着其规模的增大,云计算本身的能耗问题越来越不可忽视。优化网络结构,升级网络设备,增加节能模式,进而在保持性能的同时降低能耗,节省大量能源。因此,能耗管理技术已经成为了云计算必不可少的关键技术。

7. 信息安全

据调查数据显示,信息安全已经成为阻碍云计算发展的最主要原因之一,云安全成为了进一步部署云的最大障碍。因此,为了使得云计算能够长期稳定、快速发展,信息安全是首要解决的问题。

7.2.5 云计算的特点

1. 超大规模

"云"具有相当的规模,能赋予用户前所未有的计算能力。一个企业云可以有几十万甚至上百万台服务器,一个小型的私有云也可拥有数百上千台服务器。例如,Google 云计算有超过 100 万台服务器,Amazon、IBM、微软、Yahoo 等公司的云计算均拥有几十万台服务器。

2. 虚拟化

虚拟化突破了时间、空间的界限,是云计算最为显著的特点。虚拟化技术包括应用虚拟和资源虚拟两种。众所周知,物理平台与应用部署的环境在空间上是没有任何联系的,正是通过虚拟平台对相应终端操作完成数据备份、迁移和扩展等。

3. 高可靠性

"云"使用了数据多副本容错、计算节点同构可互换等措施来保障服务的高可靠性,使得云计算具有高效的运算能力,使用云计算比使用本地计算机可靠。

4. 按需服务

"云"是一个庞大的资源池,云计算平台能够根据用户的需求快速配备计算能力及资源,使得可以像水、电、煤气和电话那样按照使用量进行计费。

5. 高可扩展性

用户可以利用应用软件的快速部署条件来更为简单快捷的将自身所需的已有业务以及新业务进行扩展,即其规模可以根据其应用的需要进行调整和动态伸缩,可以满足用户应用和大规模增长的需要。

6. 通用性

云计算不针对特定的应用,在"云"的支撑下可以构造出千变万化的应用,同一个"云"可以同时支撑不同的应用运行。

7. 低成本

由于"云"的特殊容错措施可以采用极其廉价的节点来构成云,"云"的自动化集中式管理使大量企业无须负担日益高昂的数据中心管理成本,"云"的通用性使资源的利用率较之传统系统大幅提升。因此,用户可以充分享受"云"的低成本优势和超额的云计算资源与服务,经常只要花费几百美元就能完成以前需要数万美元才能完成的任务。

7.2.6 云计算的应用

近年来,云计算被广泛应用于医疗、金融、教育等行业。

1. 医疗行业

在医疗行业,通过云计算、5G通信、大数据、物联网等计算机新技术,结合医疗技术,使用"云计算"来建立一个完整的医疗健康服务云平台,更好地整合了医疗信息,实现了医疗资源的共享和医疗范围的扩大,给人们提供了更好的医疗服务。

2. 金融行业

在金融行业,通过利用云计算的模型,将信息、金融和服务等功能分散到庞大分支机构构成的"云"中,为银行、保险和基金等金融机构提供"云"处理和运行服务,并共享互联网资源,从而解决现有问题并且达到高效、低成本的目标。例如,阿里、苏宁、腾讯等企业均推出了他们自己的金融云服务。

3. 教育行业

在教育行业,通过云计算将所需要的任何教育硬件资源虚拟化,然后将其传入互联网中,这样可以更好地整合教育资源,为教育机构、学生和老师提供一个更好更方便快捷的教育云服务平台。例如,慕课网、中国大学 MOOC、学堂在线等慕课都是教育云的一种应用。

7.3　大　数　据

7.3.1　大数据的概念

关于大数据(Big Data)的定义有很多种：

麦肯锡(McKinsey)对大数据的定义为：大数据是指其大小超出了典型数据库软件的采集、存储、管理和分析等能力的数据集。

国际权威研究机构 Gartner 对大数据的定义为：大数据是指需要新处理模式才能具有更强的决策力、洞察发现力和流程优化能力的海量、高增长率和多样化的信息资产。

百度百科对大数据的定义为：大数据指无法在一定时间范围内用常规软件工具进行捕捉、管理和处理的数据集合，是需要新处理模式才能具有更强的决策力、洞察发现力和流程优化能力的海量、高增长率和多样化的信息资产。

维基百科对大数据的定义为：大数据，又称为巨量资料，是指利用传统数据处理应用软件不足以处理的大或复杂的数据集。

7.3.2　大数据的特征

大数据通常具有 5 个特征(5V 特征)：数据体量大(Volume)、数据类型多(Variety)、价值密度低(Value)、处理速度快(Velocity)和数据准确可靠(Veracity)。

1. 数据体量大

大数据的首要特征就是数据量大。在十几年前的 MP3 时代，存储空间为 MB 级别的 MP3 就可以满足人们的需求。然而，随着信息技术的快速发展，存储单位已从过去的 GB 扩大到 TB 乃至 PB、EB、ZB 级别。2012 年全球数据量大概有 2.7ZB，根据著名咨询机构互联网数据中心(Internet Data Center，IDC)的预计，人类社会产生的数据还在以每两年翻一番的速度增长。

2. 数据类型多

随着信息技术的快速发展，数据来源变得更加广泛，使得数据形式也呈现了多样性。根据数据是否具有一定的模式、结构和关系，数据的类型主要分为结构化数据、半结构化数据和非结构化数据，具体表现为网站用户日志、图片、音频、视频等，多类型的数据对数据的处理能力提出了更高的要求。

3. 价值密度低

大数据的核心特征是价值。随着互联网技术、传感器技术以及新兴社交媒体技术的迅猛发展，数据量呈井喷式增长，但是海量数据中有价值的数据占的比例很小，即价值密度较低，如何通过从大量不相关的各种类型的数据中，挖掘出对未来趋势与模式预测分析有价值的数据，并通过机器学习、人工智能、数据挖掘等方法深度分析，发现新规律和新知识，并应用于医疗、金融、服务业、农业等领域，是大数据时代亟待解决的难题。

4. 处理速度快

大数据区分于传统数据挖掘技术的最显著特征是处理速度快、时效性要求高。面对快速增长的数据，要求有较快的处理速度以及较高的时效性。在数据处理速度方面，有一个著名的"1 秒定律"，即要求在秒级时间内给出分析处理结果，否则数据就失去价值了。

5. 数据准确可靠

数据的重要性在于对决策的支持,数据的规模并不能决定其是否能为决策提供帮助,但数据的准确可靠性能为制定成功的决策提供最坚实的基础。因此,追求准确可靠的高质量数据是大数据的一项重要要求和挑战。

7.3.3 大数据的关键技术

大数据的关键技术包含数据采集、存储、处理、展示、应用等多方面的技术。根据大数据的处理过程可将其分为大数据采集技术、大数据预处理技术、大数据存储与管理技术、大数据分析与挖掘技术等。

1. 大数据采集技术

大数据采集技术主要是通过射频识别(Radio Frequency Identification,RFID)技术、传感器技术、移动互联网技术及新兴社交网络交互方式等获得各种类型的结构化、半结构化以及非结构化的海量数据。

2. 大数据预处理技术

大数据预处理是指对数据进行分析之前,先对采集到的原始数据进行辨析、抽取、清洗、填补、平滑、合并、规格化、一致性检查等一系列操作,目的是提高数据的质量,为后期数据分析工作奠定基础。大数据预处理技术主要包括四个部分:数据清洗、数据集成、数据转换和数据规约。

3. 大数据存储与管理技术

大数据存储与管理的主要目的是用存储器,以数据库的形式将采集与预处理后的数据存储起来,并进行管理和调用。重点解决结构化、半结构化和非结构化数据的管理与处理技术。

4. 大数据分析与挖掘技术

大数据分析是指改进已有的数据挖掘和机器学习技术,开发出新型数据挖掘技术(如图挖掘、网络挖掘等)来对海量数据进行分析。数据挖掘就是从海量、不完整、有噪声、模糊、随机的现实数据中,提取隐含在其中、事先未知但又具有潜在价值的信息和知识的过程。大数据分析与挖掘主要是从可视化分析、数据挖掘算法、预测性分析、语义引擎、数据质量管理等方面,对杂乱无章的数据进行抽取、提炼和分析的过程。

7.4 物 联 网

7.4.1 物联网的概念

1. 物联网的定义

物联网(Internet of Things,IoT)即"万物相连的互联网",其起源于传媒领域,是一个基于互联网、传统电信网等的信息承载体,是信息科技产业的第三次革命。物联网是指通过信息传感设备、射频识别技术、全球定位系统、红外感应器、激光扫描器等各种信息传感设备,按照约定的协议,把任何物品与互联网结合起来,形成一个巨大的网络,实现在任何时间、任何地点人、机、物的互联互通,以实现智能化感知、识别、定位、跟踪和管理等功能的一种网络。

2. 物联网的基本特征

物联网一般具有全面感知、可靠传递、智能处理和综合应用这四大特征。

（1）全面感知

全面感知是指利用信息传感器、射频识别、二维码、条形码和定位器等手段随时随地采集和获取物体的信息，实现数据采集的多样化、多点化、多维化和网络化。

（2）可靠传递

物联网的基础和核心是互联网，其是在互联网基础上延伸和拓展的一种网络。可靠传输是指通过各种接入网络与互联网的融合，建立物联网内物体间的广泛互联互通，形成"网中网"的形态，将物体的信息实时、可靠、准确地传输。

（3）智能处理

智能处理是指利用云计算、模糊识别和数据融合等各种智能计算技术，对海量数据和信息进行分析和处理以及对物体实施智能化的控制。

（4）综合应用

综合应用是根据各个行业、各种业务的具体特点，形成各种单独的业务应用，或者整个行业及系统的建设应用方案。

3. 物联网的分类

物联网的分类标准有很多种，按照服务范围分类可以分为私有物联网、公有物联网、社区物联网和混合物联网。

（1）私有物联网（Private IoT）

私有物联网一般指只向单一机构内部提供服务的网络，多数用于机构内部的内网，少数用于机构外部。

（2）公有物联网（Public IoT）

公有物联网是指以互联网为载体向公众或大型用户群体提供服务的网络。

（3）社区物联网（Community IoT）

社区物联网是指向特定关联的"社区"或机构群体提供服务，如公安局、学校、交通局、食品监督局、环保局、城管局等。

（4）混合物联网（Hybrid IoT）

混合物联网是指将上述两种或者两种以上的物联网组合起来，其后台有统一的运营维护实体。

7.4.2 物联网的关键技术

物联网涉及的技术很多，其中关键技术主要包括射频识别技术、传感器技术、无线网络技术、人工智能技术和云计算技术。

1. 射频识别技术

射频识别（RFID）技术相当于物联网的"嘴巴"，是物联网中"让物体开口说话"的一种通信技术，通过无线数据通信网络识别特定目标并读写相关数据。射频识别技术主要的表现形式是 RFID 标签，它具有抗干扰性强、识别速度快、安全性高、数据容量大等优点。

2. 传感器技术

传感器技术相当于物联网的"耳朵"，在物联网中传感器主要负责接收物体"说话"的内容。

3. 无线网络技术

物联网中物体与物体进行无障碍地交流,离不开高速、可进行大批量数据传输的无线网络,且无线网络的速度决定了设备连接的速度和稳定性。

4. 人工智能技术

人工智能是研究、开发用于模拟、延伸和扩展人的智能的理论、方法、技术及应用系统的一门新的技术,与物联网是密不可分的灵魂伴侣。人工智能相当于物联网的"大脑",其主要将物体"说话"的内容进行分析,从而使物体实现智能化。

5. 云计算技术

云计算相当于物联网的"大脑",物联网的发展离不开云计算技术的支持。云计算提供动态的、可伸缩的、虚拟化的、资源的计算模式,可实现对海量数据的存储和计算,具有非常强大的计算能力。

7.4.3 物联网的应用领域

物联网的应用领域非常广泛,涉及各行各业,大致集中在智慧城市、智能交通、智能家居、智能医疗、智能农业等领域。

1. 智慧城市

智慧城市是指利用以移动技术为代表的物联网、云计算等新一代信息技术,以及社交网络、全媒体融合等通信技术感测、分析、整合城市运行核心系统的各项关键信息,从而对民生、环保、公共安全、城市服务、工商业活动等的各种需求做出智能响应,为人类创造更美好的城市生活。

2. 智慧交通

智慧交通系统是将以物联网、云计算为代表的电子传感技术、信息技术、数据通信传输技术、数据处理技术、控制技术、计算技术和物联网技术等有效地集成,并应用于整个交通系统中,建立起能够在更大的时空范围内、全方面发挥作用、实时、准确、高效的综合交通体系。具体应用在自动汽车驾驶、智能公交车、共享单车、共享电动汽车、车联网、充电桩监测、智慧停车等方面。

3. 智能家居

智能家居是指通过物联网技术将与家居生活相关的各种设备(如安防系统、网络家电、空调控制、照明系统等)连接起来,构建高效的住宅设施与家庭日程事务管理系统,让家居生活更舒适、更方便、更安全、更智能化。

4. 智能医疗

智能医疗是指利用先进的物联网技术,通过将以人为本的数据,如病史、药物治疗和过敏症、实验室检测结果、个人统计数据和年龄等许多其他因素进行数字化集成,打造健康档案区域医疗信息平台,实现患者与医务人员、医疗机构、医疗设备之间的互动,逐步实现智能信息化,大大提高了医疗服务的质量和有效性。

5. 智能农业

智慧农业是通过部署各种无线传感器,实时地采集智慧农场现场的环境温湿度、光照、土壤水分、土壤肥力、二氧化碳等信息,利用无线通信网络实现农业生产环境的智能感知、智能预警、智能决策、智能分析和专家在线指导,为农业生产提供精准化种植、可视化管理和智能化决策。

7.5 虚拟现实技术和增强现实技术

7.5.1 VR概述

虚拟现实(Virtual Reality,VR)技术也称灵境技术或人工环境,其采用计算机图形技术、计算机仿真技术、人工智能技术、传感技术、显示技术、网络并行处理技术等生成逼真的视觉、听觉、触觉、味觉等一体化的虚拟环境,用户借助一些特殊的输入/输出设备,采用自然的方式与虚拟世界中的物体进行交互、互相影响,从而使人和计算机很好地"融为一体",给人一种"身临其境"的感受和体验。

VR技术是一种新的高科技技术,具有沉浸性、交互性、多感知性、构想性和自主性等特征,且大致可以分成4种类型:桌面虚拟现实、沉浸式虚拟现实、增强式虚拟现实和分布式虚拟现实。

近年来,随着计算机技术、人机交互技术、计算机图形技术、计算机仿真技术、人工智能、传感技术、显示技术等各种技术的快速发展与深度融合,VR技术正在逐步渗透到各个应用领域,涉及教育、医疗、航天、通信、艺术与娱乐、建筑和商业等各个领域。

7.5.2 VR的发展历程

VR演变发展史大体上可以分为4个阶段:

1. 虚拟现实技术的萌芽阶段(1963年以前)

1935年,美国科幻小说家斯坦利·温鲍姆(Stanley G.Weinbaum)在他写的小说中首次构想了以眼镜为基础,涉及视觉、触觉、嗅觉等全方位沉浸式体验的虚拟现实概念,被认为是首次提出虚拟现实(VR)这一概念。

2. 虚拟现实技术的探索阶段(1963—1972年)

1968年,美国计算机图形学之父、著名计算机科学家Ivan Sutherland研制成功了带跟踪的头盔式立体显示器,是虚拟现实技术发展史上一个重要的里程碑。不过由于当时硬件技术限制导致显示器相当沉重,根本无法独立穿戴,必须在天花板上搭建支撑杆,否则无法正常使用。但该显示器的诞生,标志着头戴式虚拟现实设备与头部位置追踪系统的诞生,为虚拟现实技术的基本思想产生和理论发展奠定了基础,Ivan Sutherland也因此被称为虚拟现实之父。

3. 虚拟现实技术概念和理论产生的初步阶段(1972—1990年)

这一时期主要有两个比较典型的虚拟现实系统:VIDEOPLACE和VIEW。M. W. Krueger设计的VIDEOPLACE系统,可以产生一个虚拟图形环境,使体验者的图像投影能实时地响应自己的活动;M. MGreevy领导完成的VIEW系统,是让体验者穿戴数据手套和头部跟踪器,通过语言、手势等交互方式,形成虚拟现实的系统。

4. 虚拟现实技术理论的完善和应用阶段(1990年至今)

在这一阶段虚拟现实技术从研究型阶段转向应用型阶段,广泛应用到科研、航空、医学、军事等人类生活的各个领域中。

7.5.3 VR 的关键技术

虚拟现实的关键技术主要包括：

1. 动态环境建模技术

动态环境建模技术包括实际环境三维数据获取方法、非接触式视觉技术等。虚拟环境的建立是 VR 系统的核心内容，目的是获取实际环境的三维数据，并根据应用的需要建立相应的虚拟环境模型。

2. 实时三维图形生成技术

三维图形生成技术目前比较成熟，利用计算机模型生成图形并不困难，但关键是要求实时产生。

3. 立体显示和传感技术

VR 的交互能力依赖于立体显示和传感器技术的发展，现有的设备不能满足需要。立体显示和传感技术包括头盔式三维立体显示器、数据手套、力学和触觉传感器技术的研究，力学和触觉传感器技术的研究需进一步深入，VR 设备的跟踪精度和跟踪范围也有待提高。

4. 应用系统开发工具

VR 应用的关键是寻找合适的场合和对象，即如何发挥想象力和创造力。选择适当的应用对象可以大幅度地提高生产效率，减轻劳动强度，提高产品质量。为此，必须研究 VR 的开发工具，如 VR 系统开发平台、分布式 VR 技术等。

5. 系统集成技术

VR 系统中包括大量的感知信息和模型，故系统集成技术是虚拟环境中的重中之重。该技术包括信息同步、模型标定、数据转换、数据管理、语音识别与合成等技术。

7.5.4 AR 概述

增强现实（Augmented Reality，AR）是在虚拟现实的基础上发展起来的新兴技术，是一种实时地计算摄影机影像的位置及角度并加上相应图像、视频、3D 模型的技术，是一种将真实世界信息和虚拟世界信息"无缝"集成的新技术，技术的目标是在屏幕上把虚拟世界套用在现实世界并进行互动。除了看清楚自己的世界，还可以亲身体验别人的世界，这就是 AR 技术带来的冲击效果之一。这种技术最早于 1990 年被提出。随着随身电子产品运算能力的提升，AR 的用途将会越来越广，在医疗、军事、零售、教育、建筑、导航、古籍复原和数字化文化遗产保护、工业维修、网络视频通信、电视传播、娱乐与艺术、游戏、旅游和展览、市政规划等领域具有广泛的应用。

7.5.5 AR 的技术特征

AR 技术一般具有虚实结合、实时交互和三维注册三个技术特征。

1. 虚实结合

虚实结合，即真实世界和虚拟世界的信息集成，是指将虚拟信息同真实场景进行融合。目前，AR 系统实现虚实融合显示的主要设备一般分为：头盔显示式、手持显示式以及投影显示式等。按照实现原理大致分为光学透视、视频透视和光场投射三种。光学透视和视屏透视已经分别应用在 AR 头盔和手机上了,光场投射则相对前沿,实现难度很高但预期的最终效果更好。

2. 实时交互

实时交互是指为了让用户更方便地操控 AR 设备,除了传统的输入设备之外,手势、语音甚至眼球追踪都能用于 AR 设备的交互。目前,AR 系统中的交互方式主要有三大类:外接设备、特定标志以及徒手交互。

3. 三维注册

三维注册是指在三维尺度空间中增添定位虚拟物体,让 AR 设备了解现实场景中关键物体的位置并对位置的变化进行跟踪,确定所需要叠加的虚拟信息在投影平面中的位置,并将这些虚拟信息实时显示在屏幕中的正确位置,完成三维注册。三维注册技术是实现移动增强现实应用的基础技术,也是决定移动增强现实应用系统性能优劣的关键。因此,三维注册技术一直是移动增强现实系统研究的重点和难点。

7.6 区 块 链

7.6.1 区块链概述

区块链(Blockchain)起源于比特币。2008 年 11 月 1 日由中本聪(Satoshi Nakamoto)发表在比特币论坛中的论文 Bitcoin: A Peer-to-Peer Electronic Cash System 首次提出了比特币的概念,但目前关于区块链的定义仍没有普遍一致的定义。

维基百科将区块链定义为:区块链是一个分布式的账本,区块链网络系统去中心地维护着一条不停增长的有序的数据区块,每一个数据区块内都有一个时间戳和一个指针,指向上一个区块,一旦数据上链之后便不能更改。

中国区块链技术与产业发展论坛给的定义为:区块链是分布式数据存储、点对点传输、共识机制、加密算法等计算机技术的新型应用模式。

数据中心联盟对区块链的定义为:区块链是一种由多方共同维护,使用密码学保证传输和访问安全,能够实现数据一致存储、无法篡改、无法抵赖的技术体系。

随着比特币的热炒,区块链逐渐被大家所熟知,并广泛应用于许多领域,如医疗、物流、游戏、汽车行业、社交、金融、数字资产、跨境支付、保险、公共服务、游戏、版权保护、体育、政务等领域。

7.6.2 区块链的基本特征

区块链具有以下特征:

1. 去中心化

去中心化是区块链最突出最本质的特征。在区块链中没有中心化的硬件或机构,任何参与者都是一个节点,任意节点的权限都是相等的。

2. 开放性

区块链系统是开放的,除了对交易各方的私有信息进行加密,区块链数据对所有人公开。任何人都能通过公开的接口,对区块链数据进行查询,并能开发相关应用。因此,整个系统的信息高度透明。

3. 独立性

区块链采用基于协商一致的规范和协议,使系统中的所有节点都能去信任的环境中自由安全地验证和交换数据,让对"人"的信任改成对机器的信任,任何人为的干预都无法发挥作用。

4. 防篡改性

任何人要修改区块链里面的信息,必须要攻击全部数据节点中51%的节点才能修改网络数据,但这个难度非常非常大,这使区块链本身变得相对安全,避免了主观人为的数据变更。

5. 匿名性

由于区块链的技术解决了信任问题,所有节点能够在"去信任"的环境下自动运行,因此各区块节点的身份信息不需要公开或验证,信息可以匿名传递。

7.6.3 区块链的核心技术

1. 分布式账本

分布式账本是指交易记账由分布在不同地方的多个节点共同记录账本数据,而且参与的节点各自都有独立的、完整的账本数据,人人可以参与,并具有相同的权利。分布式账本本质上是一个分布式数据库,在区块链中起到了数据储存的作用。

与传统的分布式存储的区别在于:①区块链的每个节点都按照块链式结构存储完整的数据,而传统分布式存储一般是将数据按照一定的规则分成多份进行存储;②区块链的每个节点存储都是独立的、地位等同的,依靠共识机制保证存储的一致性,而传统分布式存储一般是通过中心节点往其他备份节点同步数据。

2. 共识机制

为了保证节点愿意主动去记账,区块链形成了一个重要的共识机制,这种共识机制也被称为区块链的灵魂。共识机制是指定义共识过程的算法、协议和规则,具有"少数服从多数"和"人人平等"的特点。目前,区块链提出了四种不同的共识机制,即工作量证明(PoW)、权益证明机制(PoS)、委托权益证明机制(DPoS)和分布式一致性算法。

3. 密码学

在区块链中,交易信息是公开的,但信息的传播是按照公钥、私钥这种非对称数字加密技术实现的,而公钥和私钥的形成都经过散列算法和椭圆曲线算法等多重转换而成的,字符都比较长和复杂,因此比较安全。

4. 智能合约

智能合约的概念由 Nick Szabo 于 1995 年首次提出,是一种旨在以信息化方式传播、验证或执行合同的计算机协议,是一套以数字形式定义的承诺,包括合约参与方可以在上面执行这些承诺的协议。合约的参与双方规定合约,将达成的协议提前安装到区块链系统中,合约开始执行后,不能修改。智能合约可以解决日常生活中常见的违约问题。

7.6.4 区块链网络的类型

区块链网络大致可以分为公有区块链、私有区块链、许可区块链和联盟区块链。

1. 公有区块链

公有区块链(Public Blockchains)是最早的区块链,也是应用最广泛的区块链,它是指任何人都可以加入和参与的区块链,例如比特币。但公有区块链需要大量计算能力,交易的隐私性极低甚至没有,安全性较弱。

2. 私有区块链

私有区块链(Private Blockchains)是一个去中心化的点对点网络,仅仅使用区块链的总账技术进行记账,整个网络可以是个人,也可以是一个公司,控制允许谁参与网络、执行共识协议和维护共享分类账。

3. 许可区块链

建立私有区块链的企业通常将建立一个许可区块链网络。值得注意的是,公有区块链网络也可以设置权限限制。这就带来了网络参与限制,并且只能适用于某些交易。参与者需要获得邀请或许可才能加入。

4. 联盟区块链

联盟区块链又称为行业区块链(Consortium Blockchains),是指由某个群体内部指定多个预选的节点为记账人,每个块的生成由所有的预选节点共同决定,其他接入节点可以参与交易,但不过问记账过程,其他任何人可以通过该区块链开放的 API 进行限定查询,多个组织可以分担维护区块链的责任。

7.7 5G 技 术

7.7.1 5G 概述

自 20 世纪 80 年代移动通信诞生以来,经过了 40 多年的爆发式增长,已经成为连接人类社会的基础信息网络。第五代移动通信技术,简称 5G 或 5G 技术,是基于 4G、3G 和 2G 系统的延伸,也是最新一代蜂窝移动通信技术。5G 的性能目标是提高数据传输速率、减少延迟、节省能源、降低成本、提高系统容量和设备连接规模。目前,5G 已成为全球各国竞相发展的最大热点问题之一。

7.7.2 5G 的基本特点

5G 具有高速度、泛在网、低功耗、低时延、万物互联和重构安全这六大基本特点。

1. 高速度

高速度是 5G 区别于 4G 最显著的特点,会对相关业务产生巨大影响,也会带来新的商业机会。5G 网络速度大大提升,用户体验与感受将会有较大提高,网络才能面对 VR/超高清业务时不受限制,对网络速度要求很高的业务才能被广泛推广和使用。高速度的 5G 网络意味着用户可以每秒钟下载一部高清电影,也可能支持 VR 视频。

2. 泛在网

随着业务的大力发展,对 5G 网络提出了更高的要求,网络业务需要无所不包,广泛存在。只有这样才能支撑日趋丰富的业务和复杂的场景。

泛在网有广泛覆盖和纵深覆盖两个层面的含义。广泛覆盖是指我们人类社会生活的各个地方都需要被覆盖到。比如,高山峡谷,以前不一定有网络覆盖,但到了 5G 时代,这些地方需要有网络覆盖。通过覆盖 5G 网络,可以大量部署传感器,进行环境、空气质量、地貌变化甚至地震的监测,将非常有价值。纵深覆盖是指虽然已经有网络部署,但需要进入更高品质的深度覆盖。5G 的到来,可使以前网络品质不好的卫生间、地下停车场等都能用很好的 5G 网络广泛覆盖。一定程度上,泛在网比高速度还重要,泛在网才是 5G 体验的一个根本保证。

3. 低功耗

5G 要支持大规模物联网应用,就必须考虑功耗的要求。近年来,可穿戴产品取得了一定的发展,但也遇到了很多瓶颈,最困难的是体验较差。例如,谷歌眼镜由于功耗太高,导致不能大规模使用,用户体验太差;智能手表,甚至几个小时就需要充电,导致用户体验太差。未来,所有物联网产品都需要通信与能源,虽然通信可以通过多种手段实现,但是能源的供应只能靠电池。通信过程若消耗大量的能量,就很难让物联网产品被用户广泛接受。如果能把功耗降下来,让大部分物联网产品一周或一个月充一次电,将能大大改善用户体验,促进物联网产品的快速普及。目前,低功耗主要采用美国高通等主导的 eMTC 和华为主导的 NB-IoT 这两种技术手段来实现。

4. 低时延

5G 的一个新场景是无人驾驶、工业自动化的高可靠连接。人与人之间进行信息交流,140ms 的时延是可以接受的,但是如果这个时延用于无人驾驶、工业自动化就很难满足要求。5G 对于时延的最低要求是 1ms,甚至更低,这个要求非常苛刻,但却是必须的。

5. 万物互联

传统通信中,终端是非常有限的。在固定电话时代,电话是以人群为定义的,例如一个家庭一部电话,一个办公室一部电话。在手机时代,终端数量呈井喷式增长,手机是按个人应用来定义的。而在 5G 时代,终端不是按人来定义,因为每个人可能拥有数个终端,每个家庭可能拥有数个终端。此外,智能产品层出不穷,通过网络互相关联,形成真正的智能物联网世界。以后的人类社会,人们不再有上网的概念,联网将成为一种常态。

6. 重构安全

传统的互联网要解决的是信息速度、无障碍的传输,自由、开放、共享是互联网的基本精神,但是在 5G 基础上建立的是智能互联网,功能更为多元化,除了传统互联网的基本功能,还要建立起一个社会和生活的新机制与新体系。为此,智能互联网的基本精神也变成了安全、管理、高效和方便,而安全是 5G 时代智能互联网的首要要求。在 5G 的网络构建中,在底层就应该解决安全问题。从网络建设之初,就应该加入安全机制,信息应该加密,网络并不应该是开放的,对于特殊的服务需要建立起专门的安全机制。随着 5G 的大规模部署,将会出现更多的安全问题,世界各国应就安全问题形成新的机制,建立起全新的安全体系。

7.7.3 5G 的关键技术

5G 的技术创新,主要来源于无线传输、无线接入和网络三个方面。关键技术大致分为无线传输技术、无线接入技术和网络技术三类。

1. 无线传输技术

(1) 大规模 MIMO

2010 年底,贝尔实验室的 Thomas 在《无线通信》中提出了 5G 中的大规模多天线的概念。大规模多天线是一种多入多出(Multiple-Input Multiple-Output,MIMO)的通信系统,MIMO 技术是目前无线通信领域的一个重要的创新研究项目,通过在基站和终端侧智能地使用多根天线,发射或接收更多的信号空间流,能显著提高信道容量;通过智能波束成型,将射频的能量集中在一个方向上,可提高信号的覆盖范围。大规模 MIMO(Massive MIMO)就是采用更大规模数量的天线,目前 5G 主要采用 64×64 MIMO。大规模 MIMO 可提升大幅无线容量和覆盖范围,但面临信道估计准确性(尤其是高速移动场景)、多终端同步、功耗和信号处理的计算复杂性等挑战。

(2)毫米波

由于频率越高,能传输的信息量越大,能体验到的网速也更快。5G 技术正首次将频率大于 24 GHz 以上频段(通常称为毫米波)应用于移动宽带通信。大量可用的高频段频谱可提供极致的数据传输速率和容量,但使用毫米波频段传输更容易造成路径受阻与损耗。通常情况下,毫米波频段传输的信号甚至无法穿透墙体,且还面临着波形和能量消耗等问题。

(3)同时同频全双工

同时同频全双工技术也称为全双工技术,被认为是 5G 的关键空中接口技术之一,是一项通过多重干扰消除实现信息同时同频双向传输的物理层技术。利用该技术,能够在相同频率同时收发电磁波信号,与现在广泛应用的频分双工(FDD)和时分双工(TDD)相比,频谱效率有望提升一倍。同时同频全双工技术能够突破 FDD 和 TDD 方式的频谱资源使用限制,使得频谱资源的使用更加灵活。然而,全双工技术需要具备极高的干扰消除能力,这对干扰消除技术提出了极大的挑战,同时还存在相邻小区同频干扰问题。在多天线及组网场景下,全双工通信技术的应用难度更大。

(4)D2D

设备到设备通信(Device-to-Device,D2D)技术是 5G 中的关键技术之一,是指数据传输不通过基站,而是允许一个移动终端设备与另一个移动终端设备直接通信,拓展网络连接和接入方式。由于短距离直接通信,信道质量高,D2D 具有潜在的减轻基站压力、提升系统网络性能、降低端到端的传输时延和提高频效率的潜力。目前,D2D 采用广播、组播和单播技术方案,未来将发展其增强技术,包括基于 D2D 的中继技术、多天线技术和联合编码技术等。

(5)信道编码技术

5G 信道需要抗干扰能力强、能量利用率高、系统延迟低和频谱利用率高的编码方式,低密度奇偶校验(Low Density Parity Check,LDPC)码和极化(Polar)码是 5G 信道编码的关键候选码。LDPC 码有很好的抗干扰能力,但编译码复杂。极化码是一种前向纠错的编码方式,通过信道极化处理使各子信道的可靠性呈现不同趋势。极化码具有较低的编译码复杂度,但不如 LDPC 码的频带利用率高,且仅在码长较长时能够接近香农极限。因此,信道编码方式的选用还需综合两种编码方式在不同码长的各自优势来确定。

2. 无线接入技术

多址接入技术是现代通信系统的关键特征,5G 除了支持传统的正交频分多址(Orthogonal Frequency Division Multiple Access,OFDMA)技术外,还将支持稀疏码分多址(Sparse Code Multiple Access,SCMA)接入、非正交多址(Non-Orthogonal Multiple Access,NOMA)接入、图样分割多址(Pattern Division Multiple Access,PDMA)接入、多用户共享(Multi-User Shared Access,MUSA)接入等多种新型多址技术。

3. 网络技术

（1）网络功能虚拟化

网络功能虚拟化(Network Functions Virtualization，NFV)是通过 IT 虚拟化技术将网络功能软件化，并运行于通用硬件设备之上，以替代传统专用网络硬件设备。NFV 将网络功能以虚拟机的形式运行于通用硬件设备或白盒之上，以实现配置灵活性、可扩展性和移动性，并以此希望降低网络资本性支出（Capital Expenditures，CAPEX）和运营成本（Operational Expenditures，OPEX）。NFV 要虚拟化的网络设备主要有：交换机、路由器等。

（2）软件定义网络

软件定义网络(Software Defined Network，SDN)是一种将网络基础设施层与控制层分离的网络设计方案，可实现集中管理，提升了设计灵活性，还可引入开源工具，具备降低CAPEX、OPEX 以及激发创新的优势。

（3）网络切片

只有实现 NFV 和 SDN 后，才能实现网络切片。基于 NFV 和 SDN，将网络资源虚拟化，对不同用户、不同业务打包提供资源，优化端到端服务体验，具备更好的安全隔离特性。

（4）多接入边缘计算

多接入边缘计算(Multi-Access Edge Computing，MEC)是位于网络边缘的、基于云的IT 计算和存储环境。在网络边缘提供电信级的运算和存储资源，业务处理本地化，从而降低网络时延，可更好提供低时延、高宽带应用。

7.8 本章小结

本章主要讲述了一些计算机新技术，分别介绍了人工智能、云计算、大数据、物联网、VR和 AR、区块链、5G 等计算机新技术的基本概念和相关知识。

习 题

1. 单项选择题

（1）（　　）年在达特茅斯学院举行了历史上第一次人工智能研讨会，约翰·麦卡锡首次提出了"人工智能"这个概念。

    A. 1950   B. 1956   C. 1960   D. 1965

（2）（　　）是人工智能的一个重要分支，专门研究计算机怎样模拟或实现人类的学习行为。

    A. 机器学习   B. 模式识别

    C. 数据挖掘   D. 自然语言处理

（3）云计算是对（　　）技术的发展与运用。

    A. 分布式计算   B. 并行计算   C. 网格计算   D. 以上都是

（4）云计算按服务类型进行分类，下列中不包含的项是（　　）。

    A. 基础设施即服务 B. 硬件即服务   C. 平台即服务   D. 软件即服务

(5) 下面不属于云计算特点的是(　　　)。

    A. 超大规模　　　　B. 按需服务　　　　C. 共享　　　　D. 虚拟化

(6) 下面不属于大数据特征的是(　　　)。

    A. 数据体量大　　　B. 数据结构复杂　　C. 数据类型多　　D. 处理速度快

(7) 以下不是物联网特征的是(　　　)。

    A. 虚拟化　　　　　B. 全面感知　　　　C. 可靠传递　　　D. 智能处理

(8) AR 技术特征包括(　　　)。

    A. 虚实结合　　　　B. 实时交互　　　　C. 三维注册　　　D. 以上都是

(9) (　　　)是区块链最早的一个应用,也是最成功的一个大规模应用。

    A. 以太坊　　　　　B. 比特币　　　　　C. Rscoin　　　　D. 联盟链

(10) 5G 是指(　　　)。

    A. 5G 智能手机　　　　　　　　　　B. 5G 智能电视

    C. 第五代移动通信技术　　　　　　　D. 5G 网络

2. 填空题

(1) 人工智能主要分为弱人工智能、_____和超人工智能。

(2) 云计算按网络结构分类可以分为私有云、_____、社区云、混合云、行业云和移动云。

(3) 强化学习主要包括四个元素:智能体、_____、行动和奖励,其目的是最大化长期累积奖励。

(4) _____即"万物相连的互联网",是一个基于互联网、传统电信网等的信息承载体。

(5) 虚拟现实大致可以分为桌面虚拟现实、沉浸式虚拟现实、增强式虚拟现实和_____。

3. 判断题

(1) 虚拟化技术是云计算最重要的核心技术之一。　　　　　　　　　　(　　　)

(2) 云计算不可以像水、电、煤气和电话那样按照使用量进行计费。　　(　　　)

(3) 物联网是信息科技产业的第三次革命。　　　　　　　　　　　　　(　　　)

(4) 物联网的基础和核心是互联网,其是在互联网基础上延伸和拓展的一种网络。

                                               (　　　)

(5) 从架构上来说,区块链是冗余度很小的一个架构。　　　　　　　　(　　　)

4. 简答题

(1) 简述人工智能的应用领域。

(2) 简述区块链的基本特征。

(3) 简述 5G 的关键技术。

第8章 计算思维与算法基础

计算思维是解决问题的一种思考方式,算法是对计算思维的具体设计。为了能用计算思维和计算机求解实际问题,人们需要学会算法。本章首先介绍计算思维,然后介绍算法的一些基本知识,最后介绍 6 种经典的算法:递归、分治法、动态规划、贪心法、回溯法和分支限界法。

8.1 计 算 思 维

8.1.1 计算思维概述

计算思维(Computational Thinking)是美国卡内基·梅隆大学(Carnegie Mellon University,CMU)计算机科学系主任周以真(Jeannette M.Wing)教授于 2006 年 3 月在美国计算机权威期刊 *Communications of the ACM* 杂志上首次提出并定义的。周以真教授认为:计算思维是运用计算机科学的基础概念进行问题求解、系统设计以及人类行为理解等涵盖计算机科学之广度的一系列思维活动。计算思维不是数学计算能力,也不是运用计算机的能力,它是运用计算机科学的基础概念、思想和方法去求解问题、设计系统和理解人类行为时的思维活动,这种思维是人的思维而不是计算机的思维,是人用计算思维来控制计算机设备,主要涉及如何在计算机中表示问题、如何让计算机通过执行有效的算法过程来求解问题,其本质是抽象和自动化。

8.1.2 计算思维的核心要素

计算思维包括分解、模式识别、抽象和算法设计这四个核心要素,如图 8-1 所示。

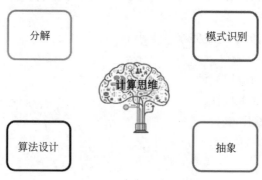

图 8-1 计算思维的核心要素

1. 分解

将数据、流程或者问题分解成许多更小、更易处理的几个部分,这些小的部分更容易理解,让问题更容易解决。

2. 模式识别

观察数据,从中寻找问题的模式、趋势和规律。

3. 抽象

只关注重要信息,忽略不必要的细节过程,确定产生这些模式、趋势和规律的一般原理,得到一个可应用于更普遍情况的公式的这个过程就是抽象。

4. 算法设计

算法是解决问题的方法和步骤,而算法设计是找到解决这类问题或相似问题的方法和步骤等的详细说明。

8.1.3 计算思维的基本特征

计算思维的基本原则是既要充分利用计算机的计算和存储能力,又不能超出计算机的能力范围,其基本特征有:

1. 概念化而不是程序化

计算机科学不是计算机编程。像计算机科学家那样去思维意味着远远不止能为计算机编程。它要求能够在抽象的多个层次上思维。

2. 根本性技能而不是机械性技能

根本性技能是每一个人为了在现代社会中发挥职能所必须掌握的。生搬硬套的机械性技能意味着机械的重复。具有讽刺意味的是,只有当计算机科学解决了人工智能的宏伟挑战,使计算机像人类一样思考之后,思维才会变成机械的生搬硬套。

3. 是人的而不是计算机的思维方式

计算思维是人类求解问题的(而不是计算机)的一种思维方式,但绝非试图使人类像计算机一样思考。计算机枯燥且沉闷,人类聪颖且富有想象力。人类赋予计算机以激情,配置了计算设备,我们就能用自己的智慧去解决那些计算时代之前不敢尝试的问题,就能建造那些其功能仅仅受制于我们想象力的系统,实现"只有想不到,没有做不到"的境界。

4. 数学和工程思维的互补与融合

计算机科学在本质上源自数学思维,因为像所有的科学一样,它的形式化基础建筑于数学之上。计算机科学又从本质上源自工程思维,因为我们建造的是能够与实际世界互动的系统。基本计算设备的限制迫使计算机学家必须计算性地思考,不能只是数学性地思考。构建虚拟世界的自由使我们能够设计超越物理世界的各种系统。

5. 是思想而不是人造物

不只是人们生产的软件、硬件等人造物将以物理形式到处呈现并时时刻刻触及人们的生活,更重要的是还将有人们用以接近和求解问题、管理日常生活、与他人交流和互动的计算性概念。而且,面向所有的人、所有地方。当计算思维真正融入人类活动的整体以至于不再是一种显式之哲学的时候,它就将成为现实。

8.2　算　　法

8.2.1　算法概述

1. 算法的定义

算法(Algorithm)是指计算机求解特定问题的方法和步骤,是指令的有限序列。通常一个问题可以有多种算法,一个给定算法解决一个特定的问题。

2. 算法的特性

算法是若干指令的有穷序列,算法的特性主要包括有穷性、确定性、可行性、输入和输出。

(1) 有穷性(Finiteness)

算法中每条指令总是能够对任何合法的输入在执行有穷步骤之后一定能结束,且每条指令都可以在有穷时间内完成。

(2) 确定性(Definiteness)

对于每种情况下所应执行的操作,在算法中都有清晰、明确、无歧义的规定,使算法的执行者或阅读者都能明确其含义及执行方式。此外,在任何条件下,算法都只有一条唯一的执行路径,对于相同的输入只能得出相同的结果。

(3) 可行性(Effectiveness)

可行性也称为有效性,是指算法中执行的任何操作都是可以被分解为基本的、能执行有穷步后结束的运算。

(4) 输入(Input)

一个算法有零个或多个输入,以刻画操作对象的初始情况。

(5) 输出(Output)

一个算法有一个或多个输出,它是一组与"输入"有确定关系的量值,以反映对输入信息加工后的结果。

3. 衡量一个算法好坏的标准

通常设计一个算法后,可以从正确性、可读性、健壮性、高效率和低存储空间这 4 个方面来衡量一个算法的性能好坏。

(1) 正确性

首先,算法应当满足以特定的"规格说明"方式给出的需求。其次,对算法是否"正确"的理解可以有四个层次:一是程序中不含语法错误;二是程序对于几组输入数据能够得出满足要求的结果;三是程序对于精心选择的、典型的、苛刻且带有刁难性的几组输入数据能够得出满足要求的结果;四是程序对于一切合法的输入数据都能得出满足要求的结果。通常以第三层意义的正确性作为衡量算法是否合格的标准。

(2) 可读性

算法主要是为了人的阅读与交流,其次才是为计算机执行,因此算法应该思路清晰、层次分明、易于人的阅读和理解;另一方面,晦涩难读的程序易于隐藏较多错误而难以调试。可读性好的算法,不仅有助于调试程序、发现问题和解决问题,而且也有助于软件功能的维护和扩展。

（3）健壮性

健壮性是指算法对于非法输入的处理能力。当输入非法数据时，算法应当恰当地作出反应或进行相应处理，而不是产生一些莫名奇妙的输出结果。并且，处理出错的方法不应是中断程序的执行，而应是返回一个表示错误或错误性质的值，以便在更高的抽象层次上进行处理。

（4）高效率和低存储空间

效率指的是算法执行时间，存储空间指的是算法执行过程中所需的最大存储空间，效率和存储空间都与问题的规模有关。对于一个算法，人们总是希望效率高，存储空间小，但有时候这是矛盾的。

4. 算法的复杂性分析

算法的复杂性分为时间复杂度和空间复杂度。

（1）时间复杂度（Time Complexity）

时间复杂度的全称是渐进时间复杂度（Asymptotic Time Complexity），它表示算法的执行时间与问题规模之间的增长关系。分析算法复杂度的目的是当解决一个问题有多个算法时，选择执行时间最短的算法；当求解的问题有相应的时间要求时，分析算法的执行时间，看该算法是否满足时间要求。

（2）空间复杂度（Space Complexity）

空间复杂度的全称是渐进空间复杂度（Asymptotic Space Complexity），它表示算法的存储空间与问题规模之间的增长关系。

接下来将介绍几种经典的算法：递归、分治法、动态规划、贪心法、回溯法以及分支限界法。

8.2.2　递　归

1. 递归的定义

递归（Recursion）是指在函数的定义中使用函数自身的方法。递归包含直接递归和间接递归。

- 直接递归。函数在执行过程中调用自身。
- 间接递归。函数在执行过程中调用其他函数，再经过这些函数调用自身。

2. 递归的特性

- 必须有可最终达到的终止条件，否则程序将会陷入死循环。
- 子问题在规模上比原问题小，或者更接近终止条件。
- 子问题可通过再次递归调用求解或者因满足终止条件而直接求解。
- 子问题的解应能组合为整个问题的解。

3. 递归的三大步骤

- 明确函数要做什么。
- 明确递归的终止条件。
- 找到函数的等价关系式。

4. 递归的两个要素

- 递归的边界条件。

• 递归的逻辑——递归方程。

边界条件与递归方程是递归函数的两个要素，递归函数只有具备了这两个要素，才能在有限次计算后得出结果。

5. 递归的应用举例

【例 8-1】 求和函数

令 $f(n)=1+2+3+\cdots+n$ 表示求和函数，其可以递归地定义为：

$$f(n)=\begin{cases}1 & n=1 \\ n+f(n-1) & n\geqslant 2\end{cases} \tag{8-1}$$

式中，当 $n=1$ 时，$f(1)=1$ 为边界条件；当 $n\geqslant 2$ 时，$f(n)=n+f(n-1)$ 为递归方程。

当 $n=5$ 时，其求解过程如图 8-2 所示，主要包括递去和归来两个过程。

(1) 递去

要求 $f(5)$，可求 $5+f(4)$；要求 $f(4)$，可求 $4+f(3)$；要求 $f(3)$，可求 $3+f(2)$；要求 $f(2)$，可求 $2+f(1)$。

(2) 归来

根据边界条件 $f(1)=1$，可得 $f(2)=3$；根据 $f(2)=3$，可得 $f(3)=6$；根据 $f(3)=6$，可得 $f(4)=10$；根据 $f(4)=10$，最后求得 $f(5)=15$。

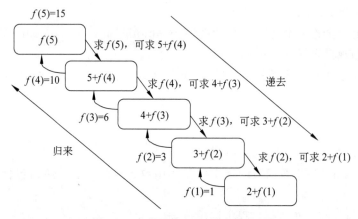

图 8-2 求和函数 $f(5)$ 的求解过程

求和函数的伪代码描述如下：

算法 8-1 求和函数 $f(n)$

输入：整数 n

输出：$1+2+\cdots+n$ 的值

```
1. if n==1 then return 1;
2. else return n+f(n-1);
```

8.2.3 分治法

1. 分治法的定义

分治法是把一个复杂的问题分成两个或多个相同或相似的子问题，如果子问题的规模仍然不够小，则再把子问题分成更小的子问题，如此递归进行下去，直到最后子问题的规模足够小,可以简单求出其解为止。然后将求出的小规模子问题的解合并为一个更大规模问题的解,自底向上逐步求解,原问题的解即子问题的解的合并。

2. 分治法的基本思想

将一个难以直接解决的大问题,分割成一些规模较小的相同子问题,以便各个击破,分而治之。

3. 分治法的适用条件

分治法能解决的问题一般具有如下特征:

(1) 该问题的规模缩小到一定程度就可以轻松解决。

(2) 该问题可以分解为若干个规模较小的相同问题,即该问题具有最优子结构性质。

(3) 利用该问题分解出的子问题的解可以合并为该问题的解。

(4) 该问题所分解出的各个子问题是相互独立的,即子问题之间不包含公共的子问题。

特征(1)是绝大多数问题可以满足的,问题的复杂性一般与问题的规模有关,其随着问题规模的增加而增加;特征(2)是应用分治法解决问题的前提条件,它是大多数问题可以满足的,其反映了递归思想的应用;特征(3)是关键,其决定了问题能否利用分治法进行求解;特征(4)关系到分治法的效率,如果各个子问题是不独立的,则分治法要做许多不必要的工作,重复解决公共的子问题,此时虽然可用分治法,但效率不高。

4. 分治法的基本步骤

(1) 分解(Divide):将原问题分解为若干个规模较小、相互独立且与原问题性质相同的子问题。

(2) 解决(Conquer):若子问题规模较小可以容易地解决,则直接解,否则递归地解各个子问题。

(3) 合并(Combine):将各个子问题的解合并为原问题的解。

5. 分治法的应用举例

【例 8-2】 归并排序

归并排序(Merge Sort)的基本思想是将待排序列分成大小大致相同的 2 个子序列,分别对 2 个子序列进行排序,最终将排好序的子序列归并成为所要求的排好序的序列,其完全遵循分治法三个基本步骤:

(1) 分解:将要排序的 n 个元素的序列从中间分解成 2 个子序列;

(2) 解决:使用归并排序分别递归地排序两个子序列;

(3) 合并:合并两个已排序的子序列,产生原问题的解。

接下来以一组无序序列{20,10,4,35,60,7,8,28}为例,分解过程如图 8-3 所示。

首先将一个无序序列从中间分解成 2 部分,再把 2 部分分解成 4 部分,依次分解下去,直到分解成一个一个的数据,然后把这些数据两两归并到一起,使之有序,不停地归并,最后得到一个排好序的序列。

归并排序的伪代码描述如下:

算法 8-2 mergeSort(* a, * b, s, t)

输入:数组 a,数组 b,s 和 t 分别为数组 a 的首元素和尾元素的下标

输出:从 a[s]到 a[t]按照递增顺序排好序的数组 a

1. if s<t then

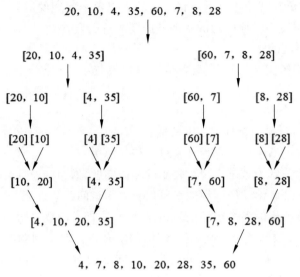

20，10，4，35，60，7，8，28

[20，10，4，35]　　　　　　[60，7，8，28]

[20，10]　　[4，35]　　　　[60，7]　　[8，28]

[20] [10]　　[4] [35]　　　　[60] [7]　　[8] [28]

[10，20]　　[4，35]　　　　[7，60]　　[8，28]

[4，10，20，35]　　　　　　[7，8，28，60]

4，7，8，10，20，28，35，60

图 8-3　采用归并排序对无序序列{20,10,4,35,60,7,8,28}进行排序

2.	mid←(s +t) / 2;	//将 a[s,t]平分为 a[s,mid]和 a[mid+1,t]
3.	mergeSort(a,b,s,mid);	//归并排序前半个子序列
4.	mergeSort(a,b,mid+1,t);	//归并排序后半个子序列
5.	merge(a,b,s,mid,t);	//归并两个已排序的子序列
6.	copy(a,b,s,t);	//将 b 复制给 a

　　算法 mergeSort 第 2 行是将数组 a 平分为 a[s,mid]和 a[mid＋1,t]。第 3 行和第 4 行分别归并 a 的前半部分和后半部分。第 5 行将两个已排好序的子序列进行归并。第 6 行是将按照递增顺序排好序的数组 b 复制给数组 a。

算法 8-3　merge(a，b，s，mid，t)

输入:数组 a,数组 b,s 和 t 分别为数组 a 的首元素和尾元素的下标
输出:两个已排好序的子序列 a[s...mid]和 a[mid+1...t]进行归并后的数组 b

1. i←s;
2. j←mid+1;
3. k←s;
4. while (i <=mid && j <=t) do
5. 　　if a[i] <=a[j] then　　　　　　//取 a[i]和 a[j]中较小者放入 b[k]
6. 　　　　b[k++]←a[i++];
7. 　　else
8. 　　　　b[k++]←a[j++];
9. if i>mid then
10. 　　for (q=j; q<=t; q++) do
11. 　　　　b[k++]←a[q];
12. else
13. 　　for (q=i; q<=mid; q++) do
14. 　　　　b[k++]←a[q];

算法 8-4 copy(a，b，s，t)

输入:数组 a,数组 b,s 和 t 分别为数组 a 的首元素和尾元素的下标

输出:数组 a

```
1.  for (i=s;i<=t;i++) do
2.      a[i]←b[i];
```

【例 8-3】 快递排序

快速排序(Quick Sort)的基本思想是从待排无序序列中选择其中一个数据作为枢轴,凡小于枢轴的数据均移动至枢轴的前面,反之,凡大于枢轴的数据均移动至枢轴的后面,致使一趟排序之后,待排无序序列被分割成无序序列 1、枢轴和无序序列 2 这三个部分。之后分别对无序序列 1 和无序序列 2 这两个子序列"递归"进行快速排序,最终将排好序的子序列归并成为所要求的排好序的序列,其完全遵循分治法三个基本步骤:

(1)分解:选择其中一个数据作为枢轴,将要排序的无序序列分解成三个部分,即无序序列 1、枢轴和无序序列 2;

(2)解决:使用快速排序分别递归地排序无序序列 1 和无序序列 2;

(3)合并:合并两个已排序的子序列,产生原问题的解。

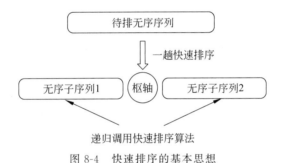

图 8-4 快速排序的基本思想

快速排序的伪代码描述如下:

算法 8-5 quickSort(R，first，end)

输入:数组 R,first 和 end 分别为数组 R 的首元素和尾元素的下标

输出:从 R[first]到 R[end]按照递增顺序排好序的数组 R

```
1.  if first < end then
2.      q←partition(R,first,end);        //q是枢轴在序列中的位置
3.      quickSort(R,first,q-1);          //递归地对子序列1进行快速排序
4.      quickSort(R,q+1,end);            //递归地对子序列2进行快速排序
```

算法 8-6 partition(R，low，high)

输入:数组 R,low 和 high 分别为数组 R 的首元素和尾元素的下标

输出:按照枢轴将数组 R 划分后枢轴所在的位置

```
1.  R[0]←R[low];                              //枢轴
2.  while low < high do
3.      while (low < high && R[0]<R[high]) do      //从后往前扫描
4.          high--;
```

```
5.              R[low ]←R[high];
6.          while (low <high && R[0]>R[low]) do              //从前往后扫描
7.              low++;
8.              R[high]←R[low];
9.   R[low]←R[0];
10.  return low;
```

接下来以一组无序序列 $R[1:8]=\{20,10,4,35,60,7,8,28\}$ 为例(见图 8-5),假设枢轴 $R[0]=20$,low$=1$,high$=8$。

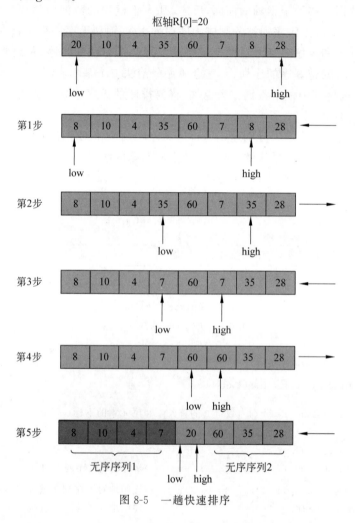

图 8-5　一趟快速排序

第 1 步:从后往前扫描,如果扫描到的值大于枢轴,则让 high 减 1;如果发现扫描到的值小于枢轴,如图 8-5 中 8＜20,则将 high 位置的值赋值给 low 位置的值;

第 2 步:从前往后扫描,如果扫描到的值小于枢轴,则让 low 加 1;如果发现扫描到的值大于枢轴,如图 8-5 中 35＞20,则将 low 位置的值赋值给 high 位置的值;

第 3 步:从后往前扫描,如果扫描到的值大于枢轴,则让 high 减 1;如果发现扫描到的值小于枢轴,如图 8-5 中 7＜20,则将 high 位置的值赋值给 low 位置的值;

第 4 步:从前往后扫描,如果扫描到的值小于枢轴,则让 low 加 1;如果发现扫描到的值

大于枢轴,如图 8-5 中 60>20,则将 low 位置的值赋值给 high 位置的值;

第 5 步:从后往前扫描,如果扫描到的值大于枢轴,则让 high 减 1;如果 high 和 low 指向同一个位置,则循环结束,将枢轴赋值给 low(或 high)所指向的位置。

这样经过一趟快速排序后,将无序序列分成三个部分,即无序序列 1、枢轴和无序序列 2,然后递归地对无序序列 1 和无序序列 2 进行快速排序,最后将结果进行合并即可得到按要求排好序的序列。

【例 8-4】 棋盘覆盖

在一个 $2^k \times 2^k$ 个方格组成的棋盘中,恰有一个方格与其他方格不同,称该方格为特殊方格,且称该棋盘为特殊棋盘。

在棋盘覆盖问题中,要用图 8-6 所示的 4 种不同形态的 L 型骨牌覆盖给定的特殊棋盘上除特殊方格以外的所有方格,且任何 2 个 L 型骨牌不得重叠覆盖。在一个 $2^k \times 2^k$ 个方格组成的特殊棋盘中,需要 $(4^k-1)/3$ 个 L 型骨牌才能全部覆盖该棋盘。

图 8-6 4 种不同形态的 L 型骨牌

可以采用分治法进行求解,将棋盘分成相等的 4 个子棋盘,其中特殊方格位于 4 个子棋盘中的一个,然后构造剩下没特殊方格的 3 个子棋盘,将这 3 个没有特殊方格的子棋盘也假设一个方格设为特殊方格,具体操作如下:

(1)若左上角的子棋盘不存在特殊方格,则将该子棋盘右下角的那个方格假设为特殊方格;

(2)若右上角的子棋盘不存在特殊方格,则将该子棋盘左下角的那个方格假设为特殊方格;

(3)若左下角的子棋盘不存在特殊方格,则将该子棋盘右上角的那个方格假设为特殊方格;

(4)若右下角的子棋盘不存在特殊方格,则将该子棋盘左上角的那个方格假设为特殊方格。

当然(1)~(4)四种情况只可能且必定只有 3 个成立,那 3 个假设的特殊方格刚好构成一个 L 型骨架,可以给它们作上相同的标记。这样原问题就被转化为 4 个规模较小的棋盘覆盖问题,递归地使用这种方法进行分割,直到棋盘最终为 1×1 的棋盘。

对于 $2^k \times 2^k$ 的棋盘,有 4^k 种不同的特殊棋盘。当 $k=2$ 时,有 16 种特殊棋盘。假设其中的一种特殊棋盘如图 8-7 所示。

棋盘覆盖过程如图 8-8 所示,将 $2^2 \times 2^2$ 的特殊棋盘划分成 4 个子棋盘,特殊方格位于左上角的子棋盘中(图 8-8(b));右上角的子棋盘没有特殊方格,则假设特殊方格位于该子棋盘的左下角(图 8-8(c));左下角的子棋盘没有特殊方格,则假设特殊方格位于该子棋盘的右上角(图 8-8(d));右下角的子棋盘没有特殊方

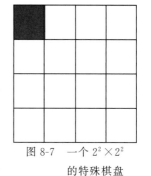

图 8-7 一个 $2^2 \times 2^2$ 的特殊棋盘

格,则假设特殊方格位于该子棋盘的左上角(图 8-8(e));最后覆盖后的结果如图 8-8(f)所示。

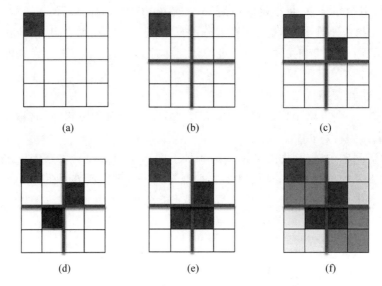

图 8-8　一个 $2^2 \times 2^2$ 的特殊棋盘用 L 型骨牌进行覆盖的过程

棋盘覆盖问题的伪代码描述如下:

算法 8-7　chessBoard(r，c，x，y，size)

输入:左上角的坐标 r 和 c,特殊方格的位置 x 和 y,棋盘的大小 size
输出:棋盘数组 chess

```
1.  if size ==1 then return;
2.  temp←1;
3.  len←size;
4.  d←temp++;                                      //L 型骨牌号
5.  halfsize←size/2;                               //分割棋盘
6.  if ((x<r+halfsize)&&(y<c+halfsize)) then       //特殊方格在左上角
7.      chessBoard(r,c,x,y,halfsize);
8.  else //特殊方格不在此部分时,把它的右下角设为特殊方格,以同样的分治法处理
9.      chess[r+halfsize-1][c+halfsize-1]←d;
10.     chessBoard(r,c,r+halfsize-1,c+halfsize-1,halfsize);
11. if ((x<r+halfsize)&&(y>=c+halfsize)) then      //特殊方格在右上角
12.     chessBoard(r,c+halfsize,x,y,halfsize);
13. else //特殊方格不在此部分时,把它的左下角设为特殊方格,以同样的分治法处理
14.     chess[r+halfsize-1][c+halfsize]←d;
15.     chessBoard(r,c+halfsize, r+halfsize-1,c+halfsize,halfsize);
16. if ((x>=r+halfsize)&&(y<c+halfsize)) then      //特殊点在左下角部分
17.     chessBoard(r+halfsize,c,x,y,halfsize);
18. else//特殊方格不在此部分时,把它的右上角设为特殊方格,以同样的分治法处理
19.     chess[r+halfsize][c+halfsize-1]←d;
20.     chessBoard(r+halfsize,c,r+halfsize,c+halfsize-1,halfsize);
```

```
21. if ((x >=r+halfsize)&&(y >=c+halfsize)) then      //特殊点在右下角部分
22.     chessBoard(r+halfsize,c+halfsize,x,y,halfsize);
23. else //特殊方格不在此部分时,把它的左上角设为特殊方格,以同样的分治法处理
24.     chess[r+halfsize][c+halfsize]←d;
25.     chessBoard(r+halfsize,c+halfsize,r+halfsize,c+halfsize,halfsize);
```

【例 8-5】 循环赛日程表

设有 $n=2^k$ 个选手要进行网球循环赛,要求设计一个满足以下要求的比赛日程表:

(1) 每个选手必须与其他的 $n-1$ 个选手各比赛一次;

(2) 每个选手每天只能比赛一次;

(3) 循环赛共进行 $n-1$ 天。

假设 n 个选手被顺序编号为 $1,2,\cdots,n$,按照这些要求可将循环赛日程表设计成 n 行 n 列的表,其中第 i 行第 1 列表示选手的编号 i,第 i 行第 j 列$(j\geqslant2)$表示第 i 个选手在第 $j-1$ 天所遇到的对手。

采用分治法,将所有的选手分为两半,则 $n=2^k$ 个选手要进行循环赛日程表可以通过 $n/2$ 个选手的循环赛日程表来决定,然后递归地采用这种策略对选手继续进行划分,直到只剩下两个选手时,只要让这两个选手进行比赛就可以了,这时循环赛日程表就可以制定出来了。

当 $k=1$ 时,选手个数 $n=2$,循环赛日程表的制定过程如图 8-9 所示。

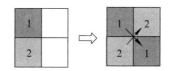

图 8-9　$n=2$ 时循环赛日程表的制定过程

当 $k=2$ 时,选手个数 $n=4$,根据 $n=2$ 时的循环赛日程表,$n=4$ 时的循环赛日程表的制定过程如图 8-10 所示。

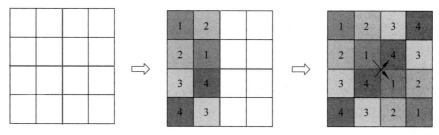

图 8-10　$n=4$ 时循环赛日程表的制定过程

循环赛日程安排的伪代码描述如下:

算法 8-8　gameTable(* a, n)

输入:选手个数 n

输出:循环赛日程表 a

```
1.  if n==1 then
2.      a[1][1]←1;
```

```
3.       return;
4.  gameTable(a, n/2);                              //分割循环赛日程表
5.  copyTable(a,n);                                 //复制循环赛日程表
```

算法 8-9　copyTable(* a，n)

输入：选手个数 n
输出：循环赛日程表 a

```
1.  m←n/2;
2.  for (i=1; i<=m; i++) do
3.      for(j=1; j<=m;j++) do
4.          a[i][j+m]←a[i][j]+m;
5.          a[i+m][j]←a[i][j+m];
6.          a[i+m][j+m]←a[i][j];
```

8.2.4　动态规划

1. 动态规划的定义

动态规划(Dynamic Programming，DP)是运筹学的一种最优化方法，是求解决策过程中最优化的数学方法。20 世纪 50 年代初，美国数学家贝尔曼(Richard Bellman)等人在研究多阶段+决策过程的优化问题时，提出了著名的最优化原理，从而创立了动态规划。

2. 动态规划算法的基本思想

动态规划算法通常用于求解具有某种最优性质的问题，这类问题可能会有许多可行解，每个解都对应一个值，目的是找到具有最优值的解。动态规划算法的基本思想与分治法类似，也是把一个复杂的问题分成若干个子问题，但分解得到的子问题往往不是相互独立的，先求解子问题，然后根据这些子问题的解得到原问题的解；若子问题有较多的重复出现，则可以自底向上从最终子问题向原问题逐步求解。

3. 动态规划算法的使用条件

能采用动态规划求解的问题一般具有两个性质。

(1) 最优子结构性质

如果问题的最优解所包含的子问题的解也是最优的，就称该问题具有最优子结构性质，即满足最优化原理。

(2) 重叠子问题

子问题之间不是相互独立的，在问题的求解过程中，许多子问题的解将被多次使用。该性质并不是动态规划适用的必要条件，但是如果没有这条性质，动态规划算法同其他算法相比就不具备优势。

4. 动态规划算法的设计步骤

(1) 分析最优解的结构：找出最优解的性质，并描述其结构特征。

(2) 建立递推关系：递归地定义最优值。

(3) 计算最优解：以自底向上的方式计算出最优值。

(4) 构造最优解：根据计算最优值时得到的信息，构造最优解。

5. 动态规划算法的特点

(1) 把原始问题划分成一系列子问题。

（2）每个子问题仅求解一次,并将其结果保存在一个表中,以后用到时直接存取,不重复计算,节省计算时间。

（3）自底向上地计算。

（4）问题最优解取决于子问题的最优解。

6. 动态规划的应用举例

【例 8-6】 0-1 背包问题

（1）问题描述

给定 n 种物品和 1 个背包,物品 i $(1 \leqslant i \leqslant n)$ 的重量是 w_i,其价值为 v_i,背包的容量为 c。要求在不超过背包容量的情况下,使得装入背包中物品的总价值最大。

0-1 背包问题指的是每个物品只能装入一次,且要么全部装入要么不装入。

（2）形式化描述

给定背包的容量 $c > 0, w_i > 0, v_i > 0, 1 \leqslant i \leqslant n$,要求寻找一 n 元向量 $(x_1, x_2, \cdots, x_n)$,$x_i \in \{0,1\}$,使得 $\sum\limits_{i=1}^{n} w_i x_i \leqslant c$ 且 $\sum\limits_{i=1}^{n} v_i x_i$ 达到最大。

因此,0-1 背包问题是一个特殊的整数规划问题。

$$
\max \sum_{i=1}^{n} v_i x_i
$$

$$
s.t. \quad \sum_{i=1}^{n} w_i x_i \leqslant c \tag{8-2}
$$

$$
x_i \in \{0,1\}, 1 \leqslant i \leqslant n
$$

（3）最优子结构性质

设 $(\bar{x}_1, \bar{x}_2, \cdots, \bar{x}_n)$ 是 0-1 背包问题的一个最优解,则可以证明 $(\bar{x}_2, \cdots, \bar{x}_n)$ 是如下子问题的一个最优解。

$$
\max \sum_{i=2}^{n} v_i x_i
$$

$$
s.t. \quad \sum_{i=2}^{n} w_i x_i \leqslant c - w_1 \bar{x}_1 \tag{8-3}
$$

$$
x_i \in \{0,1\}, 2 \leqslant i \leqslant n
$$

因此,0-1 背包问题具有最优子结构性质。

（4）递推关系

设 $F(i,j)$ 表示背包容量为 j,可选择物品为 $i, i+1, \cdots, n$ 时 0-1 背包问题的最优值,即如下所给 0-1 背包问题的子问题的最优值。

$$
\max \sum_{k=i}^{n} v_k x_k
$$

$$
s.t. \quad \sum_{k=i}^{n} w_k x_k \leqslant j \tag{8-4}
$$

$$
x_k \in \{0,1\}, i \leqslant k \leqslant n
$$

根据 0-1 背包问题的最优子结构性质,$F(i,j)$ 的递推公式如下:

① 边界情况

$$F(n,j)=\begin{cases}v_n & j\geqslant w_n\\0 & 0\leqslant j<w_n\end{cases} \tag{8-5}$$

如果背包的容量 $j\geqslant w_n$，第 n 个物品可以装入背包，产生的价值为 v_n；否则，第 n 个物品不可以装入背包，产生的价值为 0。

② 非边界情况

$$F(i,j)=\begin{cases}\max(F(i+1,j-w_i)+v_i,F(i+1,j)) & j\geqslant w_i\\F(i+1,j) & 0\leqslant j<w_i\end{cases} \tag{8-6}$$

如果第 i 个物品可以装入背包，则分别计算物品 i 装入背包和不装入背包这两种情形对应的价值：

- 装入，调整背包容量为 $j-w_i$，背包当前产生的价值为 $F(i+1,j-w_i)+v_i$；
- 不装入，背包当前产生的价值仍为 $F(i+1,j)$；

然后比较装入和不装入背包所对应的价值，选择价值更大的方式。

(5) 计算最优解

根据式(8-5)和式(8-6)可以计算出 $F(i,j)$，$1\leqslant i\leqslant n$，$0\leqslant j\leqslant c$。最后，背包的最大价值为 $F(1,c)$。

(6) 构造最优解

当求出背包的最大价值之后，还需要知道哪些物品被装入了背包，哪些物品没有被装入背包。根据式(8-6)可知，若当前背包的容量 j 大于物品 i 的重量 w_i，则需比较装入和不装入背包所对应的价值，选择价值更大的方式。如果物品 i 装入背包所对应的价值要小于不装入背包所对应的价值，则 $F(i,j)=F(i+1,j)$，相应的解 $x_i=0$；否则 $x_i=1$。因此，x_i 的递推公式如下：

① 当 $i=n$ 时，

$$x_n=\begin{cases}1 & F(n,c)>0\\0 & 其他\end{cases} \tag{8-7}$$

当 $F(n,c)>0$ 时，说明第 n 个物体被选中了，故 $x_i=1$；否则 $x_i=0$。

② 当 $1\leqslant i<n$ 时，设当前背包的容量为 j，

$$x_i=\begin{cases}0 & F(i,j)=F(i+1,j)\\1 & 其他\end{cases} \tag{8-8}$$

当 $F(i,j)=F(i+1,j)$ 时，说明第 i 个物体没有被选中，故 $x_i=1$；否则 $x_i=0$。

(7) 实例

假设物品个数 $n=5$，背包的容量 $c=10$，物品的重量 $w=(w_1,w_2,w_3,w_4,w_5)=(2,2,6,5,4)$，物品的价值 $v=(v_1,v_2,v_3,v_4,v_5)=(6,3,5,4,7)$，如何选择放入背包的物品使得背包的价值最大？

设 $F(i,j)$ 表示把第 $i,\cdots,n$ 物品装入容量为 j 的背包的最大价值，其初始计算如表8-1所示。

表 8-1　背包的初始价值计算表

i \ j	0	1	2	3	4	5	6	7	8	9	10
1											
2											
3											
4											
5											

① 处理边界情况。

根据式(8-5)可得，

$$F(5,j) = \begin{cases} 7 & j \geqslant 4 \\ 0 & 0 \leqslant j < 4 \end{cases} \tag{8-9}$$

则价值计算如表 8-2 所示。

表 8-2　处理边界情况后背包的价值计算表

i \ j	0	1	2	3	4	5	6	7	8	9	10
1											
2											
3											
4											
5	0	0	0	0	7	7	7	7	7	7	7

② 处理非边界情况。

根据式(8-6)逐一对价值计算表中的第 1~4 行计算相应的价值。最终的价值计算表如表 8-3 所示。

表 8-3　背包的价值计算表

i \ j	0	1	2	3	4	5	6	7	8	9	10
1	0	0	6	6	9	9	13	13	16	16	16
2	0	0	3	3	7	7	10	10	10	11	12
3	0	0	0	0	7	7	7	7	7	11	12
4	0	0	0	0	7	7	7	7	7	11	11
5	0	0	0	0	7	7	7	7	7	7	7

背包的最大价值为 $F(1,10)=16$。

接下来需要求出哪些物品被装入了背包,哪些物品没有被装入背包。

当 $i=n=5$ 时,此时背包的容量为 10,将 $F(5,10)=7$ 代入式(8-7)可得 $x_5=1$。

当 $i=4$ 时,当前背包的容量为 $10-1*w_5=10-4=6$,将 $F(4,6)=7$ 和 $F(5,6)=7$ 代入式(8-8)可得 $x_4=0$。

当 $i=3$ 时,当前背包的容量为 $10-1*w_5-0*w_4=10-4-0=6$,将 $F(3,6)=7$ 和 $F(4,6)=7$ 代入式(8-8)可得 $x_3=0$。

当 $i=2$ 时,当前背包的容量为 $10-1*w_5-0*w_4-0*w_3=10-4-0-0=6$,将 $F(2,6)=10$ 和 $F(3,6)=7$ 代入式(8-8)可得 $x_2=1$。

当 $i=1$ 时,当前背包的容量为 $10-1*w_5-0*w_4-0*w_3-1*w_2=10-4-0-0-2=4$,将 $F(1,4)=9$ 和 $F(2,4)=7$ 代入式(8-8)可得 $x_1=1$。

最后,解向量 $x=\{1,1,0,0,1\}$,即物品 1、物品 2、物品 5 被装入背包中。

因此,当选择将物品 1、物品 2、物品 5 装入背包时,可使得背包的价值最大,最大价值为 16。

(8) 算法描述

0-1 背包问题的伪代码描述如下:

算法 8-10 knapSack(n，＊w，＊v，c)

输入:物品个数 n,n 个物品的重量数组 w,n 个物品的价值数组 v,背包容量 c
输出:价值矩阵 F,F 矩阵的横坐标表示背包号,纵坐标表示背包容量 0 到 c,值表示当前的价值

```
1.  jMax←min(w[n]-1,c);
2.  for(j=0;j<=jMax;j++)                              //处理边界情况
3.      F[n][j]←0;
4.  for(j=w[n];j<=c;j++)                              //处理边界情况
5.      F[n][j]←v[n];
6.  for (i=n-1;i>=1;i--) do                           //处理非边界情况
7.      jMax←min(w[i]-1,c);
8.      for (j=0;j<=jMax;j++) do                      //无法装下(重量不允许)
9.          F[i][j]←F[i+1][j];
10.     for (j=w[i];j<=c;j++) do                      //可以装下(重量允许)
11.         F[i][j]←max(F[i+1][j], F[i+1][j-w[i]]+v[i]); //选择价值更大的方式
```

算法 8-11 knapSack_x(n，＊w，＊x，c)

输入:物品个数 n,n 个物品的重量数组 w,背包容量 c
输出:解向量 x

```
1.  for (i=1;i<n;i++) do
2.      if F[i][c]==F[i+1][c] then
3.          x[i]←0;                                   //未装入
4.      else
5.          x[i]←1;                                   //装入
6.          c←c-w[i];
7.  x[n]←(F[n][c]>0)?1:0;
```

【例 8-7】 图像压缩问题

1. 问题描述

图像在计算机存储的是图像中一个一个像素的灰度值,可以用像素点灰度值序列 $\{g_1,$

$g_2, \cdots, g_n$表示图像,其中整数g_i($1 \leqslant i \leqslant n$)表示像素点$i$的灰度值。通常灰度值的范围是$0 \sim 255$。因此,最多需要8位表示一个像素。

图像压缩的原理就是对像素点灰度值序列$\{g_1, g_2, \cdots, g_n\}$设置断点,将其分割成一段一段的,使得最后所需的存储空间最小。分段的过程就是要找出断点,让一段里面的像素的最大灰度值比较小,那么这一段像素(比如本来需要8位)就可以用较少的位(比如3位)来表示,从而减少存储空间。

假设将像素点灰度值序列$\{g_1, g_2, \cdots, g_n\}$分割成$m$($0 \leqslant m \leqslant n$)个连续段$S_1, S_2, \cdots, S_m$。$l[i]$($1 \leqslant i \leqslant m$)表示$S_i$中的像素点个数,$l[1]+l[2]+\cdots+l[m]=n$。$b[i]$表示每段一个像素点需要的最少存储空间(少于等于8位才有意义)。

如果限定$0 \leqslant l[i] \leqslant 255$,则需要8位($\lceil log(255) \rceil$)来表示$l[i]$。而$b[i] \leqslant 8$,需要3位表示$b[i]$。因此,段头包括$l[i]$的二进制表示(8位)和$b[i]$的二进制表示(3位),共需要11位,第$i$个像素段所需的存储空间为$l[i] \times b[i]+11$位,总共需要$\sum_{i=1}^{m}(l[i] \times b[i]+11)$位的存储空间。

图像压缩问题就是要确定像素点灰度值序列$\{g_1, g_2, \cdots, g_n\}$的最优分段,使得依此分段所需的存储空间最小。

2. 问题求解

(1) 最优子结构性质

如果$l[i], b[i]$($1 \leqslant i \leqslant m$)是$\{g_1, g_2, \cdots, g_n\}$的一个最优分段。显然,$l[1], b[1]$是$\{g_1, g_2, \cdots, g_{l[1]}\}$的一个最优分段,且$l[i], b[i]$($2 \leqslant i \leqslant m$)是$\{g_{l[1]+1}, \cdots, g_n\}$的一个最优分段。因此,图像压缩问题满足最优子结构性质。

(2) 递推关系

设优化函数$s[i]$表示灰度值序列$\{g_1, g_2, \cdots, g_i\}$的最优分段所需存储位数,$1 \leqslant i \leqslant n$。由最优子结构性质可得:

$$s[i] = \min_{1 \leqslant j \leqslant \min(i, 256)}(s[i-j]+j \times b\max(i-j+1, i))+11 \qquad (8\text{-}10)$$

式中,$b\max(i-j+1, i) = \lceil log(\max_{i-j+1 \leqslant k \leqslant i} g_k+1) \rceil$,$s[0]=0$。如图8-11所示。

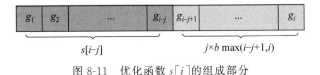

图 8-11 优化函数$s[i]$的组成部分

3. 实例

设像素点灰度值序列为$\{3, 5, 7, 198, 1, 1\}$,则:

$$s[1] = \min_{1 \leqslant j \leqslant \min(1, 256)}(s[1-j]+j \times b\max(1-j+1, 1))+11$$
$$= s[0]+b\max(1, 1)+11$$
$$= 0+2+11$$
$$= 13$$

计算思维与算法基础

$$s[2] = \min_{1 \leqslant j \leqslant \min(2,256)} (s[2-j] + j \times b\max(2-j+1,2)) + 11$$

$$= \min((s[1] + b\max(2,2)),(s[0] + 2 \times b\max(1,2))) + 11$$

$$= \min(13+3,0+2\times3) + 11$$

$$= (0 + 2\times3) + 11$$

$$= 17$$

$$s[3] = \min_{1 \leqslant j \leqslant \min(3,256)} (s[3-j] + j \times b\max(3-j+1,3)) + 11$$

$$= \min((s[2] + b\max(3,3)),(s[1] + 2 \times b\max(2,3)),(s[0] + 3 \times b\max(1,3))) + 11$$

$$= \min(17+3,13+2\times3,0+3\times3) + 11$$

$$= (0 + 3\times3) + 11$$

$$= 20$$

$$s[4] = \min_{1 \leqslant j \leqslant \min(4,256)} (s[4-j] + j \times b\max(4-j+1,4)) + 11$$

$$= \min((s[3] + b\max(4,4)),(s[2] + 2 \times b\max(3,4)),(s[1] + 3 \times b\max(2,4)),$$
$$(s[0] + 4 \times b\max(1,4))) + 11$$

$$= \min(20+8,17+2\times8,13+3\times8,0+4\times8) + 11$$

$$= (20 + 8) + 11$$

$$= 39$$

$$s[5] = \min_{1 \leqslant j \leqslant \min(5,256)} (s[5-j] + j \times b\max(5-j+1,5)) + 11$$

$$= \min\begin{pmatrix}(s[4] + b\max(5,5)),(s[3] + 2 \times b\max(4,5)),(s[2] + 3 \times b\max(3,5)),\\ (s[1] + 4 \times b\max(2,5)),(s[0] + 5 \times b\max(1,5))\end{pmatrix} + 11$$

$$= \min(39+1,20+2\times8,17+3\times8,13+4\times8,0+5\times8) + 11$$

$$= (20 + 2\times8) + 11$$

$$= 47$$

$$s[6] = \min_{1 \leqslant j \leqslant \min(6,256)} (s[6-j] + j \times b\max(6-j+1,6)) + 11$$

$$= \min\begin{pmatrix}(s[5] + b\max(6,6)),(s[4] + 2 \times b\max(5,6)),(s[3] + 3 \times b\max(4,6)),\\ (s[2] + 4 \times b\max(3,6)),(s[1] + 5 \times b\max(2,6)),(s[0] + 6 \times b\max(1,6))\end{pmatrix}$$
$$+ 11$$

$$= \min(47+1,39+2\times1,20+3\times8,17+4\times8,13+5\times8,0+6\times8) + 11$$

$$= (39 + 2\times1) + 11$$

$$= 52$$

由于 $s[6] = (s[4] + 2 \times b\max(5,6)) + 11 = 52$，$s[4] = (s[3] + b\max(4,4)) + 11 = 39$，$s[3] = (s[0] + 3 \times b\max(1,3)) + 11 = 20$，故像素段 $S_1 = \{3,5,7\}$，$S_2 = \{198\}$，$S_3 = \{1,1\}$，相应的 $l[1] = 3$，$b[1] = 3$，$l[2] = 1$，$b[2] = 8$，$l[3] = 2$，$b[3] = 1$。存储像素点灰度值序列 $\{3,5,7,198,1,1\}$ 所需的最小存储空间为 $s[6] = 52$。

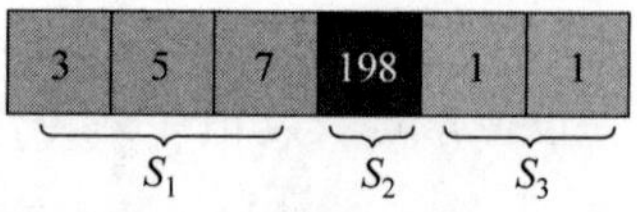

图 8-12　$\{3,5,7,198,1,1\}$ 的最优分段

4. 算法描述

图像压缩问题的伪代码描述如下：

算法 8-12 imageCompress(n，* g)

输入：像素点个数 n,像素点灰度值矩阵 g[1...n]

输出：最小位数 s[n],每段的像素点个数构成的矩阵 l,每段所占空间构成的矩阵 b

```
1.   s[0]←0; Lmax←256; header←11;   //Lmax 表示最大段长,header 表示段头所占空间
2.   for (i=1;i<=n;i++) do
3.       b[i]←length(g[i]);              //length(g[i])函数表示求第 i 个像素点占用的空间
4.       bmax←b[i];
5.       s[i]←s[i-1]+bmax;
6.       l[i]←1;
7.       for (j=2;j<=i&&j<=Lmax;++j) do
8.           if bmax<b[i-j+1] then
9.                bmax←b[i-j+1];
10.          if s[i]>s[i-j]+j * bmax then
11.               s[i]←s[i-j]+j * bmax;
12.               l[i]←j;
13.      s[i]←s[i]+header;
```

8.2.5 贪心法

1. 贪心法的定义

贪心法或贪心算法(Greedy Algorithm),又称为贪婪算法,是指在对问题进行求解时,每一步的选择都是做出从当前来看是最好或最优的选择。可以看出,贪心算法并不从整体最优考虑,它所作出的选择只是在某种意义上的局部最优选择。在对问题进行求解时,当然希望通过贪心算法求解问题所得到的解是整体最优解。虽然贪心算法不能对所有问题进行求解得到的最终结果是整体最优的,但对许多问题它能够产生整体最优解,在有些情况下,即使不能得到整体最优解,但其最终结果却是整体最优解的很好近似。

2. 贪心法的基本要素

采用贪心法求解的问题一般具有两个性质：

（1）贪心选择性质

贪心选择性质是指所需求解的问题的整体最优解可以通过一系列的局部最优的选择（即贪心选择）来达到。贪心法通常采用自顶向下的方法,以迭代的方式做出相继的贪心选择,每做一次贪心选择就将所求问题简化为规模更小的子问题。

（2）最优子结构性质

当一个问题的最优解包含其子问题的最优解时,则称该问题具有最优子结构性质。问题的最优子结构性质是该问题可用贪心算法求解的关键要素。

3. 贪心法的应用举例

【例 8-8】 活动安排问题

1. 问题描述

假设有 n 个活动,每个活动都要求使用同一个资源,比如教室、体育场等,但同一个时

间内只能有一个活动使用该资源。每个活动 $i(1{\leq}i{\leq}n)$ 要求使用该资源的起始时间为 b_i，结束时间为 f_i，且规定活动持续的时间 $f_i-b_i>0$，即 $b_i<f_i$。若安排了活动 i，则它在 $[b_i,f_i]$ 内该资源被占用了。若区间 $[b_i,f_i]$ 与区间 $[b_j,f_j]$ 不相交，即 $b_i{\geq}f_j$ 或 $b_j{\geq}f_i$，则称活动 i 与活动 j 相容。

活动安排问题是指在所给的活动集合中选出最大的相容活动子集合，可以用贪心法有效地求解。该问题要求高效地安排一系列争用某一公共资源的活动。贪心法提供了一个简单、漂亮的方法使得尽可能多的活动能兼容地使用公共资源。

2. 实例

假设待安排的 9 个活动的开始时间和结束时间(按结束时间的非递减排列)如表 8-4 所示：

表 8-4　活动安排问题的一个实例

活动	1	2	3	4	5	6	7	8	9
开始时间	0	2	4	5	9	8	9	10	12
结束时间	3	4	7	8	10	11	13	14	16

由于输入的待安排的活动以其完成时间的非递减排列，所以采用贪心法可以选择具有最早完成时间的相容活动加入已安排的活动集合中，这样可以为未安排活动留下尽可能多的时间，即：使剩余的可安排时间段极大化，进而安排尽可能多的相容活动。

首先，选择活动 1；活动 2 的开始时间小于活动 1 的结束时间，故活动 2 不被选择；活动 3 的开始时间大于活动 1 的结束时间，故活动 3 被选择了；活动 4 的开始时间小于活动 3 的结束时间，故活动 4 不被选择；活动 5 的开始时间大于活动 3 的结束时间，故活动 5 被选择了；活动 6 的开始时间小于活动 5 的结束时间，故活动 6 不被选择；活动 7 的开始时间小于活动 5 的结束时间，故活动 7 不被选择；活动 8 的开始时间等于活动 5 的结束时间，故活动 8 被选择了；活动 9 的开始时间小于活动 8 的结束时间，故活动 9 不被选择。最后，被选择的活动有：活动 1、活动 3、活动 5 和活动 8。

3. 算法描述

活动安排问题的伪代码描述如下：

算法 8-13　activityArrangement(n，＊b，＊f)

输入：活动个数 n，活动的开始时间 b[1...n]，活动的结束时间 f[1...n]
输出：记录活动是否被安排的数组 a

```
1.  sort(b, f, n);              //将 n 个活动按结束时间非递减排序
2.  a[1]←true;                  //第一个活动被安排了
3.  i←1;
4.  for (j =2;j <=n;j++) do
5.      if (b[j] >=f[i]) then   //第 j 个活动的开始时间不小于第 i 个活动的结束时间
6.          a[j]←true;
7.          i←j;
```

8.2.6　回溯法

1. 回溯法的基本概念

回溯法是一种非常有效的方法，有"通用的解题法"之称。它有点像穷举法，但是更带有

系统性和跳跃性,它可以系统性地搜索一个问题的所有解和任一解。回溯法的求解目标是找出解空间树中满足约束条件的所有解。

用回溯法求解问题时,需明确定义问题的解空间。这里的解空间是指所有满足约束条件的解向量组成的空间。例如,对于例 8-6 0-1 背包问题,当物品个数 $n=3$ 时,解空间为:$\{(0,0,0),(0,0,1),(0,1,0),(0,1,1),(1,0,0),(1,0,1),(1,1,0),(1,1,1)\}$。为了使回溯法能够更方便地搜索整个解空间,通常将解空间采用树或图的形式组织起来。解空间树是指用树的形式组织解空间,主要包括子集树和排列树。

(1) 子集树

当所给问题是从 n 个元素的集合中找出满足某种性质的子集时,相应的解空间树称为子集树。例如,当 $n=3$ 时,0-1 背包问题的解空间树是一棵子集树,如图 8-13 所示。

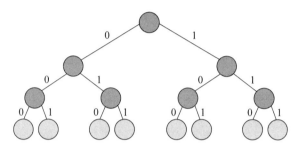

图 8-13　$n=3$ 时 0-1 背包问题的解空间树

(2) 排列树

当所给问题是确定 n 个元素满足某种性质的排列时,相应的解空间树称为排列树。例如,当 $n=3$ 时,对 3 个数进行排列组合构成的解空间$\{(1,2,3),(1,3,2),(2,1,3),(2,3,1),(3,1,2),(3,2,1)\}$所组成的解空间树是一棵排列树,如图 8-14 所示。

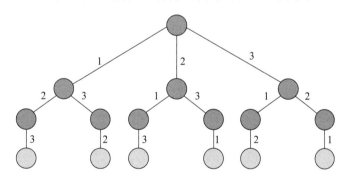

图 8-14　$n=3$ 时 3 个数排列组合构成的排列树

2. 回溯法的基本步骤

回溯法采用的是深度优先策略。对问题进行求解时,先确定问题的解空间树,然后按照深度优先策略搜索。从根结点出发搜索解空间树,搜索至解空间树的任何一个结点的时候,要先判断该结点是否包含问题的解,若不包含,则跳过对以该结点为根的子树的搜索,并逐层向其祖先回溯;否则,进入以该结点为根的子树,继续按照深度优先策略搜索。若只需求解问题的一个解,则只要搜索到问题的一个解就可以结束;若需求解问题的所有解,则要回溯到根,且根结点的所有子树都需要被搜索一遍才结束。

因此,回溯法的基本步骤有:

(1) 针对所给问题,定义问题的解空间(对解进行编码);

(2) 确定易于搜索的解空间结构(按树或图组织解);

(3) 按照深度优先策略搜索解空间树,并在搜索过程中可以采用剪枝函数来避免无效搜索。

回溯法在搜索解空间时采用剪枝函数的目的是为了避免无效搜索,提高回溯法的搜索效率。常用的剪枝函数包括:可行性约束函数和上界函数。

(1) 可行性约束函数。可行性约束函数用来剪去得不到可行解的子树。

(2) 上界函数。上界函数用来剪去得不到最优解的子树。

3. 回溯法的应用举例

【例 8-9】 n 皇后问题

1. 背景介绍

8 皇后问题是一个以国际象棋为背景的问题,最早由国际西洋棋棋手马克斯·贝瑟尔于 1848 年提出,其问题描述为:在 8×8 的国际象棋棋盘上放置 8 个皇后,使得任何一个皇后都无法直接吃掉其他的皇后,即任意两个皇后都不能处于同一行、同一列或同一斜线上,问有多少种摆放方法? 之后陆续有数学家对其进行研究,其中包括弗朗兹·诺克、高斯和康托,并且将其推广为更一般的 n 皇后问题。8 后问题的第一个解是在 1850 年由弗朗兹·诺克给出的。诺克也是首先将问题推广到更一般的 n 皇后摆放问题的人之一。1874 年,S.冈德尔提出了一个通过行列式来求解的方法,这个方法后来又被 J.W.L.格莱舍加以改进。

2. 问题描述

n 皇后问题的描述为:在 $n×n$ 的方格棋盘上,放置 n 个皇后,要求任意两个皇后不能处于同一行、同一列以及同一正反对角线上,问共有多少种可能的布局?

3. 算法设计

对于 (k,l) 位置上的皇后,是否与已放好的皇后 $(i,j)(i+1 \leqslant k \leqslant n)$ 有冲突呢?

(1) 若皇后 (k,l) 与皇后 (i,j) 同列(图 8-15),则 $j=l$。

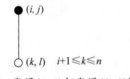

图 8-15　皇后 (i,j) 与皇后 (k,l) 同列

(2) 若皇后 (k,l) 与皇后 (i,j) 在同一正反对角线上(图 8-16),则构成一个等边直角三角形,即 $|i-k|=|j-l|$。

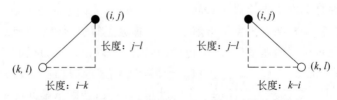

图 8-16　皇后 (i,j) 与皇后 (k,l) 在同一正反对角线上

由(1)和(2)可知,当 $j=l$ 或 $|i-k|=|j-l|$ 时,(k,l) 位置上的皇后与已放好的 (i,j) 位置上的皇后冲突。

4. 实例

分析简单的 4 皇后问题,在 4×4 的方格棋盘上放置 4 个皇后,使得没有两个皇后在同一行、同一列以及同一条正反对角线上,问有多少种可能的布局?

对于 4 皇后问题,为了使皇后不相互攻击,首先考虑每一行只能放一个皇后,设 4 维向量 $x=(x[1],x[2],x[3],x[4])$ 为此问题的解,$x[i]$ 表示在第 i 行第 $x[i]$ 列上放置了一个皇后,例如,$x[1]=2$ 代表在第 1 行第 2 列上放置了一个皇后;然后,考虑在第 $x[k](k\neq i)$ 位上,如何放置皇后才不会出现相互攻击的情况?

4 皇后问题的搜索空间是一棵 4 叉树。

从根结点出发,有四条分支可以走,如图 8-17 所示。

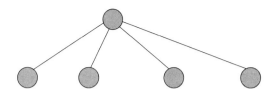

图 8-17　4 皇后问题解空间搜索第一步

(1) 若选择第一条分支,即 $x[1]=1$,为了避免产生冲突,$x[2]\neq1$ 且 $x[2]\neq2$。因此,$x[2]$ 的取值为 3 或 4。若 $x[2]=3$,为了避免产生冲突,$x[3]\neq1$ 且 $x[3]\neq2$ 且 $x[3]\neq3$ 且 $x[3]\neq4$。因此,$x[2]=3$ 这条分支不可行,回溯到上一个结点,这时选择 $x[2]=4$ 这条分支。当 $x[1]=1$ 和 $x[2]=4$ 时,$x[3]\neq1$ 且 $x[3]\neq3$ 且 $x[3]\neq4$。因此,$x[3]=2$。当 $x[1]=1,x[2]=4$ 以及 $x[3]=2$ 时,$x[4]$ 只能取 3,这时会不满足条件。因此,一直回溯,直到回溯到根结点,选择第二条分支。

(2) 若 $x[1]=2$,分析方法与(1)类似。为了避免产生冲突,$x[2]$ 只能等于 4。当 $x[1]=2$,$x[2]=4$ 时,$x[3]$ 只能等于 1,而 $x[4]$ 只能等于 3,此时满足要求,得到 4 皇后问题一个可行解 $x=(2,4,1,3)$。

(3) 若 $x[1]=3$,为了避免产生冲突,$x[2]$ 只能等于 1。当 $x[1]=3,x[2]=1$ 时,$x[3]$ 只能等于 4,而 $x[4]$ 只能等于 2,此时满足要求,得到 4 皇后问题一个可行解 $x=(3,1,4,2)$。

(4) 若 $x[1]=4$,分析方法与(1)类似。为了避免产生冲突,$x[2]$ 的取值为 1 或 2。当 $x[1]=4,x[2]=1$ 时,$x[3]$ 只能等于 3,而 $x[4]$ 只能等于 2,此时不满足要求。当 $x[2]=2$ 时,$x[3]$ 取 1-4 都不满足要求。解空间搜索图如图 8-18 所示。

4 皇后问题的解为 $x=(2,4,1,3)$ 和 $x=(3,1,4,2)$,布局图如图 8-19 所示。

5. 算法描述

n 皇后问题的伪代码描述如下:

算法 8-14　nQueen(n)

输入:皇后个数 n
输出:当前找到的可行方案数 sum
1.　sum←0;
2.　x=new int [n+1];　　　　　　　　　　　　　　　//当前可行解

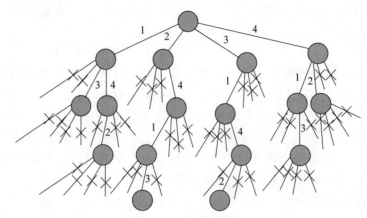

图 8-18　4 后问题解空间搜索图

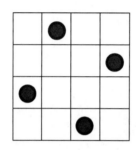 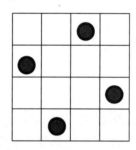

图 8-19　4 皇后问题解的布局图

```
3.  for (i=0;i<=n;i++) do
4.      x[i]←0;
5.      backtrack_queen(1);
```

算法 8-15　backtrack_queen(t)

输入:t

```
1.  if t>n then                       //到达了叶子结点
2.      sum++;                        //记录方案的个数
3.      for (i =1; i <=n; i++) do     //输出当前方案
4.          print(x[i]);              //输出当前方案
5.  else                             //未到达叶子结点
7.      for (i=1;i<=n;i++)
8.          x[t]←i;
9.      if (place(t))                 //place(t)为判断皇后是否能放入 t 列
10.         backtrack(t+1);
```

算法 8-16　place(k)

输入:k

输出:皇后是否能放入 k 列,若能,返回 true,否则,返回 false

```
1.  for (j=1; j<k; j++) do                              //与前 k-1 个皇后的位置比较
2.      if ((abs(j-k)==abs(x[j]-x[k]))||(x[j]==x[k])) then    //同一对角线或同一列
```

```
3.          return false;
4.      else
5.          return true;
```

8.2.7 分支限界法

1. 分支限界法的基本概念

分支限界法常以广度优先或最小耗费(最大效益)优先的方式搜索问题的解空间树(常见的解空间树包括子集树和排序树,详见 8.2.6 节"回溯法"),在搜索问题的解空间树时,每一个活结点只有一次机会成为扩展结点,且一旦成为扩展结点,就一次性产生其所有儿子结点,并舍弃那些导致不可行解或非最优解的儿子结点,将其余儿子结点加入活结点表中。此后,从活结点表中取下一结点成为当前扩展结点,并重复上述结点扩展过程,直到找到所需的解或活结点表为空时为止。

2. 分支限界法的两种常见方法

(1) 队列式分支限界法

队列式分支限界法是将活结点排成一个队列,按照先进先出(First In First Out, FIFO)的原则选取下一个结点作为当前扩展节点。

(2) 优先队列式分支限界法

优先队列式分支限界法是将活结点组织成一个优先队列,按照优先队列中规定的优先级选取优先级最高的结点作为当前扩展结点。

3. 分支限界法与回溯法的比较

分支限界法与回溯法的区别如表 8-5 所示。

表 8-5 分支限界法与回溯法的比较

方法	搜索方式	数据结构	存储特性	求解目标
回溯法	深度优先	栈	活结点的所有可行子结点被遍历后才从栈中出栈	找出解空间树中满足约束条件的所有解
分支限界法	广度优先或最小耗费优先	(优先)队列	每个结点只有一次成为活结点的机会	找出解空间树中满足约束条件的一个解或者特定意义的最优解

4. 分支限界法的基本步骤

分支限界法采用的是广度优先或最小耗费(最大效益)优先策略。对问题进行求解时,先确定问题的解空间树,然后按照广度优先或最小耗费(最大效益)优先策略搜索。在当前扩展结点处,先生成其所有的儿子结点(分支),然后再从当前的活结点(当前结点的儿子结点)表中选择下一个扩展结点。为了有效地选择下一个扩展结点,避免不必要的搜索,加快搜索的进程,在每一个结点处,计算一个函数值(限界),并根据函数值,从当前活结点表中选择一个最优的结点作为扩展结点,使搜索朝着解空间树上具有最优解的分支推进,以便尽快地找出一个最优解。

因此,分支限界法的基本步骤有:

(1) 针对所给问题,定义问题的解空间(对解进行编码);

(2) 确定易于搜索的解空间结构(按树或图组织解);

（3）以广度优先或以最小耗费（最大收益）优先的方式搜索解空间，并在搜索过程中用剪枝函数避免无效搜索。

5. 分支限界法的应用举例

【例 8-10】 旅行售货员问题

（1）问题描述

旅行售货员问题（Traveling Salesman Problem），又译为旅行推销员问题、旅行商问题或货郎担问题，是数学领域中的著名问题之一。假设有一个旅行商人要到 n 个城市去推销商品，已知各城市之间的旅费（或路程）。他要选定一条从驻地出发，经过每个城市一次，最后回到驻地的路线，使总的旅费（或路程）最小。

（2）问题求解

旅行售货员问题的路线是一个带权图 G。图 G 中各边的费用（权）为正数。图 G 的一条周游路线是包括图 G 中的每个顶点在内的一条回路，总费用是这条路线上所有边的费用之和。

旅行售货员问题的解空间可以组织成一棵排列树，从树的根结点到任一叶子结点的路径定义了图的一条周游路线，目标是要在图中找出费用最小的周游路线。

求解旅行售货员问题可以采用优先队列式分支限界法。创建一个最小堆用于表示活结点优先队列，对堆中的每个结点，定义每个结点的子树费用的下界 $lcost$ 值表示优先队列的优先级，cc 为当前结点的费用，$rcost$ 为当前顶点最小出边费用加上剩余所有结点的最小出边费用和。s 表示当前结点在排列树中的层次，长度为 n 的数组 $x[0:n-1]$ 用来存储解（结点路径），从排列树的根结点到当前结点的路径为 $x[0:s]$，进一步搜索的顶点为 $x[s+1:n-1]$。对第 $n-2$ 层以上的结点的下界定义为：$lcost=cc+rcost$，对第 $n-1$，$n-2$ 层的结点的下界定义为：$lcost=$ 该回路的长度。基于优先队列式分支限界的旅行售货员问题求解算法，采用限界函数 $lcost$ 作为优先级，不断调整搜索方向，选择最有可能取得最优解的子树优先搜索；同时，根据限界函数 $lcost$ 进行剪枝，剪掉不包含最优解的分支。

算法的初始值设置为：$s=0$，$x[0]=1$，$x[1:n-1]=\{2,3,\cdots,n\}$。算法采用 while 循环来完成对排列树内部结点的扩展。对于当前扩展结点，算法分 2 种情况进行处理：

① 首先考虑排列树层次 $s=n-2$ 的情形，此时当前扩展结点是排列树中某个叶结点的父结点。检测图 G 是否存在一条从顶点 $x[n-2]$ 到顶点 $x[n-1]$ 的边和一条从顶点 $x[n-1]$ 到顶点 1 的边。如果这两条边都存在，则找到一条旅行员售货回路。如果这条可行回路的费用小于已找到的当前最优回路的费用 $bestc$，即：$lcost<bestc$，则将该结点插入到优先队列中，并更新当前最优值 $bestc$ 和当前最优解 $bestx$，否则舍去该结点。

② 当 $s<n-2$ 时，算法依次产生当前扩展结点的所有儿子结点。由于当前扩展结点所相应的路径是 $x[0:s]$，其可行儿子结点是从剩余顶点 $x[s+1:n-1]$ 中选取的顶点 $x[i]$，且 $(x[s],x[i])$ 是所给图 G 中的一条边。对于当前扩展结点的每一个可行儿子结点，计算出其前缀 $(x[0:s],x[i])$ 的费用 cc 和相应的下界 $lcost$。当 $lcost<bestc$ 时，将这个可行儿子结点插入到活结点优先队列中，否则，将剪去以该儿子结点为根的子树。

算法中 while 循环的终止条件为：当 $s=n-1$ 时，相应的扩展结点表示一个叶结点。已找到的回路是 $x[0:n-1]$，它已包含图 G 的所有 n 个顶点。此时，该叶结点所相应的

回路的费用 $bestc$ 等于 $lcost$ 的值。剩余的活结点的下界值 $lcost$ 不小于当前叶子结点处已找到的回路的费用。它们都不可能导致费用更小的回路。因此,已找到的叶结点所相应的回路是一个最小费用旅行售货员回路,算法结束。算法结束时,返回找到的最小费用和。

（3）实例

设旅行售货员问题的路线图 G 如图 8-20 所示,其中边上的权值表示费用。

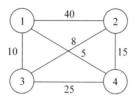

图 8-20　旅行售货员问题的一个路线图 G

旅行售货员问题的解空间可以组织成一棵排列树,如图 8-21 所示。初始时,$s=0$,$x[0]=1$,$x[1:3]=\{2,3,4\}$,优先队列 $PQ=\{b\}$,$bestc$ 初始化为一个较大的数值,结点 b 所处的层为第 0 层,当前结点的费用 $cc=0$,用 $minOut$ 数组记录图 G 中每个顶点的最小费用出边,$minOut[1]=5$,$minOut[2]=8$,$minOut[3]=8$,$minOut[4]=5$。

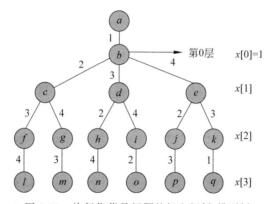

图 8-21　旅行售货员问题的解空间树-排列树

① 在结点 b 处,$cc=0$,$rcost=\sum_{i=1}^{4} minOut[i]=26$,下界 $lcost=cc+rcost=0+26=26$,并依次扩展其所有儿子结点 c,d 和 e,如图 8-22 所示。

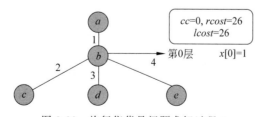

图 8-22　旅行售货员问题求解过程 1

计算思维与算法基础

② 在结点 c 处，从顶点 1 到顶点 2，当前结点的费用 $cc=40$，剩余费用 $rcost=\sum_{i=2}^{4}minOut[i]=21$，下界 $lcost=cc+rcost=40+21=61$。

在结点 d 处，从顶点 1 到顶点 3，当前结点的价值 $cc=10$，剩余费用 $rcost=\sum_{i=2}^{4}minOut[i]=21$，下界 $lcost=cc+rcost=10+21=31$。

在结点 e 处，从顶点 1 到顶点 3，当前结点的价值 $cc=5$，剩余费用 $rcost=\sum_{i=2}^{4}minOut[i]=21$，下界 $lcost=cc+rcost=5+21=26$。

此时，优先队列 $PQ=\{c,d,e\}$。可以看出，结点 e 的费用下界 $lcost$ 最小，其优先级别最高。因此，结点 e 出队列，优先队列 $PQ=\{c,d\}$，并依次扩展结点 e 的所有儿子结点 h 和 i。如图 8-23 所示。

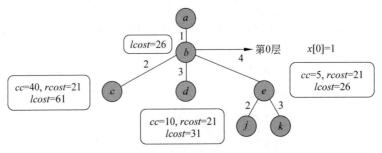

图 8-23　旅行售货员问题求解过程 2

③ 在结点 j 处，从顶点 1→顶点 4→顶点 2，$s=2$，属于 $s=n-2$ 这种情形，顶点 4→顶点 2 和顶点 2→顶点 1 这两条边都存在，当前结点的费用 $cc=20$，下界 $lcost=cc+8+10=38$。此时，$bestc=38$。

在结点 k 处，从顶点 1→顶点 4→顶点 3，$s=2$，属于 $s=n-2$ 这种情形，顶点 4→顶点 3 和顶点 3→顶点 1 这两条边都存在，当前结点的费用 $cc=30$，下界 $lcost=cc+8+40=78>bestc$，剪掉该结点。

此时，优先队列 $PQ=\{c,d,j\}$。可以看出，结点 d 的费用下界 $lcost$ 最小，其优先级别最高。因此，结点 d 出队列，优先队列 $PQ=\{c,j\}$，并依次扩展结点 d 的所有儿子结点 h 和 i。如图 8-24 所示。

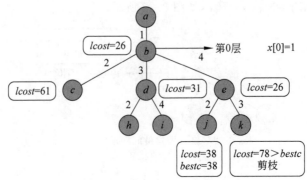

图 8-24　旅行售货员问题求解过程 3

④ 在结点 h 处,从顶点 1→顶点 3→顶点 2,$s=2$,属于 $s=n-2$ 这种情形,顶点 3→顶点 2 和顶点 2→顶点 1 这两条边都存在,当前结点的费用 $cc=18$,下界 $lcost=cc+15+5=38 \geqslant bestc$,剪掉该结点。

在结点 i 处,从顶点 1→顶点 3→顶点 4,$s=2$,属于 $s=n-2$ 这种情形,顶点 3→顶点 4 和顶点 4→顶点 1 这两条边都存在,当前结点的费用 $cc=35$,下界 $lcost=cc+15+40=90>bestc$,剪掉该结点。

此时,优先队列 PQ 还是等于$\{c,j\}$。可以看出,结点 j 的费用下界 $lcost$ 最小,其优先级别最高。因此,结点 j 出队列,优先队列 $PQ=\{c\}$,并依次扩展结点 j 的儿子结点 p。如图 8-25 所示。

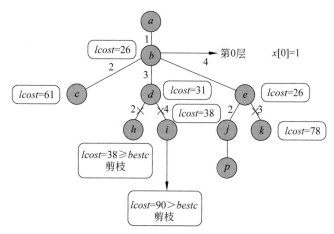

图 8-25　旅行售货员问题求解过程 4

⑤ 在结点 p 处,其为结点 j 的扩展结点,是一个叶结点,结点 p 所在的层为 $s=n-1$,已找到的回路是 $x[0:n-1]$,它已包含图 G 的所有 n 个顶点,算法结束。

此时,$bestc=38$,$x[0]=1$,$x[1]=4$,$x[2]=2$,$x[3]=3$。如图 8-26 所示。

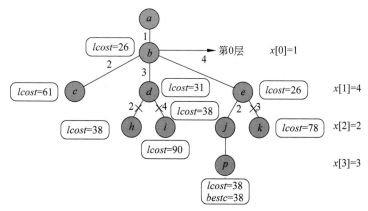

图 8-26　旅行售货员问题求解结果

（4）算法描述

旅行售货员问题的伪代码描述如下:

算法 8-17　TSP(n，A)

输入：城市个数 n，图 G 的邻接矩阵 A

输出：bestc，解 x

```
1.  s←0;                              //s 表示当前结点在排列树中层次
2.  x[0]←1;                           //x[0:n-1]用来存储解
3.  当前结点插入到 PQ 中;               //PQ 表示活结点优先队列
4.  bestc 初始化为一个较大的数值;
5.  cc←0;                             //cc 表示当前结点的费用
6.  计算 minOut[1,2,…,n];             //minOut 数组记录图 G 中每个顶点的最小费用出边
7.  while s!=n-1 do
8.      从 PQ 中选择优先级最高的结点作为当前扩展结点;
9.      if s<n-2 then
10.         扩展当前结点的所有儿子结点;
11.         for 当前扩展结点的每个可行儿子结点 i do
12.             计算结点 i 的 cc 值和相应的下界 lcost;
13.             if lcost<bestc then
14.                 结点 i 插入到 PQ 中;
15.                 更新当前最优值 bestc 和当前解 x;
16.             else
17.                 剪去以该结点 i 为根的子树;
18.     if s==n-2 then
19.         if 从顶点 x[n-2]到顶点 x[n-1]的边和从顶点 x[n-1]到顶点 1 的边都存在 then
20.             找到了一条旅行员售货回路;
21.             if 这条可行回路的费用 lcost <bestc then
22.                 该结点插入到 PQ 中;
23.                 更新当前最优值 bestc 和当前解 x;
24.             else
25.                 剪去以该结点为根的子树;
26.     end
27.     if s==n-1 then                 //相应的扩展结点表示一个叶结点
28.         找到了回路 x[0:n-1];
29.         该叶结点所相应的回路的费用 bestc 等于 lcost 的值;
```

8.3　本章小结

　　本章主要讲述了计算机思维与算法基础。首先介绍了计算机思维，包括基本概念、核心要素和基本特征；然后介绍了算法的基本概念；最后介绍了 6 种经典的算法：递归、分治法、动态规划、贪心法、回溯法以及分支限界法。

习　　题

1. 单项选择题

（1）2006 年 3 月，（　　　）在美国计算机权威期刊 *Communications of the ACM* 杂志上

首次提出并定义了计算机思维。

    A. 马化腾   B. 周以真   C. 马云   D. 李彦宏

(2) 下列哪一项不属于计算思维的核心要素?(   )

    A. 分解   B. 模式识别   C. 算法设计   D. 编程实现

(3) 下列哪一项不属于算法的特性?(   )

    A. 有效性   B. 确定性   C. 可行性   D. 输入和输出

(4) 下列哪一项不属于分治法的基本步骤(   )。

    A. 分解   B. 解决   C. 排序   D. 合并

(5) 一个问题可用动态规划算法或贪心算法求解的关键特征是问题的(   )。

    A. 重叠子问题   B. 最优子结构性质

    C. 贪心选择性质   D. 定义最优解

(6) 实现棋盘覆盖利用的算法是(   )。

    A. 分治法   B. 动态规划   C. 分支限界法   D. 回溯法

(7) 以深度优先方式系统搜索问题解的算法称为(   )。

    A. 分支限界法   B. 分治法   C. 贪心法   D. 回溯法

(8) 回溯法解 n 后问题时的解空间树是(   )。

    A. 深度优先生成树 B. 广度优先生成树 C. 子集树   D. 排列树

(9) 实现图像压缩利用的算法是(   )。

    A. 动态规划   B. 分支限界法   C. 贪心法   D. 回溯法

(10) 算法的时间复杂度与(   )有关。

    A. 计算机硬件性能   B. 问题规模

    C. 编译程序质量   D. 程序设计语言

2. 填空题

(1) _____ 是运用计算机科学的基础概念进行问题求解、系统设计以及人类行为理解等涵盖计算机科学之广度的一系列思维活动。

(2) _____ 是指计算机求解特定问题的方法和步骤,是指令的有限序列。

(3) 衡量一个算法性能好坏的标准有正确性、_____、_____、高效率和低存储空间。

(4) 贪心算法总是做出在当前看来最好的选择。也就是说贪心算法并不从整体最优考虑,它所做出的选择只是在某种意义上的 _____ 最优选择。

(5) 动态规划的两个基本要素是最优子结构和 _____。

3. 判断题

(1) 递归是指在函数的定义中使用函数自身的方法,其包含直接递归和间接递归。

                                                 (   )

(2) 回溯法是一种既带有系统性又带有跳跃性的搜索算法。   (   )

(3) 贪心算法从整体最优考虑,它所做出的选择是全局最优选择。   (   )

(4) 分支限界法采用的是广度优先或最小耗费(最大效益)优先策略。   (   )

(5) 采用动态规划算法求解的问题一般具有 2 个性质:最优子结构性质和贪心选择性质。   (   )

计算思维与算法基础

4. 简答题

（1）简述计算思维的基本特征。

（2）简述算法的特性。

（3）简述有哪些经典算法。

第9章 数据库技术基础

数据库是按照数据结构来组织、存储和管理数据的仓库,20 世纪 90 年代以后,数据管理不再仅仅是存储和管理数据,而转变成用户所需要的各种数据管理的方式。数据库有很多种类型,从最简单的存储有各种数据的表格到能够进行海量数据存储的大型数据库系统都在各个方面得到了广泛的应用。

在信息化社会,充分有效地管理和利用各类信息资源,是进行科学研究和决策管理的前提条件。数据库技术是管理信息系统、办公自动化系统、决策支持系统等各类信息系统的核心部分,是进行科学研究和决策管理的重要技术手段。本章介绍数据库技术中最基本的概念,以及常用的数据库管理软件 Access 的使用方法,通过该软件的使用,掌握用数据库处理数据的基本方法,为进一步使用 Access 开发应用程序打下基础。

9.1 关系数据库基础

数据库是以某个数据模型为基础构建的,常用的数据模型有关系模型、层次模型和网状模型 3 种,其中以关系模型为基础的关系型数据库使用得最多,本节主要介绍关系型数据库的一些主要概念。

9.1.1 数据库技术的概念

下面介绍在数据库技术中的几个很重要的基本概念。

1. 数据库

数据库(Database,DB)是指以文件的形式并按特定的组织方式将数据保存在存储介质中,因此,在数据库中,不仅包含了数据本身,也包含了数据之间的联系,它有如下特点:

(1) 数据通过一定的数据模型进行组织,从可保证有最小的冗余度,常见的数据模型有层次模型、网状模型和关系模型。

(2) 各个应用程序对数据可以共享。

(3) 对数据的各种操作如定义、操纵等都由数据库管理系统统一进行。

2. 数据库管理系统

数据库管理系统(Database Management System,DBMS)是实现对数据库进行管理的软件,它以统一的方式管理和维护数据库,并提供数据库接口供用户访问数据库。

数据库管理系统是数据库系统中最重要的软件系统,是用户和数据库的接口,应用程序通过数据库管理系统和数据库打交道,在这一系统中,用户不必关心数据的结构。

数据库管理系统除了数据管理功能以外,还有开发应用系统的功能,也就是说,通过数据库管理系统可以开发满足用户需要的应用系统。例如,学生管理系统、图书管理系统、工资管理系统等,它是管理信息系统开发的重要工具。

3. 数据库系统

一个完整的数据库系统(Database System,DBS)由硬件、数据库、数据库管理系统、操作系统、应用程序、数据库管理员等部分组成。

9.1.2 数据模型

在数据库中,数据通过一定的组织形式将数据保存在存储介质上,这种组织形式是以不同的数据模型为基础的。

数据模型是指在数据库系统中表示数据之间逻辑关系的模型,目前,数据库管理系统所支持的数据模型有 3 种,即层次模型、网状模型和关系模型。

1. 层次模型

层次模型是指用树形结构组织数据,可以表示数据之间的多级层次结构。

在树形结构中,各个实体被表示为结点,整个树形结构中只有一个为最高结点,其余的结点有且仅有一个父结点,相邻两层的上级结点和下级结点之间表示了结点之间一对多的联系,如图 9-1 所示。

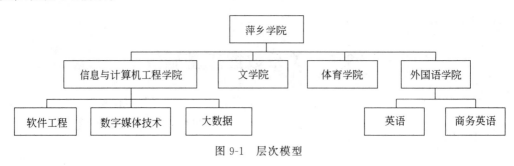

图 9-1　层次模型

在现实世界中存在大量的可以用层次结构表示的实体,例如单位的行政组织机构、家族的辈分关系等,某个磁盘上的文件夹的结构等都是典型的层次结构。

2. 网状模型

网状模型中用图的方式表示数据之间的关系,这种关系可以是数据之间多对多的联系。它突破了层次模型的两个限制:允许结点有多于一个的父结点;可以有一个以上的结点没有父结点。如图 9-2 所示。

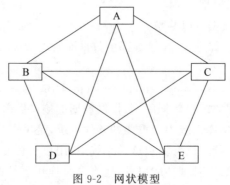

图 9-2　网状模型

3. 关系模型

关系模型可以用二维表格的形式来描述实体及实体之间的联系,在实际的关系模型中,操作的对象和操作的结果都用二维表表示,每一个二维表就代表了一个关系,如图 9-3 所示。

图 9-3　student 表的关系

显然,在这 3 种数据模型中,关系模型的数据组织和管理最为简单方便,因此,目前流行的数据库管理系统都是以关系模型为基础的,称为关系型数据库管理系统,而其他模型组织的数据可以转化为用关系模型来处理。

9.1.3　关系模型的组成

前面讲过,关系模型用二维表格的形式描述相关的数据,图 9-3 所示的学生表就是一个关系。

1. 关系模型的组成

在图 9-3 所示的描述关系的二维表中,共有 4 列,我们将垂直方向的每一列称为一个属性。在数据库文件中称为一个字段。

- 属性名:第一行是组成该表的各个栏目名称,称为属性名,在具体的文件中称为字段名,例如表中的"学号""姓名"等。
- 字段的属性:显然,"学号"和"出生年月"字段表示的数据类型是不同的,一个是字符串即文本,另一个是日期,而同样是字符串类型的"姓名"和"性别",它们包含的字符个数不同,也就是在宽度上是不一样的。因此,对于字段,除了有字段的名称以外,还应包括各个字段取值的类型、所占宽度等,这些都称为字段的属性,如字段的"数据类型""大小""默认值"等。字段名和字段的属性组成了关系的框架,在文件中称为表的结构。
- 元组(记录):在这个二维表中,从第二行起的每一行称为一个元组,对应文件中的一条具体记录,如图 9-3 的第一条记录{"20211001","王处一","男","2001/6/1"}。因此,可以说,这个关系表由 4 个字段 4 条记录组成。
- 属性值:行和列的交叉位置表示某条记录的某个属性的值,例如,第一条记录的"学号"字段的值是"20211001"。

2. 关系模式

关系模式是指对关系结构的描述,用如下的格式表示:

关系名(属性 1,属性 2,属性 3,…,属性 n)

例如,图 9-3 的关系模式可以表示为:student(学号,姓名,性别,出生年月)。

可以看出,关系就是关系模式和元组的集合,在具体的文件中,一张二维表就是表结构和记录的集合。

9.1.4 关系中的键和表间关系

1. 主键

在一个关系中可以用来唯一地标识或区分一个元组的属性或属性组(属性的集合),称为主键。

例如,在表 student 中,属性"学号"可以作为主键,因为"学号"确定后,该记录也就可确定,即使用"学号"字段的值可以区分每一个记录,而其他 3 个字段都不能区分每一个记录,因此,该表中只有一个主键"学号"。

【例 9-1】 确定下面的表 student(学号,姓名,性别,出生年月)的主键,该表的记录如下:

学号	姓名	性别	出生年月
20211001	王处一	男	2001/6/1
20211002	孙不二	女	2001/3/1
20211003	张三丰	男	2000/12/11

从该表中可以看出,每个学生的学号不同,其他如姓名、性别和出生年月都有可能是相同的,这样,该表中就有唯一的一个主键(学号)。

【例 9-2】 确定下面的表 score(学号,课程号,成绩)的主键,该表的记录如下:

学号	课程号	成绩
20211001	C01	95
20211002	C02	87
20211001	C01	65

显然,在这个表中,任何一个单一的属性都不能唯一地标识每个元组,只有学号和课程号组合起来才能区分每一个元组,具体表示某个学生的某一门课程,因此,该表中的主键是学号和课程号的组合,即属性组(学号,课程号)。

2. 外键和表间关系

一个数据库中有若干个表时,它们之间并不是独立的,可以通过外部关键字联系起来。如果表中的一个字段不是本表的主关键字,而是另外一个表的主关键字,则该字段称为外部关键字,简称外键。

例如,在表 score 中,主键是属性组(学号,课程号),"学号"不是 score 的主键,而是表 student 的主键,因此,在表 score 中"学号"称为外键;同样,"课程号"也不是 score 的主键,而是表 course 的主键,因此,在表 score 中"课程号"也称为外键。那么表 score 中有两个外键,分别是"学号"和"课程号"。

通过外键可以将两个表联系起来,其中以外键作为主键的表称为主表,外键所在的表称为从表。

例如,两个表 student 和 score 通过"学号"相关联,以"学号"作为主键的表 student 称为主表,而以"学号"作为外键的表 score 则是从表。

9.2　Access 2016 的基础知识

目前,数据库管理系统软件有很多,例如 Oracle、Sybase、DB2、SQL Server、Access、Visual FoxPro 等,虽然这些产品的功能不完全相同,规模上、操作上差别也较大,但是,它们都是以关系模型为基础,因此它们都属于关系型数据库管理系统。

本节将介绍 Microsoft 公司的 Access 数据库。Access 数据库是 Office 套装软件的组件之一,拥有众多的版本,有 Access 2003、Access2007、Access 2010、Access 2016 版。本节通过 Access 2016 版介绍关系数据库的基本功能及一般使用方法,这些方法同样适合在其他版本中使用。

9.2.1　Access 2016 概述

1. Access 2016 新特性

与以前的 Access 版本相比,Access 2016 具有以下的特点:

(1) 文件格式的变化。体现在可以创建在每个字段中存储多个值的查阅字段、安全的数据格式、文件扩展名用 ACCDB 取代以前版本的 MDB。

(2) 用户界面的变化。这是 Office 2016 各组件中非常明显的变化,新界面中增加了导航窗格和带有选项卡的窗口视图,极大地方便了用户对数据库的操作。

(3) 在导航窗格中组织项目,通过导航窗格使用数据库中的各个对象。

(4) 不再支持数据访问页对象。

Access 2016 的一个数据库文件中既包含了该数据库中的所有数据表,也包含了由数据表所产生和建立的查询、窗体和报表等。

2. Access 2016 的启动

在 Windows 7 中选择"开始"→"所有程序"→"Microsoft Office"→"Microsoft Access 2016"命令,可以启动 Access 2016。如果桌面有 Access 2016 的快捷方式,可直接双击桌面快捷方式启动,启动后的窗口如图 9-4 所示。

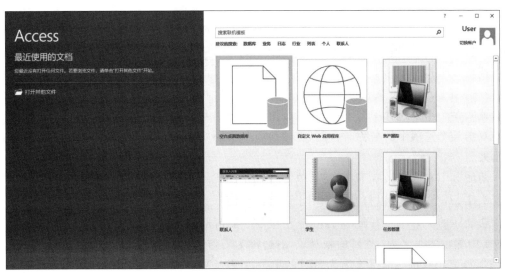

图 9-4　Access 2016 的窗口

3. 建立空白的数据库

数据库是 Access 中的文档文件,Access 2016 中提供了两种方法创建数据库:一种方法是使用模板创建数据库,建立所选择的数据库类型中的表、窗体和报表等;另一种方法是先创建一个空数据库,然后再向数据库中创建表、窗体、报表等对象。

创建空白数据库的方法如下:

(1) 单击图 9-4 窗口中模板区的“空白桌面数据库”按钮。

(2) 在弹出的对话框的“文件名”下的文本框内输入要创建的数据库文件的名称,例如“学生信息管理”,如果创建数据库的位置不需要修改,则直接单击右下方的“创建”按钮,如果要改变存放位置,则单击文本框右侧的“浏览到某个位置来存放数据库”按钮,弹出“文件新建数据库”对话框。

(3) 在对话框中选择新建数据库所在的位置,然后单击“确定”按钮,返回到前一个对话框后,单击“创建”按钮,该数据库创建完毕。

创建空白数据库后的 Access 窗口如图 9-5 所示,这就是 Access 2016 的工作界面,在创建的新数据库中,系统还自动创建了一个名为“表 1”的表。

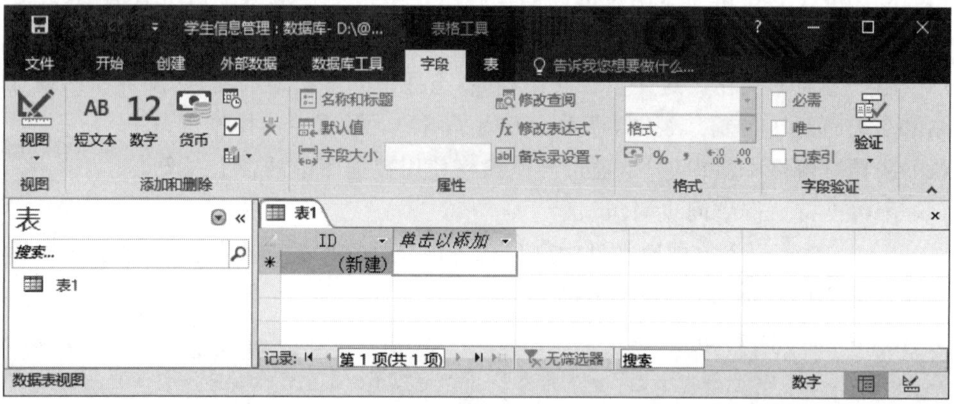

图 9-5 创建空数据库的窗口

4. Access 2016 的工作界面

创建数据库后,进入了 Access 2016 的工作界面窗口,如图 9-5 所示,窗口上方为功能区,功能区由多个选项卡组成,例如,“开始”选项卡、“创建”选项卡、“外部数据”选项卡等。每个选项卡中包含了多个命令,这些命令以分组的方式进行组织。例如,图 9-5 中显示的是“字段”选项卡,该选项卡中的命令分为 5 组,分别是“视图”“添加和删除”“属性”“格式”“字段验证”,每个组中包含了若干个按钮,按钮分别对应了不同的命令。

双击某个选项卡的名称时,可以将该选项卡中的功能区隐藏起来,再次双击时又可以显示出来。

功能区中有些区域有下拉箭头,单击时可以打开一个下拉列表,还有一些是指向右下方的箭头(),单击时可以打开一个用于设置的对话框。

功能区的下方由左右两部分组成,左边是导航窗格用来组织数据库中创建的对象,例如图 9-5 中显示的是名为“表 1”的表对象,右边称为工作区,是打开的某个对象,图中打开的是“表 1”,该表中目前只有一个名为“ID”的字段,这是系统自动创建的。

9.2.2 数据库文件中的各个对象

选择图 9-5 中的"创建"选项卡,该选项卡中显示了在数据库中可以创建的各种对象,如图 9-6 所示,共有 6 种对象,它们分别是模板、表格、查询、窗体、报表、宏与代码,其中第 1 个分组中的"应用程序部件"是各种已设置好格式的窗体。所有这些对象都保存在扩展名为 accdb 的同一个数据库文件中。

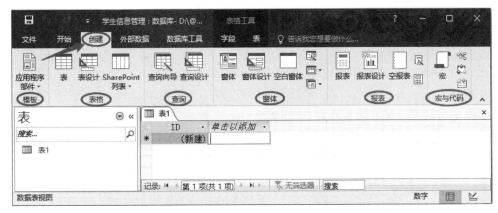

图 9-6　Access 数据库中的对象

1. 表

在数据库的各个对象中,表是数据库的核心,它保存数据库的基本信息,就是关系中的二维表信息,这些基本信息又可作为其他对象的数据源。

图 9-7 所示的"学生"表是典型的二维表格,表中每一行对应一条记录,每一列对应一个字段,行和列相交处是对应记录的字段值,该表有 33 条记录、4 个字段。

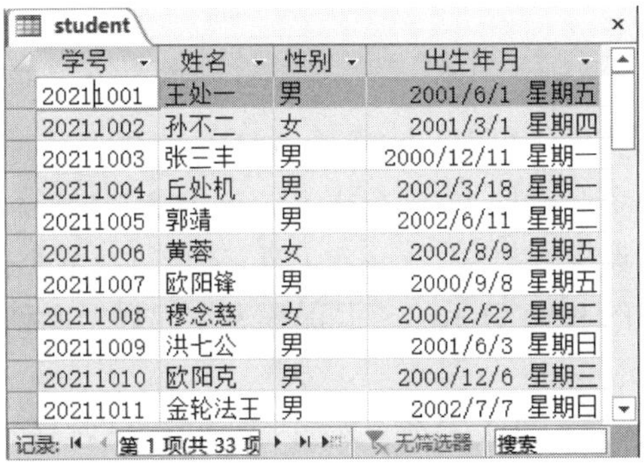

图 9-7　Access 的表对象

在保存具有复杂结构的数据时,无法用一张表来表示,可分别使用多张数据表,而这些表之间可以通过相关字段建立关联,这就是后面要介绍的创建表间关系。

2. 查询

查询是在一个或多个表中查找某些特定的记录,查找时可从行向的记录或列向的字段进行,例如,在成绩表中查询成绩大于 80 分的记录,也可以从 1 个或多个表中选择数据形成新的数据表等,图 9-8 显示的是从学生表中根据条件"姓张,性别为男"选择出来的记录。

数据库技术基础

查询结果也是以二维表的形式显示的,但它与基本表有本质的区别,在数据库中只记录了查询的方式(即规则),每执行一次查询操作时,都是以基本表中现有的数据重新进行操作。

图 9-8　查询的结果和查询实际保存的 SQL 语句

此外,查询的结果还可作为窗体、报表等其他对象的数据源。

3. 窗体

窗体用来向用户提供交互界面,从而使用户更方便地进行数据的输入、输出显示,窗体中所显示的内容,可以来自一个或多个数据表,也可以来自查询结果。图 9-9 所示的是以学生表为数据源的窗体。使用窗体还可以创建应用程序的界面。

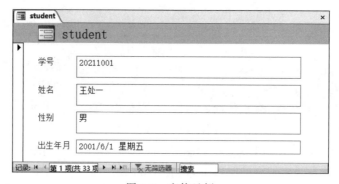

图 9-9　窗体示例

4. 报表

报表是用来将选定的数据按指定的格式进行显示或打印。与窗体类似的是,报表的数据来源同样可以是一张或多张数据表、一个或多个查询表,与窗体不同,报表可以对数据表中数据进行打印或显示时设定输出格式,除此之外,还可以对数据进行汇总、小计、生成丰富格式的清单和数据分组。图 9-10 显示的是以课程表作为数据源创建的一个报表。

5. 宏

宏是由一系列命令组成的,每个宏都有宏名,使用它可以简化一些需要重复的操作,宏的基本操作有编辑宏和运行宏。

建立和编辑宏在宏编辑窗口中进行,建立好的宏,可以单独使用,也可以与窗体配合使用。

6. 模块

模块是用 Access 提供的 VBA 语言编写的程序,模块通常与窗体、报表结合起来完成完整的开发功能。

因此,在一个数据库文件,“表”用来保存原始数据,“查询”用来查询数据,“窗体”用不同

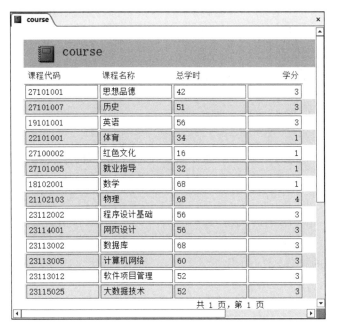

图 9-10　以课程表为数据源创建的报表

的方式输入数据,"报表"则以不同的形式显示数据,而"宏"和"模块"则用来实现数据的自动操作,后两者更多地体现数据库管理系统的开发功能,这些对象在 Access 中相互配合构成了完整的数据库。

9.3　数据表的建立和使用

一个数据表由表结构和记录两部分组成,因此,建立表的过程是先设计表结构,然后向表中输入记录。

9.3.1　数据表结构

Access 中的表结构由若干个字段及其属性构成,在设计表结构时,要分别输入各字段的名称、类型、属性等信息。

1. 字段名

为字段命名时可以使用字母、数字或汉字等,但字段名最长不超过 64 个字符。

2. 数据类型

Access 2016 中提供的数据类型有以下 12 种:

(1) 短文本:就是一般文本类型,这是数据表中的默认类型,最多为 255 个字符。

(2) 长文本:也称为备注,存放说明性文字,最多 65536 个字符。

(3) 数字:用于进行数值处理,如工资、学生成绩、年龄等。

(4) 日期/时间:可以参与日期计算。

(5) 货币:用于货币值的计算。

(6) 自动编号:在增加记录时,其值依次自动加 1。

(7) 是/否：用来记录逻辑型数据，如 Yes/No、True/False、On/Off 等值。

(8) OLE 对象：用来链接或嵌入 OLE 对象，如图像、声音等。

(9) 超链接：用来保存超链接的字段。

(10) 附件：用于将多种类型的多个文件存储在一个字段中。

(11) 计算：保存表达式的计算结果。

(12) 查阅向导：这是与使用向导有关的字段。

3. 字段属性

字段的属性用来指定字段在表中的存储方式，不同类型的字段具有不同的属性，常用属性如下：

(1) 字段大小

对文本型数据，指定文字的长度，大小范围在 0～255，默认值为 255。

对数字型字段，指定数据的类型，不同类型数据所在的范围不同，例如：

字节：0～255 的整数，占一个字节。

整型：−32768～32767 的整数，占 2 个字节。

(2) 格式

格式属性用来指定数据输入或显示的格式，这种格式不影响数据的实际存储格式。如：常规数字、货币、欧元、固定、标准、百分比、科学计数等。

(3) 小数位数

对数字型或货币型数据指定小数位数。

(4) 标题

用来指定字段在窗体或报表中所显示的名称。

(5) 有效性规则

用来限定字段的值，例如，对表示百分制成绩的"数字"字段，可以使用有效性规则将其值限定在 0～100。

(6) 默认值

用来指定在添加新记录时系统自动填写的值。

4. 设定主关键字

对每一个数据表都可以指定某个或某些字段作为主关键字，简称主键，其作用是：

(1) 实现实体完整性约束，使数据表中的每条记录唯一可识别，如学生表中的"学号"字段。

(2) 加快对记录进行查询、检索的速度。

(3) 用来在表间建立关系。

9.3.2 建立数据表

不同的数据库对象在操作时有不同的视图方式，不同的视图方式包含的功能和作用范围都不同，表的操作使用 2 种视图，分别是设计视图、数据表视图。在"设计"选项卡中的"视图"组中，可以在这 2 种视图之间进行切换(图 9-11)。

(1) 设计视图：用于设计和修改表的结构，表结构建立后，还要切换到数据表视图下才能输入各条记录。

图 9-11　表的视图方式

（2）数据表视图：以行列的方式（二维表）显示表，主要用于对记录的增加、删除、修改等操作。

Access 2016 中有多种方法建立数据表，在创建新的数据库时自动创建了一个空表，在现有的数据库中创建表有以下 4 种方法：

（1）直接在数据表视图中创建一个空表。

（2）使用设计视图创建表。

（3）根据 SharePoint 列表创建表。

（4）从其他数据源导入或链接。

这里介绍最常用的前两种方法，即设计视图和数据表视图方法，下面创建的表都在已创建的"学生信息管理"数据库中。

1. 在数据表视图下建立数据表

【例 9-3】　在数据表视图下建立 course 数据表，表中包括 4 个字段，分别是课程代码、课程名称、总学时和学分，操作过程如下：

（1）在"创建"选项卡的"表格"组中单击"表"按钮，这时，显示出已创建的一个名为"表 1"的空表，并显示数据表视图，如图 9-12 所示，表中已自动创建了一个名为 ID 的字段，该字段的类型是自动编号，而且被设置为主键。

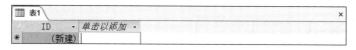

图 9-12　数据表视图窗口

（2）ID 字段暂时不做处理，直接从第二个字段开始依次输入各个字段，方法是在"数据表视图"中单击"单击以添加"下拉按钮，然后在弹出的下拉列表（图 9-13）中选择类型，再输入字段的名称。字段类型分别是短文本、短文本、数字和数字，字段名分别为"课程代码""课程名称""总学时"和"学分"。

（3）输入记录。在字段名下面的记录区内分别输入表中的记录数据，输入的数据如下：

18102001	数学	68	1
19101001	英语	56	3
21102103	物理	68	4
22101001	体育	34	1

23112002	程序设计基础	56	3
23113002	数据库	68	3
23113005	计算机网络	60	3
23113012	软件项目管理	52	3
23114001	网页设计	56	3
23115025	大数据技术	52	3
27100002	红色文化	16	1
27101001	思想品德	42	3
27101005	就业指导	32	1
27101007	历史	51	3

图 9-13　创建新字段

（4）单击"保存"按钮，弹出"另存为"对话框。

（5）在此对话框中输入数据表名称 course，然后单击"确定"按钮，结束数据表的建立。数据表 course 建立完毕，如图 9-14 所示。

图 9-14　course 表

从显示结果可以看出，自动创建的第 1 个字段 ID 类型是自动编号，其各条记录的值 1~5

是系统自动添加的,如果不需要该字段可以将其删除,方法是在窗口中右击该字段,然后选择快捷菜单中的"删除字段"命令,当询问是否删除时,单击"确定"按钮。

因为课程代码和课程名称这两个字段是文本型,所以左对齐;总学时和学分是数字型,所以在窗口中是右对齐;但字段的宽度等属性都使用的是默认的,在后面的操作中,可以在设计视图下进行修改。为后面操作的方便,下面将 course 表在设计视图中打开,将 ID 字段删除,然后将"课程代码"字段设置为主键,如图 9-15 所示(有 🗝 标示的为主键)。

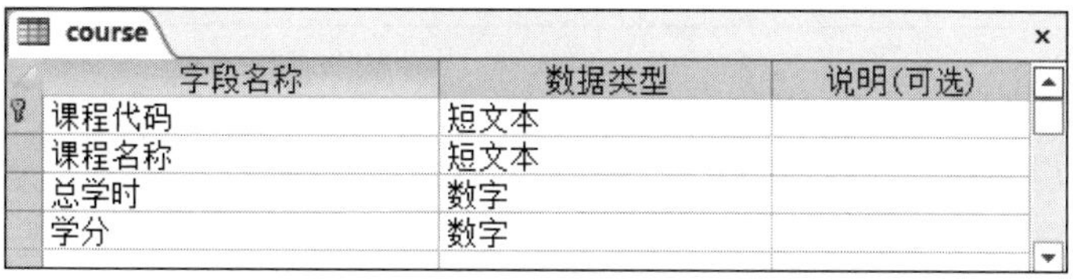

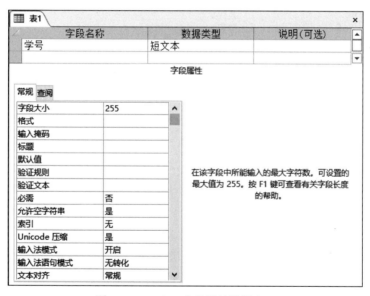

图 9-15 删除 ID 列和设置主键后的 course 表

2. 使用设计视图建立数据表

【例 9-4】 用设计视图建立数据表 student,操作过程如下:

(1) 在"创建"选项卡的"表"组中单击"表设计"按钮,在工作区显示表的设计视图窗口,如图 9-16 所示。为了更好说明,图中添加了一个字段"学号"。

图 9-16 student 表的设计视图窗口

(2) 设计表结构。在设计视图窗口中,上半部分是字段区,用来输入各字段的名称、指定字段的数据类型并对该字段进行说明,下半部分的属性区用来设定各字段的属性,例如字段长度、有效性规则、默认值等。

这里输入 4 个字段分别是"学号""姓名""性别"和"出生年月",各字段的属性如表 9-1所示。

表 9-1　student 表属性

字 段 名 称	字 段 类 型	长度(或格式)
学号	文本	8
姓名	文本	4
性别	文本	1
出生年月	日期/时间	短日期

(3)定义主键字段。本表中选择"学号"做主键字段,单击"学号"字段名称左边的方框选择此字段。然后单击"工具"组中的"主键"按钮(🔑),将此字段定义为主键,如图 9-17所示。

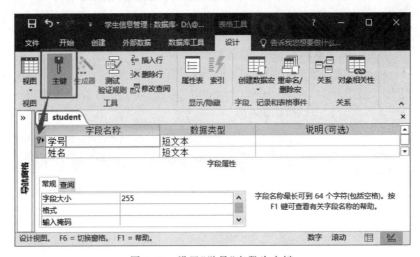

图 9-17　设置"学号"字段为主键

(4)命名表及保存。单击"保存"按钮,弹出"另存为"对话框,在文本框中输入数据表名称 student,然后单击"确定"按钮,表结构建立完毕。

(5)单击"设计"选项卡"视图"组中"视图"下拉列表中的"数据表视图"按钮,将 student表切换到"数据表视图"。

(6)在"数据表视图"下输入各条具体的记录,最终建立的数据表如图 9-18 所示。

图 9-18　student 数据表

依照上面的步骤,在设计视图下建立课程成绩数据表 score,该表的结构如表 9-2 所示。

表 9-2　课程成绩数据表 score

字 段 名 称	字 段 类 型	长　　　度
学号	文本	8
课程代码	文本	8
成绩	数字	字节型

该表的记录如表 9-3 所示。

表 9-3　score 数据表

学　　　号	课 程 代 码	成　　　绩
20211001	18102001	84
20211001	19101001	55
20211001	21102103	39
20211001	22101001	68
20211002	18102001	85
20211002	19101001	81
20211002	21102103	80
20211002	22101001	72
20211002	23112002	81
20211003	18102001	97
20211003	19101001	70
20211003	21102103	99
20211003	22101001	97
20211003	23112002	73

要注意的是,本表不设置主键,因此,在保存表时,屏幕上会出现对话框,提示还没有定义主键,如图 9-19 所示,这里单击"否"按钮,表示不定义主键。

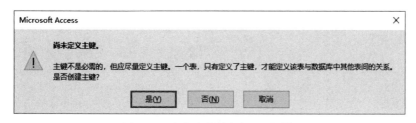

图 9-19　未定义主键的提示对话框

这时,"学生信息管理"数据库中创建了 3 张表,分别是学生(student)、课程(course)和课程成绩表(score)。

数据库技术基础

【例 9-5】 在 student 表中,已将"学号"字段定义为主键,对该表进行下面的操作:

(1) 在导航窗格中选中 student 表,在数据表视图中打开此表。

(2) 在数据表视图中,输入一条新记录,输入时不输入学号,只输入其他字段的值。

(3) 单击新记录之后的下一条记录位置,这时出现图 9-20 所示的对话框。

图 9-20　未输入关键字时的提示对话框

对话框表明,设置主键后,该表中无法输入学号为空的记录。

(4) 向该条新记录输入与上面记录相同的学号"20211001",单击新记录之后的下一条记录位置,这时出现图 9-21 所示的对话框。

图 9-21　输入学号相同的记录后的提示对话框

3. 设置字段的有效性规则

【例 9-6】 在建立 score 表时,曾将"成绩"字段定义为字节型,字节型的取值范围为 0～255,这对于百分制的分数来说范围还是太大,为了避免在分数录入时出现超出 100 分的错误录入,现在再将此字段的值设置在 0 到 100 之间,操作如下:

(1) 在导航窗格中选中 score 表,单击"设计"按钮。

(2) 在设计视图的字段区选中"成绩"字段。

(3) 在属性区的"验证规则"框内输入">=0　And　<=100",然后单击"保存"按钮。

(4) 切换到数据表视图,输入一条新的记录,其中"成绩"字段输入 150,单击新记录之后的下一条记录位置,这时出现图 9-22 所示的对话框。

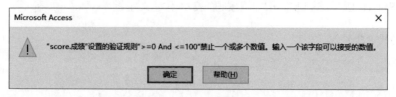

图 9-22　成绩不再设定范围时的提示对话框

可见,"成绩"字段的有效性设置后,成绩的值只能在 0 到 100 之间。

同样,可以将 student 表中"性别"字段的有效性规则设置为"'男' or '女'"

9.3.3　编辑数据表

编辑数据表可以对表结构和记录分别进行。

1. 修改表结构

修改表结构包括更改字段的名称、类型、属性、增加字段删除字段等，可在设计视图进行，除了修改类型、属性操作，其他操作也可以在数据表视图中进行。

（1）更改字段名

在设计视图中单击字段名或在数据表视图中双击字段名，被选中的字段反相显示，输入新的名称后单击"保存"按钮即可。

（2）插入字段

在数据表视图中单击"插入列"按钮或在设计视图中单击"插入行"按钮，即可插入新的字段。

（3）删除字段

在数据表视图中单击"删除列"按钮或在设计视图中单击"删除行"按钮，可以删除字段。

2. 定位记录

编辑记录的操作只能在数据表视图下进行，包括添加记录、删除记录、修改数据和复制数据等，在编辑之前，应先定位记录或选择记录。

在数据表视图窗口中打开一个表后，窗口下方会显示一个记录定位器，该定位器由若干个按钮构成，如图 9-23 所示。

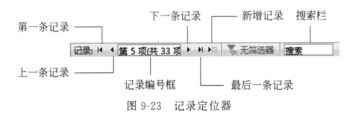

图 9-23　记录定位器

使用定位器定位记录的方法如下：

（1）使用"第一条记录""上一条记录""下一条记录"和"最后一条记录"按钮定位记录。

（2）在记录编号框中直接输入记录号，然后按 Enter 键，也可以将光标定位在指定的记录上，如在记录编号框中直接输入"12"可以定位到第 12 条记录。

（3）在搜索栏输入需要搜索的内容，也可以定位到需要搜索的记录上，如在搜索栏中输入"张"，按 Enter 键可以定位到第一个包含"张"的记录上，再按 Enter 键可以再次定位。

3. 选择数据

选择数据可以分为在行的方向选择记录和在列的方向选择字段以及选择连续区域。

（1）选择记录

① 选择某条记录：在数据表视图窗口第一个字段左侧是记录选定区，直接在选定区单击可选择该条记录。

② 选择连续若干条记录：在记录选定区拖动鼠标，鼠标所经过的行被选中，也可以先单击连续区域的第一条记录，然后按住 Shift 键后单击连续记录的最后一条记录。

③ 选择所有记录：单击工作表第一个字段名左边的全选按钮，或使用 Ctrl＋A 组合键选择所有记录。

（2）选择字段

① 选择某个字段的所有数据：直接单击要选字段的字段名即可。

② 选择相邻连续字段的所有数据：在表的第一行字段名处用鼠标拖动字段名。

（3）选择部分区域的连续数据

将鼠标移动到数据的开始单元处，当鼠标指针变成 ✚ 形状时，从当前单元格拖动到最后一个单元格，鼠标经过的单元格数据被选中，可以选择某行、某列或某个矩形区域的数据。

4. 添加记录

在 Access 中，只能在表的末尾添加记录，操作时先在数据表视图中打开表，然后直接在最后一行输入新记录各字段的数据即可。

5. 删除记录

删除记录时，首先在数据表视图窗口中打开表，然后选择要删除的记录后右击，这时，在快捷菜单中选择"删除记录"命令，屏幕上出现确认删除记录的对话框，如果单击"是"按钮，则选定的记录被删除。

6. 修改数据

修改数据是指修改某条记录的某个字段的值，首先将鼠标指针定位到要修改的记录上，然后再定位到要修改的字段，即记录和字段的交叉单元格，直接进行修改。

7. 复制数据

复制数据是指将选定的数据复制到指定的某个位置，方法是首先选择要复制的数据，然后单击"复制"按钮，再单击要复制的位置，最后单击"粘贴"按钮即可。

9.3.4 使用数据表

数据表的使用包括对数据的排序、记录的筛选、数据的查找等，所有这些操作都在数据表视图下进行。

1. 查找数据

查找数据是指在表中查找某个特定的值。

【例 9-7】 在 student 表中查找"性别"为"女"的记录。操作过程如下：

（1）在"数据库"窗口中单击"表"对象。

（2）双击 student 表，在数据表视图窗口下打开该表。

（3）将光标定位到"性别"字段的名称上。

（4）在"开始"选项卡的"查找"组中单击"查找"按钮，弹出"查找和替换"对话框，选择"查找"选项卡，如图 9-24 所示。

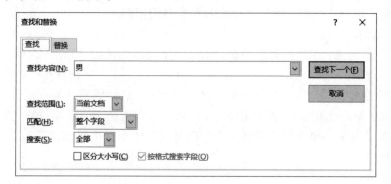

图 9-24 "查找"选项卡

（5）在对话框中执行以下操作：

① 在"查找内容"文本框内输入"男"。

② 在"查找范围"选项中可以选择"性别"字段或整个表，这里选择"当前文档"。

③ 在"匹配"下拉列表中有 3 个选项：字段任何部分、整个字段和字段开头，这里选择"整个字段"。

④ "搜索"下拉列表中有 3 个选项：向上、向下和全部，这里选择"全部"。

（6）单击"查找下一个"按钮，这时将查找下一个指定的内容，找到后，该数据以反相显示，继续单击"查找下一个"按钮可以将全部指定的内容查找出来。

（7）单击"取消"按钮可以结束查找过程。

用类似的方法，可以完成替换操作，替换是指将查找到的某个值用另一个值来替换。

2. 记录排序

排序是指按一个或多个字段值的升序或降序重新排列表中记录的顺序，对一个表排序后，保存表时，将保存排序的结果。进行排序时，可以使用"开始"选项卡"排序和筛选"组中的按钮，如图 9-25 所示，主要使用分组中的"升序""降序"和"取消排序"这 3 个按钮。

图 9-25 "排序和筛选"组

对记录进行排序要在数据表视图下进行。

【例 9-8】 对 student 表按"出生年月"字段的升序对记录进行排序。

操作过程如下：

（1）在数据表视图窗口下打开 student 表。

（2）单击"出生年月"字段所在的列。

（3）单击"排序和筛选"组中的升序按钮，这时排序的结果直接在数据表视图中显示，如图 9-26 所示。

图 9-26 对出生年月进行升序排列后的结果

如果取消对记录的排序，则单击"排序和筛选"组中的"取消排序"按钮 ，可以将记录恢复到排序前的顺序。

可以按一个字段排序,也可以按多个字段排序。如果指定了多个排序字段,排序的过程是这样的,先根据第一个字段指定的顺序排序,当第一个字段有相同的值时,这些相同值的记录再按照第二个字段进行排序,依次类推,直到按全部指定的字段排好序为止。

在数据表视图下按多个字段排序时,要求这多个字段在表中是连续的,排序时按字段从左到右的顺序进行,最左边的是第一个排序字段。

3. 记录筛选

筛选记录是指在数据表视图中将满足条件的记录显示出来,而将不满足条件的记录暂时隐藏起来,筛选后还可以恢复显示原来所有的记录。

筛选操作使用"排序和筛选"组中的"筛选器"按钮,单击该按钮时,显示筛选下拉列表,如图 9-27 所示,字段的类型不同时,菜单中显示的内容不完全一样,在该菜单中可以设置筛选的条件。

图 9-27 "性别"列的筛选菜单

【例 9-9】 在 student 表中筛选出男生记录。操作过程如下:

(1) 在数据表视图窗口下打开 student 表。

(2) 单击表中任意一条记录的"性别"字段。

(3) 单击"排序和筛选"组中的"筛选器"按钮,弹出设置筛选下拉列表。

(4) 选择"女"选项,然后单击"确定"按钮,这时,数据表视图中显示筛选的结果,如图 9-28 所示。

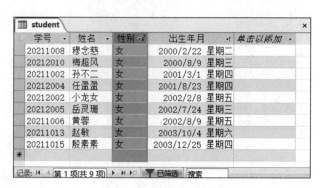

图 9-28 筛选后的结果

在筛选状态下,单击"排序和筛选"组中的"切换筛选"按钮,可以"取消筛选",回到筛选前的状态。

9.3.5 表间关系

数据库中的各个表之间可以通过共同字段建立联系,当两个表之间建立联系后,用户就不能再随意地更改建立关系的字段的值,也不能随意地向从表中添加记录。从而保证数据的完整性,即数据库的参照完整性。

1. 建立表间关系

Access 中的关系可以建立在表和表之间,也可以建立在查询和查询之间,还可以是在表和查询之间。

建立关联操作不能在已打开的表之间进行,因此,在建立关联时,必须首先关闭所有的数据表。

【例 9-10】 在 student 表和 score 表间建立关系,student 表为主表,score 表为从表,同时,在 course 表和 score 表间建立关系,course 表为主表,score 表为从表,建立过程如下:

(1)打开"显示表"对话框

创建表间关系时,要先将表关闭,然后在"数据库工具"选项卡的"关系"组中单击"关系"按钮,弹出"显示表"对话框,如图 9-29 所示,对话框中显示了数据库中的 3 张表。

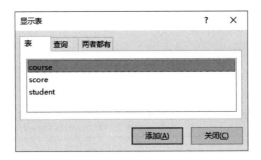

图 9-29 "显示表"对话框

(2)选择表

在此对话框中选择要建立联系的 3 张表,每选择一张表后,单击"添加"按钮,就可以在关系中添加这张表。这里将 student、course、score 这 3 张表分别选择后单击"添加"按钮,关闭此对话框,弹出"关系"窗口,可以看到,刚才选择的数据表出现在"关系"窗口中,如图 9-30 所示。

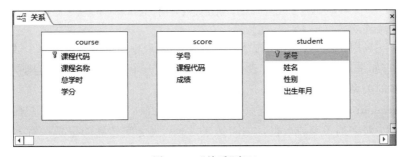

图 9-30 "关系"窗口

（3）建立关系并设置完整性

在图9-30中，将 student 表中的"学号"字段拖到 score 表的"学号"字段，释放鼠标后，显示新的对话框，如图9-31所示，可见关系类型为"一对多"。

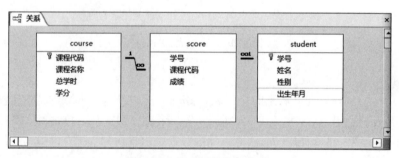

图 9-31　"编辑关系"对话框

选中此对话框中的3个复选框（"实施参照完整性""级联更新相关字段""级联删除相关记录"），如图9-31所示，这是为实现参照完整性进行的设置。

单击"创建"按钮，返回"关系"窗口，这时，student 表和 score 两个表之间的关系建立完毕。

在"关系"窗口中用同样的方法，将 course 表中的"课程代码"字段拖到 score 表的"课程代码"字段，释放鼠标后，显示"编辑关系"对话框，选中对话框中的3个复选框，这时，course 表和 score 两个表之间的关系也建立完毕。

建立后的表间关系如图9-32所示。

图 9-32　创建好的表间关系

在 Access 中，用于联系两个表的字段如果在两个表中都是主键，则两个表之间建立的是一对一关系；如果这个字段在一个表中是主键，在另一个表中不是主键，则两个表之间建立的是一对多的关系，主键所在的表是主表。

由于在 student 表中设置的主键是"学号"，而在 score 表中没有设置主键，所以两个表之间建立的是一对多的关系，同样，course 表和 score 表之间建立的也是一对多的关系。

在这两个表之间建立联系后，再打开主表 student 表，表中每个学号前多了一个"＋"，显然，这是一个展开用的符号，单击该符号时，会显示出从表中对应记录的值，如图9-33

所示。

图 9-33 创建表间关系后显示的主表

2. 参照完整性

建立了表间关系后,除了在数据表视图中显示主表时形式上会发生变化,在对表进行记录操作时,也要相互受到影响。

在参照完整性中,"级联更新相关字段"使得主关键字段和关联表中的相关字段保持同步的更新,而"级联删除相关记录"使得主关键字段中相应的记录被删除时,会自动删除相关表中对应的记录。下面通过级联的更新与级联删除实例说明参照完整性。

【例 9-11】 验证"级联更新相关字段"和"级联删除相关记录"。

前面在 student 表和 score 表之间按字段"学号"建立了关联,由于"学号"在 student 表中是主键,而在 score 表中没有设置主键,因此,"学号"是 score 表中的外键,在建立关联时,同时也设置了"级联更新相关字段"和"级联删除相关记录",进行以下操作:

(1) 在数据表视图中打开 score 表。

(2) 在数据表视图中输入一条新的记录,各字段的值分别是"20212018""19101001""80",注意,学号"20212018"在 student 表中是不存在的,单击新记录之后的下一条记录位置,这时出现图 9-34 所示的对话框。这个对话框表明输入新记录的操作没有被执行,这是参照完整性的一个体现,表明在从表中不能引用主表中不存在的学号。这就验证了"实施参照完整性"。

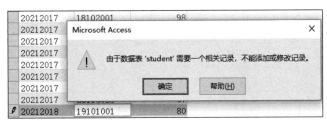

图 9-34 输入的学号值在主表中不存在时的对话框

数据库技术基础

（3）打开 student 表，切换到数据表视图。

（4）将第一条记录"学号"字段的值由"20212017"改为"20212018"，然后单击"保存"按钮。

（5）在数据表视图窗口中打开 score 表，可以看到，此表中原来学号为"20212017"的记录，其学号值已被自动更改为"20212018"，这就是"级联更新相关字段"。

"级联更新相关字段"使得主关键字段和关联表中的相关字段的值保持同步改变，为便于以后的操作，现将主表中改变的学号"20212018"恢复为原来的"20212017"。

（6）重新在数据表视图中打开 student 表，并将"学号"字段值为"20212017"的记录删除，这时出现图 9-35 所示的对话框，提示主表和从表中的相关记录都会被删除，这时单击"是"按钮，然后单击"保存"按钮。

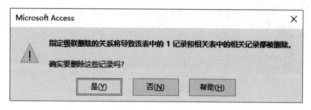

图 9-35 删除主表中记录时的对话框

（7）在数据表视图中打开 score 表，此表中原来学号为"20212017"的记录也被同步删除，这就是"级联删除相关记录"。

"级联删除相关记录"表明在主表中删除某个记录时，从表中与主表相关联的记录会自动地删除。

9.4 创建查询

Access 的查询可以从已有的数据表或查询中选择满足条件的数据，也可以对已有的数据进行统计计算，还可以对表中的记录进行诸如修改、删除等操作。

9.4.1 创建查询的方法

在"创建"选项卡的"查询"分组中，有两个按钮用于创建查询，分别是"查询向导"和"查询设计"，如图 9-36 所示。使用"查询向导"时，可以创建简单查询、交叉表查询、查找重复项查询或查找不匹配项查询；使用"查询设计"时，先在设计视图中新建一个空的查询，然后通过"显示表"对话框添加表或查询，最后再添加查询的条件。

图 9-36 创建查询的两个按钮

创建查询使用的数据源可以是表，也可以是已经创建的其他查询。

Access2016 中可以创建的查询如下：

（1）设计视图查询，这是常用的查询方式，可在一个或多个基本表中，按照指定的条件进行查找，并指定显示的字段，本节主要介绍这种方法。

（2）简单查询向导可按系统提供的提示过程设计查询的结果。

（3）交叉表查询是指用两个或多个分组字段对数据进行分类汇总的方式。

（4）查找重复项查询向导是在数据表中查找具有相同字段值的重复记录。

（5）查找不匹配查询向导是在数据表中查找与指定条件不匹配的记录。

建立查询时可以在"设计视图"窗口或"SQL 视图"窗口下进行，而查询结果可在"数据表视图"窗口中显示。

查询操作有 3 种视图，分别是数据表视图、SQL 视图、设计视图，如图 9-37 所示。

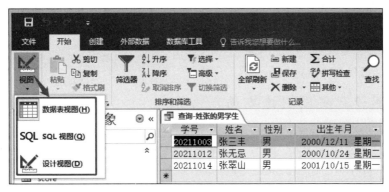

图 9-37　查询使用的视图

（1）数据表视图：用来显示查询的运行结果。

（2）SQL 视图：使用 SQL 语言进行查询。

（3）设计视图：就是在查询设计视图中设置查询的各种条件。

以上视图中使用最多的是设计视图，查询的设计视图窗格如图 9-38 所示。

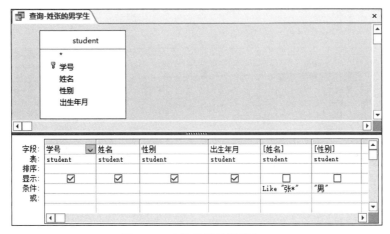

图 9-38　查询的设计视图窗口

在设计视图窗口中，上半部分显示选择的表或查询，也就是创建查询使用的数据源，下

数据库技术基础

半部分是一个二维表格,每列对应查询结果中的一个字段,而每一行的标题则指出了该字段的各个属性。

(1) 字段:查询结果中所使用的字段,在设计时通常是用鼠标将字段从名称列表中拖动到此区,也可以是新产生的字段。

(2) 表:指出该字段所在的数据表或查询。

(3) 排序:指定是否按此字段排序以及排序的升降顺序。

(4) 显示:确定该字段是否在查询结果集中显示。

(5) 条件:指定对该字段的查询条件,例如对成绩字段,如果该处输入">60",表示选择成绩大于 60 的记录。

(6) 或:可以指定其他的查询条件。

查询条件设计后,单击功能区的"运行"按钮,可以在数据表视图窗口中显示查询的结果。如果对结果不满意,可以切换到设计视图窗口重新进行设计。

查询结果符合要求后,单击"保存"按钮,弹出"另存为"对话框,输入查询名称后,单击"确定"按钮,可将建立的查询保存到数据库中。

9.4.2 使用设计视图创建查询

1. 创建条件查询

【例 9-12】 用设计视图建立查询,数据源是 student 表,结果中包含表中所有字段,查询结果显示 2003 年以后出生的女生,具体操作如下:

(1) 在"创建"选项卡的"查询"组中单击"查询设计"按钮,弹出"显示表"对话框。

(2) 在对话框中选择查询所用的表,这里选择 student 表,选择后单击"添加"按钮,然后关闭此对话框,打开设计视图窗格。

(3) 在设计视图窗格中,分别选择 student 表中的"学号""姓名""性别""出生年月"这 4 个字段,将 4 个字段分别放到字段区。

(4) 在"性别"字段和条件交叉处输入条件"女"。

(5) 在"出生年月"字段和条件交叉处输入条件">＝♯2003/1/1♯",设置的条件如图 9-39 所示。

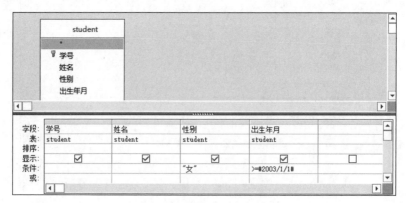

图 9-39 设置的查询条件

本题查询有两个条件,性别为女和 2003 年以后出生,而且要同时满足。

（6）单击功能区的"运行"按钮,显示查询的结果,如图 9-40 所示。

图 9-40　查询的结果

（7）单击"保存"按钮,在弹出的对话框中输入查询的名称"查询-2003 年以后出生的女生",单击"确定"按钮,查询创建完成。

2. 创建多表查询

【例 9-13】　用设计视图建立查询,数据源是数据库中的三张表 student 表、course 表和 score 表,结果中包含 4 个字段,分别是"学号""姓名""课程名称"和"成绩",查询条件是成绩高于 80 分的记录,并将结果按成绩由高到低的顺序输出。

具体操作如下：

（1）在"创建"选项卡的"查询"组中单击"查询设计"按钮,弹出"显示表"对话框。

（2）在对话框中选择查询所用的所有表,这里分别选择 student 表,course 表和 score,每选择一张表后,单击"添加"按钮,最后关闭此对话框,打开设计视图窗格。

（3）在设计视图窗格中,分别选择 student 表中的"学号""姓名",course 表中的"课程名称"和 score 表中的"成绩"字段,将 4 个字段分别放到字段区。

（4）在"成绩"字段和条件交叉处输入条件">80"。

（5）在"成绩"字段和排序交叉处选择"降序",设置的条件如图 9-41 所示。

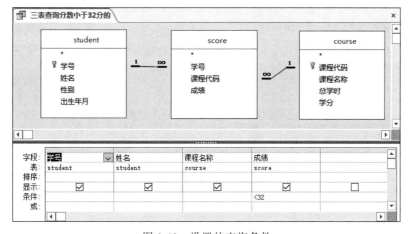

图 9-41　设置的查询条件

（6）单击"运行"按钮,显示查询的结果,如图 9-42 所示。

（7）单击"保存"按钮,在弹出的对话框中输入查询的名称"三表查询分数小于 32 分的",单击"确定"按钮,查询创建完成。

3. 用查询对数据进行分类汇总

【例 9-14】　用 score 与 student 表创建查询,分别计算男生和女生的平均成绩,操作过

图 9-42　三表查询分数小于 32 分的

程如下：

（1）在"创建"选项卡的"查询"组中单击"查询设计"按钮，弹出"显示表"对话框。

（2）在对话框中选择查询所用的表，这里选择 score 表与 student 表，选择后单击"添加"按钮，最后关闭此对话框，打开设计视图窗格。

（3）在查询设计视图窗口的上半部分，分别双击 student 表中的"性别"和 score 表的"成绩"两个字段。

（4）在设计视图窗口中单击"设计"选项卡"显示/隐藏"组中的"汇总"按钮$\sum$，这时，设计视图窗口的下半部分多了一行"总计"。

（5）在"性别"对应的总计行中，单击右侧的向下箭头，在打开的列表框中单击 Group By，表示按"性别"分组，然后在"成绩"对应的总计行中单击其中的"平均值"。

（6）在"成绩"字段的名称前面添加"平均成绩"，注意这里的冒号一定是在英文状态下输入，图 9-43 是设计输出结果中显示的字段名。

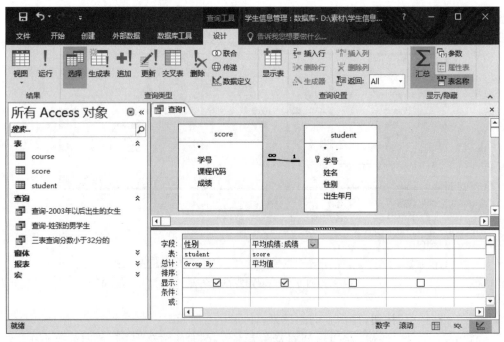

图 9-43　设置查询条件

（7）单击"运行"按钮，显示查询的结果如图 9-44 所示，本查询是对表中数据进行汇总并产生新的字段"平均成绩"。

图 9-44 查询结果

（8）命名并保存查询。单击"保存"按钮，弹出"另存为"对话框，在此对话框中输入查询名称"查询-按性别统计平均成绩"，然后单击"确定"按钮。

9.4.3 创建参数查询

前面建立的查询中，查询的条件值是在建立查询时就已确定的，例如，使用 score 表建立查询时，在设计视图的"学号"字段的条件行输入条件"＝20211001"，则在运行查询时，就会查询学号为"20211001"的记录，这里的具体学号"20211001"就是在设计查询阶段已经定义好的。

如果希望得到这样的结果，即每次运行时都要查询不同学号的记录，也就是说，具体的学号是在查询运行之后才在对话框中输入的，具有这样功能的查询称为参数查询，在查询运行之后需要输入的数据称为参数。

根据查询中参数的数目不同，参数查询可分为单参数查询和多参数查询两类。

【例 9-15】 以"学生信息管理"数据库中的所有三张表作为数据源建立查询，每次运行查询时输入不同的学号，可以查询该学号学生所选课程的成绩，查询结果中要求有学号、姓名、课程名称和成绩 4 个字段。

以每次输入的不同学号进行查询，这是一个单参数查询，建立过程如下：

（1）在"创建"选项卡的"查询"组中单击"查询设计"按钮，弹出"显示表"对话框。

（2）在对话框中选择查询所用的所有表，这里分别选择 student 表，course 表和 score 表，每选择一张表后，单击"添加"按钮，最后关闭此对话框，打开设计视图窗口。

（3）在设计视图窗口中分别选择 student 表中的"学号""姓名"，course 表中的"课程名称"和 score 表中的"成绩"字段，将 4 个字段分别放到字段区。

（4）在"学号"对应的"条件"行中输入下面的条件：

[请输入学号：]

输入条件时连同方括号一起输入，如图 9-45 所示。

（5）预览查询结果，单击"运行"按钮，这时屏幕显示"输入参数值"对话框，如图 9-46 所示。

向对话框中输入学号"20211001"之后，单击"确定"按钮，窗口中显示查询的结果是学号为 20211001 的各门课程的成绩，如图 9-47 所示。

如果再次执行该查询，在"输入参数值"对话框中输入"20210001"，则查询结果是学号为"20210001"的记录，也就是实现了在查询运行之后输入参数的值，结果如图 9-47 所示。

（6）单击"保存"按钮，弹出"另存为"对话框，在此对话框中输入查询名称"参数查询-按学号查询"，然后单击"确定"按钮，查询建立完毕。

312

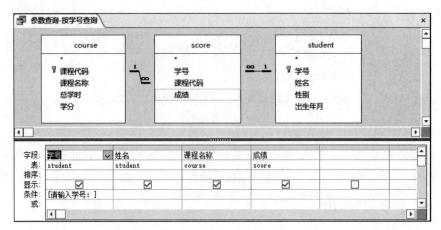

图 9-45　设置查询条件

图 9-46　"输入参数值"对话框

图 9-47　"参数查询"的运行结果

　　本节介绍了一些最主要的查询,实际上,Access 的查询功能并不仅限于对已有数据的检索,也包括了对记录的追加、修改和删除,这些统称为操作查询,也就是对查询到的数据做进一步的处理,操作查询的类型如下。

1. 生成表查询

　　生成表查询是指将查询到的记录追加到另外一个表中。例如,对于职工档案表,如果要处理退休职工的信息,可以将出生日期在某个年月日之前的记录从档案表中查询后添加到另一个表中,例如退休职工表。

2. 更新查询

　　更新查询是指有规律地同时修改表中的记录。例如,在工资表中,将工龄超过 20 年的职工基本工资增加 200,将工龄在 10～20 年的职工的基本工资增加 100,而将工龄小于 10年的职工的基本工资增加 50。

3. 删除查询

　　删除查询是指同时删除表中满足查询条件的记录。例如,在学生成绩表中,删除所有计算机导论成绩小于 60 分的记录。

9.5　创　建　窗　体

窗体是 Access 数据库文件的一个重要组成部分,作为数据库和用户之间的接口,窗体提供了对数据表中的数据输入输出和维护的一种更方便的方式。

在"创建"选项卡的"窗体"组(图 9-48)中,各个按钮对应了不同的创建窗体的方法:

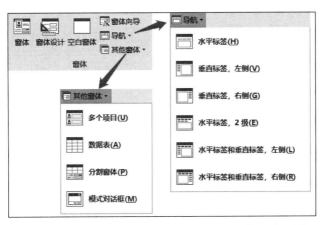

图 9-48　"窗体"组、"导航"下拉列表、"其他窗体"下拉列表

(1) 窗体:创建一个窗体,在该窗体中一次只输入一条记录的值。

(2) 窗体设计:在设计视图窗口中新建一个空白的窗体,由用户自行设计窗体的布局和控件。

(3) 空白窗体:创建不带控件或格式的窗体。

(4) 窗体向导:按向导提示逐步建立窗体。

(5) 导航:单击该按钮右侧的下拉按钮,打开下拉列表(图 9-48)中可以创建不同的标签。

(6) 其他窗体:该按钮的下拉列表(图 9-48)中可以创建其他的窗体,例如多个项目、分割窗体、数据透视图、数据透视表的窗体。

【例 9-16】　利用"窗体向导"创建窗体,数据源是 student 表,过程如下:

(1) 在"创建"选项卡的"窗体"组中单击"窗体向导"按钮,弹出"窗体向导"对话框。

(2) 在对话框的"表/查询"下拉列表中选择数据源 student 表,这时,对话框左下方的"可用字段"列表框中显示了可以使用的字段名称。

(3) 将"可用字段"列表框中显示的字段添加到"选定字段"列表框中:

① 如果将"可用字段"列表框中所有字段添加到"选定字段"列表框中,单击">>"按钮。

② 如果将某个字段加到"选定字段"框中,选中字段后,单击">"按钮。选定的字段还可通过单击"<"和"<<"按钮放回到可用字段列表框中。

本例中选择"学生"表中所有的字段,字段选择后,单击"下一步"按钮,打开如图 9-49 所示的对话框。

数据库技术基础

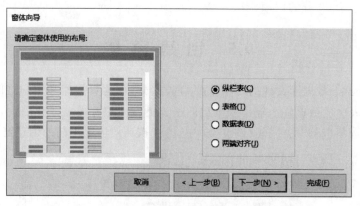

图 9-49 "窗体向导"对话框的确定窗体使用的布局

（4）图 9-49 中提供了有关窗体布局的选择，共有 4 种布局，分别是纵栏表、表格、数据表、两端对齐，这里选择"纵栏表"，选择后单击"下一步"按钮，打开向导的最后一个对话框。

（5）最后一个对话框用来输入窗体的标题，在对话框中输入窗体的标题"学生表"，单击"完成"按钮。

这样，窗体建立完毕，屏幕上显示出窗体的执行结果，这时可分别单击记录指示器的"上一条记录""前一条记录"等按钮，逐条显示或修改记录，也可以输入新的记录，如图 9-50 所示。

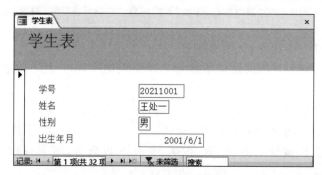

图 9-50 窗体记录显示

9.6 本 章 小 结

本章较为详细地介绍了 Access 2016 中的基本操作，全章的操作例子使用的是同一个数据库中的各张数据表。在学习过程中，通过这些例子逐个练习，掌握这些操作后，可以将同样的操作用在自己感兴趣的其他数据上，例如图书管理、人力资源管理、进货存储销售的管理等。

习 题

1. 单项选择题

（1）DB、DBMS 和 DBS 三者之间的关系是（ ）。

A. DB 包括 DBMS 和 DBS　　　　　　B. DBS 包括 DB 和 DBMS

C. DBMS 包括 DBS 和 DB　　　　　　D. DBS 与 DB 和 DBMS 无关

（2）下列各项中，属于编辑表结构中的内容的操作是（　　　　）。

    A. 定位记录　　　　　　　　　　　　B. 选择记录

    C. 复制字段中的数据　　　　　　　　D. 添加字段

（3）在 Access 中，同一时间，可以打开（　　　　）个数据库。

    A. 1　　　　　　　B. 2　　　　　　　C. 3　　　　　　　D. 4

（4）对数据库中的数据可以进行查询、插入、删除、修改，是因为数据库管理系统提供了（　　　　）。

    A. 数据定义功能　　　　　　　　　　B. 数据操纵功能

    C. 数据维护功能　　　　　　　　　　D. 数据控制功能

（5）下面关于关系的描述中，错误的是（　　　　）。

    A. 关系必须规范化

    B. 在同一个关系中不能出现相同的属性名

    C. 关系中允许有完全相同的元组

    D. 在一个关系中列的次序无关紧要

（6）Access 是一种支持（　　　　）的数据库管理系统。

    A. 层次型　　　　B. 关系型　　　　C. 网状型　　　　D. 树形

（7）在关系理论中，二维表的表头中各个栏目的名称被称为（　　　　）。

    A. 元组　　　　　B. 属性名　　　　C. 数据项　　　　D. 结构名

（8）下列关于数据表的说法中，正确的是（　　　　）。

    A. 一个表打开后，原来打开的表将自动关闭

    B. 表中的字段名可以在设计视图或数据表视图中更改

    C. 在表设计视图中可以通过删除列来删除一个字段

    D. 在表的数据表视图中可以对字段属性进行设置

（9）下列关于主关键字的说法中，错误的是（　　　　）。

    A. Access 并不要求在每个表中都必须包含一个主关键字

    B. 在一个表中只能指定一个字段成为主关键字

    C. 在输入数据或对数据进行修改时，不能向主关键字的字段输入相同的值

    D. 利用主关键字可以对记录快速地进行排序和查找

（10）一个字段由（　　　　）组成。

    A. 字段名称　　　　B. 数据类型　　　　C. 字段属性　　　　D. 以上都是

2. 填空题

（1）在表中能够唯一地标识表中每条记录的字段或字段组称为_____。

（2）Access 的数据表由_____和_____构成。

（3）有两张表都和第三张表建立了一对多的联系，并且第三个表的主关键字中包含这两张表的主键，则这两张表通过第三张表实现的是_____的关系。

（4）常用的数据模型有层次、_____和_____。

（5）在关系数据库中，一个属性的取值范围称为_____。

3. 判断题

(1) 在关系中,根据实际需要可把属性细分为若干个子属性。　　　　　　　(　)

(2) 一个数据表可以拥有多个主键。　　　　　　　　　　　　　　　　(　)

(3) 使用查询不可以间接地创建、更新、追加、删除数据表。　　　　　　(　)

(4) 使用"设计视图"创建窗体的数据源必须是一个数据表或者一个(多表)查询。

(　)

(5) 一个报表可以设置多个组页眉页脚。　　　　　　　　　　　　　　(　)

4. 简答题

(1) 简述数据库和数据库管理系统的概念。

(2) 简述什么是数据模型。

(3) 简述关系模型的组成。

第10章 多媒体技术基础

科学技术的发展使信息社会发生了日新月异的变化,人类许多古老的梦想正逐渐变为现实。多媒体技术正是现代科技的最新成就之一,它是 20 世纪 80 年代迅速发展起来的一门新兴计算机综合技术。它以传统的计算机技术为基础,结合现代电子信息技术、音视频技术,使计算机具备了综合处理文本、图形、图像、声音、视频影像、动画等信息的能力。为人们的工作、生活、娱乐带来了深刻的变化,人们传统认识中单调、乏味的计算机变成了丰富多彩、声像并茂的人类朋友,层出不穷的多媒体产品也正引领着社会的时尚。多媒体技术的应用,已成为现代计算机应用技术中的一个重要分支。

10.1 多媒体技术的概念

多媒体技术是利用计算机对文本、图形、图像、音频、视频和动画等多种媒体信息进行采集、压缩、存储、控制、编辑、变换、解压缩、播放、传输等数字化综合处理,使多种媒体信息建立逻辑连接,使之具有集成性和交互性等重要特征。

10.1.1 多媒体与多媒体技术

1. 媒体

媒体(Media)一词是日常生活和工作中经常用到的词汇,如人们经常将报纸、广播、电视等称为“新闻媒体”,报纸通过文字,广播通过声音,电视通过图像和声音来传播信息。信息需要借助于媒体进行传播,所以媒体是信息的载体,但这只是狭义的理解。媒体在计算机领域有两种含义:一是承载信息(表示信息)的载体,如文本、图形、图像、声音、视频、动画等;二是传播信息的载体,如磁盘、光盘、磁带、半导体存储器、U 盘等。

概括国际电信联盟的定义,媒体分为感觉媒体、表示媒体、表现媒体、存储媒体和传输媒体。

(1) 感觉媒体(Preception Media):指能直接作用于人们的感觉器官,从而使人产生直接感觉的媒体,如语言、文字、音乐、声音、图形、图像、动画等。

(2) 表示媒体(Representation Media):为了加工、处理和传输感觉媒体而人为研究、构造出来的媒体。一般以编码的形式描述,如语言编码、图像编码、声音编码、视频编码等。

(3) 表现媒体(Presentation Media):又称显示媒体,是感觉媒体与电信号之间的转换媒体,指获取和显示的设备。显示媒体又分为输入显示媒体和输出显示媒体,输入显示媒体如键盘、鼠标、光笔、麦克风、摄像机、数码相机等,输出显示媒体如显示器、音箱、打印机、投影仪等。

(4) 存储媒体(Storage Media):指用于存放表示媒体的存储介质,如磁盘、磁带、光盘、

U盘等。

（5）传输媒体（Transmission Media）：用于传输表示媒体的物理载体，如电话线、电缆、光纤、电磁波等。

2. 多媒体

多媒体一词源自英文Multimedia，是由两种以上单一媒体融合而成的信息综合表现形式。其实质是将不同表现形式的各种媒体信息数字化，然后利用计算机对这些数字化的媒体信息进行加工或处理。

多媒体与传统媒体有几点不同：多媒体信息都是数字化的信息，而传统媒体基本是模拟信号；传统媒体只能让人们被动地接受信息，而多媒体可以让人们主动与信息媒体交互；传统媒体一般是单一形式，而多媒体是两种以上不同媒体信息的有机组成。

多媒体就是多重媒体的意思，在多媒体计算机技术中，可以理解为直接作用于人体感官的文字、图形、图像、动画、声音和视频等各种媒体的统称，即多种信息载体的表现形式和传递方式。按照使用领域的不同，多媒体可分为广义多媒体和狭义多媒体。广义多媒体是指能传播文本、图形、图像、声音、动画和视频等多种类型信息的手段、方式或载体，包括电影、电视、光盘、计算机、网络等。狭义多媒体是指融合两种以上传播手段、方式或载体，用以人机交互式信息交流和传播的媒体，或者说是指在计算机控制下把文本、图形、图像、声音、动画和视频等多种类型的信息混合在一起交流传播的手段、方式或载体，如多媒体计算机、因特网等。

3. 多媒体技术

多媒体技术是指利用计算机把文本、图形、图像、音频、视频、动画等多种信息一体化，使之建立逻辑连接，集成为一个具有交互性的系统。简而言之，多媒体技术就是以集成性、多样性和交互性为特征的综合处理声音、文字、图形、图像等信息的计算机技术。真正的多媒体技术所涉及的对象是计算机技术的产物，而其他领域的单纯事物，如电影、电视、音箱等均不属于多媒体技术范畴。

多媒体技术的研究涉及计算机硬件、计算机软件、计算机网络、人工智能、电子出版等，其涉及的产业包括电子工业、计算机工业、广播电视、出版业和通信业等。

4. 流媒体

流媒体（Streaming Media）技术是一种专门用于网络多媒体信息传播和处理的新技术。该技术能够在网络上实现传播和播放同时进行的实时工作模式，相对于其他的一些音、视频网络传输和处理技术，流媒体比较成熟和实用，目前已经成为网上音、视频（特别是实时音视频）传输的主要解决方案。

流媒体与常规视频媒体之间的不同在于，流媒体可以边下载边播放。"流"的重要作用体现在可以明显地节省时间，由于常规视频媒体文件比较大，并且只能下载后才能播放，因此下载需要很长的时间，妨碍了信息的流通。流媒体的应用是近几年来Internet发展的产物，广泛应用于远程教育、网络电台、视频点播、收费播放等。

10.1.2 多媒体的组成元素

多媒体是多种媒体的有机组合，在计算机领域是指计算机与人进行交流的多元化信息，常用的媒体元素主要包括文本、图形、图像、音频、视频和动画等。

1. 文本

文本是以文字和各种专用符号表达的信息形式，它是现实生活中使用得最多的一种信息存储和传递方式。用文本表达信息给人充分的想象空间，它主要用于对知识的描述性表示，如阐述概念、定义、原理和问题以及显示标题、菜单等内容。

2. 图形

图形是采用算法语言或应用软件生成的从点、线、面到三维空间的黑白或彩色的几何图。它多为矢量图，如几何图、工程图、统计图等。图形文件的常见格式有 BMP、DIB、PCP、DIF、WMF、GIF、JPG、TIF、EPS、PSD、CDR、IFF、TGA、PCD、MPT 等。

3. 图像

图像是指通过计算机图像处理软件（如 Photoshop）等绘制、处理或通过数码照相机实际拍摄的图。可以对位图（文件格式为 BMP）图像进行压缩，从而实现图像的存储和传输，图像文件的主要格式有 JPEG、BMP、GIF、PSD、TIFF、PNG、WMF 等。

4. 音频

人能够听到的各种声音称为音频，在计算机领域主要指存储在计算机中的数字化音频文件。数字音频主要有两类：一类是通过录音方式生成的波形声音，文件格式有 WAV、MP3 等；另一类是利用计算机技术合成的声音，文件格式有 MID 等。

5. 动画

动画是利用人的视觉暂留特性，快速播放一系列连续运动变化的图形图像，也包括画面的缩放、旋转、变换、淡入淡出等特殊效果。通过动画可以把抽象的内容形象化，使许多难以理解的教学内容变得生动有趣。合理使用动画可以达到事半功倍的效果。常见的动画分为矢量动画和帧动画，动画文件格式通常有 SWF 和 GIF 等。

6. 视频

视频是指现实生活中动态的影像，视频影像具有时序性与丰富的信息内涵，常用于交代事物的发展过程。视频非常类似于人们熟知的电影和电视，有声有色，在多媒体中充当起重要的角色。视频现在主要通过摄像机、摄像头、数码相机、智能手机等视频采集工具采集得来，视频文件的格式有 AVI、MOV、MPEG、RMVB 等。

10.1.3 多媒体技术的特点

多媒体技术是多学科与计算机综合应用的技术，它包含了计算机软硬件技术、信号的数字化处理技术、音频视频处理技术、图像压缩处理技术、通信技术，人工智能和模式识别技术，是正在不断发展和完善的多学科综合应用技术。

1. 集成性

多媒体技术的集成性是指对多种媒体信息的集成和对处理各种媒体设备的集成。媒体信息的集成是将各种媒体信息采集、加工处理、数字化后，以一定的方式进行有机的同步组合，使之集成为一个统一完整的多媒体信息系统。媒体设备的集成是指与媒体处理相关软硬件设备的集成，即支持多媒体信息处理、多媒体系统运行的硬件系统和软件平台组合成一个完整的多媒体支持系统。

2. 交互性

交互性是多媒体技术的一个重要特征，是指用户可以与计算机进行对话，使人和计算机之间实现双向信息交流,计算机能按用户的指挥和控制提供有效信息,这正是多媒体与传统媒体的主要区别。如电视中的媒体信息就是单向流通的,电视台播放什么内容,人们就只能接收什么内容。多媒体技术的交互性为用户选择和获取信息提供了灵活的手段和方式。

3. 实时性

实时性是指多媒体技术中的视频图像和声音必须保持同步性和连续性,这也是实现虚拟现实的关键特性。实时多媒体的集成必须能高度地同步媒体,才能体现真实感。例如,在展示讲课过程时,演讲者的声音和动作必须同步。任何媒体间的不同步都会影响多媒体应用系统的实时效果。

在网络应用需求迅速发展的情况下,不仅在多媒体计算机上体现了高度的实时性,如人们可以通过计算机照相和摄影、播放各种多媒体节目等;而且在因特网的信息传递方面也体现了高度的实时性,这涉及网络、通信设备和通信介质等多方面的技术,这些技术提供了网络实时处理的可能。许多网络应用,如网络会议、IP 电话、视频点播和网络卡拉 OK 等都能使人们感觉到一种实时效果。

4. 多样性

20 世纪 90 年代以前的计算机以处理文本信息为主,而目前的计算机大多是多媒体计算机。多媒体计算机不仅能输入多媒体信息,还能处理和输出多媒体信息,如文本、声音、图形图像、动画、视频等,这大大改善了人与计算机之间的交流,使计算机越来越符合人的自然需求。

5. 非线性

多媒体技术的非线性特点将改变人们传统顺序性的读写模式。以往人们读写方式大都采用章、节、页的框架,循序渐进地获取知识,而多媒体技术将借助超文本链接(Hyper Text Link)的方法,把内容以一种更灵活、更具变化的方式呈现给读者。

6. 信息使用的方便性

利用多媒体技术,用户可以按照自己的需要、兴趣、偏爱、任务要求和认知特点来使用信息,任意选择文本、图形、图像、声音、动画和视频等信息进行使用处理。

7. 信息结构的动态性

多媒体技术具有灵活多样性,其表现形式丰富多彩,用户可以按照自己的目的和认知特征重新对现有的信息进行组织加工、增加、删除或修改结点,生成新的信息表现形式。

10.2 多媒体技术的应用及其发展前景

多媒体技术不仅是时代的产物,也是人类历史发展的必然。人类社会文明的重要标志是人类具有丰富的信息交流手段。从人类交流信息的发展来看,最初人类的交流是声音和语言(包括形体语言),后来出现了文字和图形,使人类能以简洁方便的形式交换和表达信息。在现代文明社会,以照相机、摄像机等为代表的电子产品的出现,使图像(静止图像和视频图像)成为人们喜闻乐见的交流信息的手段。俗话说"百闻不如一见",人类获取的信息80％是通过视觉获取的。如果能同时运用听觉、视觉、触觉,则获取信息的效果最佳,所以说多媒体技术体现了人类的要求。

10.2.1 多媒体技术的应用

多媒体技术问世以来,在较短的时间内,以其信息表达方式直观、形象,交互操作方便、灵活的极大优势,很快风靡整个世界,特别是与电子、通信、网络等技术的完美结合,使多媒体技术的应用遍及人类社会生活的各个方面,应用领域不断扩大,主要体现在以下几个方面:

1. 教育和培训

教育领域是应用多媒体技术最早的领域,也是进展最快的领域。通过电子教案、网络多媒体教学、仿真工艺过程、模拟交互过程等多媒体方式,以最容易接受的多媒体形式使人们接受教育,增加学习的主动性和趣味性。多媒体丰富多彩的表现形式和传播信息的巨大能力,为现代教育提供了最理想的教学环境。

多媒体技术在教学中的应用,改变了传统的教学方法、教学手段和教学模式。利用多媒体技术编制的各种教学课件,能够创造出声像并茂、生动逼真的学习情境,激发学生的学习兴趣。方便灵活的交互式操作方式,使学生自主学习的积极性大大提高。

多媒体和虚拟现实技术的结合,使各种新的教学形式不断涌现。模拟实验室可以进行物理、化学等仿真实验,能够仿造天文、地理及各种自然现象的真实场景,能够模拟生物进化等过程。虚拟课堂、仿真教室、数字化图书馆等新的教学辅助形式使学习过程变得富有滋味。多媒体网络通信技术的发展,使远程教育培训蓬勃兴起,这种教学方式不受时间、地点的限制,学生可通过多媒体通信网络,身临其境般地接受名师授课。目前,许多知名大学都有在线课程,如图 10-1 所示为中国大学 MOOC 网的主页。

图 10-1　中国大学 MOOC 网主页

2. 电子出版

电子出版物是多媒体技术应用于新闻出版业的一种新型信息媒体形式,它以数字化方式,将各种媒体信息存储在大容量的 CD-ROM 上,用户通过多媒体计算机或其他播放设备进行阅读和使用。电子出版物分为电子图书、电子报纸、电子杂志、辞典手册、电子教材、游戏软件、影视作品等。它具有集成度高、交互性强、体积小、成本低、信息检索方式灵活方便、信息保存量大和容易复制等特点。电子出版物的大量涌现,使人们的阅读方式和图书馆的借阅方式也发生了巨大变化,如图 10-2 所示为超星移动图书馆手机端的操作界面。

3. 信息展示查询

多媒体信息直观的表现形式,使其在商业服务、信息咨询等方面有着广阔的应用空间。如各种商品广告、产品演示及商贸交易等,用户通过计算机终端或演示系统,可以随心所欲地查看、了解商品信息。多媒体技术与触摸屏技术结合的产品展示和信息咨询系统,已广泛应用于交通、旅游、宾馆、邮电、娱乐等公共场所,人们可以从触摸屏找到所需信息,如图 10-3 所示为中国工商银行触屏查询机。

图 10-2　超星移动图书馆手机端的
　　　　　操作界面

图 10-3　中国工商银行触屏查询机

4. 办公自动化

多媒体办公自动化系统是利用视频技术、网络技术、网络通信、数据库管理及多媒体技术把图形、图像、文字、立体声语言(音乐)、触摸屏操作等集成在一个办公自动化网络系统中,并可以为用户提供一个十分友好的应用界面。

今天办公自动化的含义已不仅仅是计算机处理文字,先进的多媒体技术和数字影像技术,将计算机、扫描仪、图文传真机、资料微缩系统等现代化办公设备与网络通信综合管理起来,构成全新的自动化办公系统,为人们提供了高效、便捷的工作条件。

多媒体技术在办公自动化中的应用非常广泛。采用系统综合设备,如计算机局域网、广域网、图像处理专用系统、语音传真、秘书系统、多功能多媒体工作站,实现办公一体化,综合处理语音、数据、文字、图像等,使系统有机地集成起来,使办公业务更加现代化。多媒体技术的出现,极大地改善了人机交互界面,提供了各种灵活方便的输入手段。例如,电视会议系统实现了通过计算机网络进行面对面的交谈,满足了人们在办公室召开实时会议的需求。各种多媒体数据的存储和查询打破了单一的文本信息存储的局面,提供了丰富生动的信息表达方式,人们能够方便地进行各种图、文、声、像并茂的信息处理;各种扫描、录音等多媒体输入方式简化了信息输入计算机的难度,使办公自动化系统中包含了多样化的信息,使信息处理更为丰富、生动,也提高了办公自动化信息处理的应用范围和价值,如图 10-4 所示为萍乡学院协同办公管理信息系统。

图 10-4　协同办公管理信息系统

5. 多媒体网络与通信

多媒体网络与通信是多媒体技术与网络通信技术相结合,通过局域网与广域网为用户以多媒体方式提供信息服务,如视频会议、可视电话、网上聚会、计算机协同工作系统等形式。由多媒体通信和分布式系统结合而产生的分布式多媒体通信系统,可以完成对远程多媒体信息获取、编辑、加工、处理和同步传输,向人们提供了如远程教育、远程医疗诊断等新的信息服务形式。将电话、电视、传真、音响等电子产品与计算机、通信网络融为一体,完成对多媒体信息的采集、压缩和解压、网络传输、音频播放和视频显示,形成了新一代的家电产品,改变了人们传统的教育和娱乐方式,如图 10-5 所示为瞩目会议系统。

6. 虚拟仿真

虚拟仿真是虚拟现实技术的重要应用。虚拟现实技术融合了数字图像处理、计算机图形学、多媒体技术、传感器技术等多个信息技术分支,是一门新兴的综合性技术。虚拟现实技术的应用领域和交叉领域非常广泛,如虚拟现实技术战场环境,虚拟现实作战指挥模拟,虚拟现

图 10-5　瞩目会议系统

实驾驶训练、飞机、导弹、轮船与轿车的虚拟制造，虚拟现实建筑物的展示与参观，虚拟现实手术培训，虚拟实验室、虚拟现实游戏、虚拟现实影视艺术等。虚拟仿真所生成的视觉环境是立体的、音效是立体的，人机交互和谐友好，它所创造的环境让人有身临其境的感受。虚拟现实技术的应用前景非常广阔，它可应用于建模与仿真、科学计算可视化、设计与规划、教育与训练、医学、艺术与娱乐等多个方面，如图 10-6 所示为使用虚拟现实技术显示 3D 全景。

图 10-6　使用虚拟现实技术显示 3D 全景

7. 游戏和娱乐

多媒体技术中的三维动画、仿真模拟使计算机游戏变得逼真、精彩。游戏软件的开发已成为产业。带宽的发展，使人们可以享受到高质量、高清晰度的影视画面、更具震撼力的音响效果。双向电影电视也逐渐进入寻常百姓家，新的娱乐方式给人们的业余生活带来全新的享受，如图 10-7 所示为 3D 动画电影阿凡提的故事。

图 10-7　3D 动画电影阿凡提的故事

10.2.2　多媒体技术的发展前景

随着计算机技术的不断发展,低成本高速度处理芯片的应用,高效率的多媒体数据压缩/解压缩产品的问世,高质量多媒体数据输入、输出产品的推出,多媒体技术必将推进到一个新的阶段。目前,多媒体技术的发展已进入高潮,多媒体产品正走进千家万户。

从近阶段来看,多媒体技术的研究和应用主要体现以下特点:

1. 家庭教育和个人娱乐是目前国际多媒体市场的主流。其代表性的产品有:视频光盘播放系统,如各种 DVD 播放机、游戏机、集声、文、图、像处理于一体,功能强大;交互式电视系统,IPTV 正逐步流行;利用 VOD 系统用户可以按自己的要求选择电视节目,或使用交互式电视系统从预先安排的几种情节发展中选择某一种情节让故事进行下去。

2. 内容演示和管理信息系统是多媒体技术应用的重要方面。目前,多媒体应用以内容演示和管理信息系统为主要形式,这种状况可能会持续一段时期。

3. 多媒体通信和分布式多媒体系统是多媒体技术的重要发展方向。传统的多媒体技术应用包含基于光盘的单机系统和基于网络的多媒体应用系统两个方面,随着高速网络成本的下降,多媒体通信关键技术的突破,在以 Internet 为代表的通信网上提供的多种多媒体业务会给信息社会带来深远影响。同时将多台异地互联的多媒体计算机协同工作,更好实现信息共享,提高工作效率,这种 CSCW 环境代表了分布式多媒体应用的发展趋势。

从长远观点来看,进一步提高多媒体系统的智能性是不变的主题。发展智能多媒体技术包括很多方面,如文字的识别、语音识别、自然语言的理解和机器翻译、知识工程和人工智能等。已有的解决这些问题的成果已很好地应用到多媒体系统开发中,并且任何一点新的突破都可能对多媒体技术发展产生更大的影响。

10.3　多媒体计算机系统组成

一个完整的多媒体计算机系统是由多媒体硬件系统和多媒体软件系统两部分构成的,与普通计算机不同,多媒体计算机强调图、文、声、像等多种媒体信息的处理能力,其对输入、输出设备的要求比普通计算机更高。

10.3.1　多媒体计算机硬件系统

所谓多媒体个人计算机(Multimedia Personal Computer,MPC),就是具有多媒体处理功能的个人计算机。它的硬件结构与一般所用的个人机并无太大区别,只不过多了一些配置而已,除了常规硬件,还应有音频处理硬件、视频处理硬件等,常见的多媒体计算机的硬件组成如图 10-8 所示。

现在的多媒体计算机其主要部件与普通个人计算机的配置基本一样,也包含中央处理器 CPU、内存储器、主板、光盘驱动器、显示器、鼠标、键盘等主要部件。为了满足多媒体信息大数据量处理的要求,对 CPU、内存储器和显示器等部件在性能上都有较高的要求,要能保证多媒体信息的处理、存储、显示与传输。此外,以下部件也是多媒体计算机必需的基本配置:

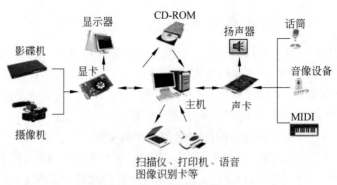

图 10-8　多媒体计算机系统的组成

1. 显示适配器

显示适配器也称显卡,是计算机主机与显示器的接口,其作用是将计算机中处理的数字信号转换为图像信号后从显示器输出。显卡通常是插在主板的扩展插槽中,但现在很多主板厂家都将显卡直接集成在主板上了。与集成显卡相比,独立显卡在性能上优于集成显卡。

显卡的基本结构主要包含 5 个部分:

(1) 显示芯片

显示芯片是显卡的核心部件,也称加速卡和图形处理器,它负责进行各种图像信号的处理。早期的显示芯片在图像运算和特效处理上是依赖 CPU 进行的,图形图像的显示运算全靠 CPU 完成。随着图形芯片技术的发展,现在的 3D(三维)显卡承担了全部图像的显示处理工作,大大减轻了 CPU 的负担,提高了图形图像显示的速度,因而又将 3D 显卡称为图形加速卡。

(2) 显示内存

显示内存简称显存,是存储显示数据的内存芯片,它与系统内存的功能差不多,系统内存用来暂时存储 CPU 处理的数据,显存则暂时存放显示芯片处理的数据。显存的大小直接影响到显示卡可以显示的颜色多少和可以支持的最高分辨率。

(3) 显存数模转换器

显存数模转换器负责进行显示信号的数模转换工作,就是将显示芯片处理后存储在显存中的数字信号逐帧转换成由三种彩色亮度和行、帧同步信号共同组成的视频信号,供显示器输出。现在显卡上的显存数模转换器已不再独立安装,它已被集成在显示芯片中。

(4) 显卡 BIOS

显卡 BIOS 的功能与主板 BIOS 的功能相似,主要用于显卡上各器件间正常工作时的控制和管理,存放显卡的一些控制程序和重要参数。

(5) 接口插槽

显卡必须安装到主板上才能接收 CPU 发出的工作指令和处理信息,因此它需要通过接口与主板相连。显卡接口插槽主要有 ISA 插槽、PCI 插槽和 AGP 插槽以及满足专业显卡的 AGP PRO 插槽。现在 ISA 和 AGD 插槽已经淘汰,市场上的 3D 图形卡都采用新型的 PCI-E 接口。

显卡的工作过程是当接收到 CPU 发出的图形处理信号后,显示芯片即进行图形数据运算,处理好后送入显存存储,然后由显存数模转换器将显示芯片处理好的数字信号转换成显示器能够接收的模拟视频信号,最后由显示器输出。

2. 声音适配器

声音适配器也是 MPC 上的基本配置,又称声卡,是实现声波和数字信号相互转换的硬件。通常声卡是插入主板的扩展插槽中,再通过声卡上的插口和接口与音箱、话筒、CD-ROM、MIDI 接口连接,完成对声音信息的数字化处理。但现在也有很多声卡是集成在计算机主板上。声卡的作用是对声音信号进行采集、编辑、压缩、解压、回放等处理,其主要功能包括:支持录音设备对声音录制采集和编辑处理;可对声音信号进行模数转换和数模转换;能够对数字化声音信号进行压缩和解压,以便信号存储和还原;能够进行语音合成和识别;能进行声音播放和控制;提供 MIDI 音乐合成功能等。声卡通过外接插口与外围设备连接,实现录音和放音等功能。

3. 音箱

音箱是多媒体计算机的外围设备,其作用就是把声卡输出的音频信号转换为声音波形进行播放。音箱分为有源音箱与无源音箱两种,有源音箱是指在音箱内部装有自配功放的一类音箱,无源音箱是不带功放的一类音箱。音箱的质量直接影响声音播放的效果。

除了以上基本配置外,在多媒体计算机中,还会用到一些其他设备,主要有:

1. 视频卡

视频卡可分为视频采集卡、视频压缩卡、视频播放卡以及 TV 编码器等专用卡,是多媒体计算机中用于视频信息处理的硬件设备。它与影碟机、摄像机、录像机、电视机等设备连接,对这些设备输出的音视频信息进行捕捉,将模拟信号转为数字信号存储,经过编辑、特技处理等加工过程,再转化为模拟信号输出,从而得到赏心悦目的影视作品。视频卡种类很多,按其功能主要有以下几种:

(1) 视频采集卡

视频采集卡也称视频捕捉卡,用于采集视频信号,它将录像带、影碟中的视频影像采样后进行数字化处理,以数字视频文件的形式存入计算机中,也可将摄像机拍摄的影像实时输入计算机中进行编辑。现在,许多型号的采集卡同时还具备了压缩功能。

(2) 视频压缩卡

视频压缩卡也称 MPEG 卡,由于视频信号的数据量很大,直接进行传输比较困难,因此,视频压缩卡按照 MPEG 标准(视频压缩编码标准)对视频信号进行压缩和解压处理。

(3) 视频输出卡

经过计算机处理后的视频信息由于信号格式的原因,不能直接在电视机等播放设备上收看,因此需要用视频输出卡将计算机显卡输出的 VGA 信号转换成标准的视频信号,并符合电视标准的制式后才能在电视机上播放。

2. 打印机

按照打印机的工作原理,可将打印机分为击打式和非击打式两大类。击打式打印机主要有针式打印机;非击打式打印机主要有喷墨打印机和激光打印机。图 10-9 所示为各种打印机。

(1) 针式打印机

针式打印机在打印机历史的很长一段时间上曾经占有着重要的地位,从 9 针到 24 针,

（a）针式打印机

（b）彩色喷墨打印机

（c）激光打印机

图 10-9

可以说针式打印机的历史贯穿了几十年。针式打印机之所以能在之前很长的一段时间内能经久不衰,这与它极低的打印成本和很好的易用性以及单据打印的特殊用途是分不开的。当然,它很低的打印质量、很大的工作噪声也是它无法适应高质量、高速度的商用打印需要的症结,所以现在只有在银行、超市等用于票单打印的很少地方才可以看见它的踪影。

（2）彩色喷墨打印机

彩色喷墨打印机因为有着良好的打印效果与较低价位的优点而占领了广大中低端市场。此外喷墨打印机还具有更为灵活的纸张处理能力,在打印介质的选择上,喷墨打印机也具有一定的优势,既可以打印信封、信纸等普通介质,还可以打印各种胶片、照片纸、光盘封面、卷纸、T 恤转印纸等特殊介质。

（3）激光打印机

激光打印机则是近年来高科技发展的一种新产物,它已经取代喷墨打印机成为了现在最流行的一种机型,分为黑白和彩色两种,它为我们提供了更高质量、更快速度、更低成本的打印方式。其中低端黑白激光打印机的价格目前已经降到了百元级别,达到了普通用户可以接受的水平。它的打印原理是利用光栅图像处理器产生要打印页面的位图,然后将其转换为电信号等一系列的脉冲送往激光发射器,在这一系列脉冲的控制下,激光被有规律地放出。与此同时,反射光束被接收的感光鼓所感光。激光发射时就产生一个点,激光不发射时就是空白,这样就在接收器上印出一行点来。然后接收器转动一小段固定的距离继续重复上述操作。当纸张经过感光鼓时,鼓上的着色剂就会转移到纸上,印成了页面的位图。最后当纸张经过一对加热辊后,着色剂被加热熔化,固定在了纸上,就完成打印的全过程,整个过程准确而且高效。

3. 扫描仪

扫描仪是一种光电一体化的计算机输入设备,用于静态图像采集,它可以将图片、照片、胶片、文稿等资料扫描到计算机中,以数字化的格式存储。

扫描仪的主要结构包含光电成像转换部分和机械传送部分,其中最核心的是光电成像部分。工作时精密机械传动部分带动特制的光学镜头,逐点逐行对图片进行扫描。光学镜头将图片的影像成像在电荷耦合器件 CCD 阵列上,CCD 将光信号转换成电信号,然后对这些电信号进行 A/D 转换及处理,产生相应的数字信号送往计算机。当机械传动机构带动装有光学镜头和 CCD 的扫描头在控制电路的控制下在图稿上全部扫描一遍,一幅完整的图像便输入计算机中。扫描仪有多种类型,按其工作方式分为平面式扫描仪、手持式扫描仪、滚筒式扫描仪和胶片扫描仪这几类。

（1）平面式扫描仪

平面式扫描仪是使用最广泛的一种类型,它的扫描幅面一般为 A4 或是 A3,其外观如

图 10-10　平面扫描仪

图 10-10 所示。这种扫描仪速度较快、价格适中、操作方便，深受欢迎。

（2）手持式扫描仪

手持式扫描仪诞生于 1987 年，是使用比较早的扫描仪品种，外形与现在商场中使用的条形码扫描仪很相似，其最大扫描宽度为 105 mm，用手推动完成扫描工作，也有个别产品采用电动方式在纸面上移动，称为自动式扫描仪。手持式扫描仪目前已退出市场。

（3）胶片扫描仪

胶片扫描仪又称底片扫描仪或接触式扫描仪，用于扫描各种透明胶片，市场上的胶片扫描仪大体分为两种，工业用激光胶片扫描仪和医用胶片扫描仪。

（4）滚筒式扫描仪

滚筒式扫描仪是较为专业的扫描仪，有很高的分辨率和极好的色彩效果，一般用于印刷行业，在多媒体制作中常用于大型广告等要求较高的作品。

扫描仪的性能直接影响图片扫描质量，其主要性能指标有：

· 扫描分辨率

扫描分辨率是衡量扫描仪性能的主要指标，以每英寸多少像素点（dpi）表示。分辨率越高，扫描的图像越清晰。

· 色彩深度

色彩深度也常称为扫描色彩精度。扫描仪将原图上每个像素的色彩用 R（红）、G（绿）、B（蓝）3 种基色表示，每个基色又分若干灰度级别，然后以数字形式表达这些信息，这就是色彩深度。通常每个像素点上的颜色用若干位二进制数据位数（bit）表示，如色彩深度 24 bit，表示每个像素的颜色用 24 位二进制数表示。数值越大，色彩深度越高，灰度级别就越多，图像色彩就越丰富多彩。

· 扫描速度

扫描速度是衡量扫描仪工作效率的重要指标，在不影响扫描图像精度质量的前提下，扫描速度越高越好。扫描速度通常用指定分辨率和扫描图像尺寸的条件下所用的扫描时间来表示。扫描速度与扫描分辨率、图像的色彩模式及扫描幅面的大小有关，当扫描分辨率较低、图像颜色少，扫描幅面小时，扫描速度就越快。

· 扫描幅面

扫描幅面是指扫描仪能够扫描图像的最大面积尺寸，常见的有 A4、A3、A1、A0 等幅面。

4. 数码照相机

数码照相机是 20 世纪 90 年代后期迅速流行起来的一种新型照相机。数码照相机在影像拍摄方面和外形上与普通相机大致相同，如图 10-11 所示。它可以拍摄各类静止画面，也可以拍摄一段短时间的动态影像。

数码照相机与传统照相机在影像摄取的光学系统方面非常类似，都是用光学镜头将拍摄的影像在像面上成像。但

图 10-11　数码相机

多媒体技术基础

是,在影像记录方面它们却有着本质的不同,传统照相机是通过胶片上的光敏介质碘化银感光成像并将影像记录在感光胶片上,而数码照相机则利用电荷耦合器件 CCD 或互补金属氧化物半导体 CMOS 作为感光元件,在拍摄时,光学镜头使被摄对象成像在 CCD 或 CMOS 芯片上,光照射引起内部电荷重新排列,从而将光信号转变为电信号,由 A/D 转换器将模拟电信号转换为数字信号,再经专用芯片将这些数字信号加以压缩,以压缩的数字信号形式(图像格式文件如 JPEG)记录在存储器或存储卡上。传统照相机记录在感光胶片上的影像是不可更改和删除的,拍摄的感光胶片必须经过复杂的冲印过程才能成为供观赏和使用的照片。而数码照相机可以利用自身的 LCD 液晶显示器即时查看拍摄效果,不满意可以立即删除重拍,其存储卡可以重复使用。记录的图片信息可通过数据接口直接传输到计算机中存储、显示、打印。

数码照相机拍摄的影像信息是记录在数码存储卡中的,有内置式存储器和可插入式存储卡两种。内置式存储器固化在相机中,存储容量有限,存满后需转入计算机中将其存储空间释放后才能再存;可插入式储卡需插入相机中使用,存满后可换卡。目前可插入式数码存储卡有记忆棒(Memory Stick)、SD 卡(MiniSD Card 和 SD Card)、MMC 卡(MultiMedia Card)、SM 卡(Smart Media)、XD 卡(XD Picture Card)、CF 卡(CompactFlash Standard)等。

数码照相机的拍摄操作与传统照相机非常相似,拍摄好的数字照片可以直接转入计算机中处理,减少了传统照片洗印、扫描才能进入计算机中使用的环节,使图片的数字化处理更为方便。数码照相机已成为重要的计算机外围设备。

数码照相机的质量取决于其性能指标,主要的性能指标有:

• 分辨率

与显示器、扫描仪一样,数码照相机最重要的性能指标是分辨率,又称解析度。数码照相机的分辨率一般以拍摄的图像有多少像素点表示,像素点越多,成像质量越高,输出打印的照片幅面可以更大些。同时,像素点越多,所需的存储空间越大,相配套的存储卡也需更大。数码照相机的分辨率由电荷耦合器件 CCD 或 CMOS 芯片的大小和质量决定,所以,对应的指标是传感器的大小和类型。

• 色彩深度

和扫描仪一样,色彩深度也称色彩位数,是描述数码照相机色彩分辨能力的技术指标,也是用二进制位数表示,位数越高,其色彩还原越细腻。24 位的色彩深度其色彩显示已很漂亮。

• 存储容量

存储容量是反映数码照相机存储能力的指标,主要指内置存储器的存储容量。一般以字节单位表示。字节数越多其存储容量越大,能够保存的信息量就越大。

• 输出接口

输出接口是指与计算机连接的接口,现在大多数数码照相机都采用 USB 口与计算机相连。还有的用 IEEE1394 接口,使数据传输速度更快。与传统照相机一样,数码照相机还有其他重要的光学和机械性能指标,如光圈、焦距、快门速度、最小拍摄距离、曝光形式、感光度设定等。

5. 数码摄像机（DV）

数码摄像机用于拍摄连续的活动影像,是多媒体计算机的视频输入设备,如图 10-12 所示。与传统摄像机不同,数码摄像机记录的是数字视频影像,是在传统摄像机的基础上将模拟信号记录方式转变为数字信息记录。它与数码照相机的静止图像不一样,数码摄像机记录的是运动图像和同步声音。由于运动图像是由静止图像连续播放形成的,以每秒若干帧的连续画面闪现而成,所以数码摄像机除了与数码照相机一样的基本光学、机械系统、成像面上的 CCD 芯片以外,还必须具有高速连续拍摄以及与之相适应的感光度适应能力和快速的

图 10-12　数码摄像机

数据压缩能力。记录介质主要是 DV 录像带。现在的数码摄像机一般也能拍摄照片,并用记忆棒存储。

数码摄像机的主要性能指标有:

- 分辨率与帧频

与数码照相机一样,最重要的性能指标是分辨率,不同的是数码摄像机的分辨率应与当前的显示设备相适应。而每秒拍摄的图像帧数(帧频)是数码摄像机的特有参数。为适应电视制式,一般有 720×576 像素 25 帧/秒(PAL)、720×480 像素 30 帧秒(NTSC)等不同指标。

- 色彩深度

和数码照相机一样,是描述数码摄像机色彩分辨能力的技术指标,只是具体的色彩记录方式不同。数码照相机和扫描仪用 R (红)、G(绿)、B(蓝)3 种基色表示,数码摄像机用亮度信号和红/蓝色差信号记录。

- 码率

数码摄像机拍摄后一般会将影像资料传输到计算机或电视机,由于影像资料的数据量很大,所以必须对其数据传输速率提出要求,以每秒传输数据量表示,如 25 Mbit/s 等。

- 音频质量

当前的数码摄像机同步录音质量能达到或超过 CD 的质量。

6. 摄像头

摄像头是一种视频信息的捕捉设备,被广泛用于视频会议、视频聊天、视频电话、远程医疗和实时监控系统。摄像头有两种:一种是数字摄像头,又称为网络摄像头或计算机摄像头;另一种是模拟摄像头。数字摄像头是数字视频输入设备,可与计算机直接配合使用,模拟摄像头则必须经过 A/D 转换,将模拟信号转化为数字信号,这样计算机才能识别,通常 A/D 转换由视频采集卡完成。

数字摄像头是一种新型的多媒体外围设备和网络设备,数字摄像头也是用 CCD 或 CMOS 作为感光元件,将镜头捕捉到的光信号转换为电信号,再由 A/D 转换器转换为数字信号输入计算机中进行处理。

摄像头的性能取决于以下主要器件和一些重要指标:

- 摄像器件

数码摄像头的核心器件是 CCD 感光电子元件,它具有成像效果好、灵敏度高,抗震动,

体积小等优点,但其价格也相对比较高,且耗能大。另外一种新型的感光器件 CMOS,具有价格低、反应快、耗能低等特点,但它对光源要求较高。现在先进的影像控制技术使 CMOS 与 CCD 之间的差距越来越小,在数码摄像头的实际应用中,CCD 和 CMOS 可以说是势均力敌。

- 像素分辨率

像素分辨率是衡量数码摄像头质量的重要指标,早期摄像头的像素值一般在 10 万像素左右,成像后的分辨率为 352×288 像素。图像质量很低,已逐渐淘汰。现在主流产品的像素值一般均在百万像素以上。像素值越高的产品解析图像的能力也就越强。但是,像素高,包含的数据量就大,传输就越慢,这将不利于网上信息的交流,所以对于摄像头来说,并不是像素越高越好。

- 颜色深度

与数码照相机的颜色深度含义相同,大多数数字摄像头的颜色深度为 24 位。

- 接口

接口是摄像头与计算机间的连接电路,现广泛使用的是 USB 接口。USB 接口使摄像头安装比较方便,即插即用,更主要的是 USB 数据传输速度高,能够较好地完成影像文件大量数据传输的工作,使计算机接收数据更迅速,动态影像的播映效果更平稳、流畅。

- 视频捕获速度

视频捕获速度是摄像头在一定时间内获取动态图像的帧数,一般以帧/秒为单位,也称为帧速。该数值越大,摄像头的捕获能力就越强,视频播放就越流畅。较好的摄像头的帧速在 30 帧/秒左右。如果帧速太低,影像播放会出现跳帧现象。除此之外,摄像头的镜头焦距、视角范围等都是要重视的指标。随着摄像头技术的成熟和不断提高,网络应用的迅速普及,摄像头的应用越来越广泛。

7. 触摸屏

触控屏又称触控面板,是一个可接收触头等输入信号的感应式液晶显示装置。当接触了屏幕上的图形按钮时,屏幕上的触觉反馈系统可根据预先的编程驱动各种连结装置,可用于取代机械式的按钮面板,并借助液晶显示画面制造出生动的影音效果。触摸屏是目前最简单、方便、自然的一种人机交互方式。它赋予了多媒体以崭新的面貌,是极富吸引力的全新多媒体交互设备。触摸屏在我国的应用范围非常广阔,主要是公共信息的查询,如电信、税务、银行、电力等部门的业务查询;城市街头的信息查询。此外应用于领导办公、工业控制、军事指挥、电子游戏、点歌点菜、多媒体教学、商品销售等,将来触摸屏还要走入普通家庭。

10.3.2 多媒体计算机软件系统

硬件是多媒体系统的基础,软件是多媒体信息的支撑平台,它们必须协同工作,才能表现出多媒体系统的巨大魅力。多媒体系统的软件主要包括各种驱动程序、多媒体操作系统、多媒体信息采集处理软件、多媒体创作工具和多媒体应用软件。

1. 各种驱动程序

由于多媒体系统所要表现的信息是复杂的,这就要求硬件系统要按不同的需要加配各种内置板卡和外围设备,而这些加配硬件设备的驱动、管理和控制就必须由相应的驱动程序来完成。驱动程序就是直接管理和控制多媒体硬件的,它们完成对硬件设备的启动、初始化和停止的控制,可以进行基于硬件的压缩和解压操作,能够负责图像或其他媒体的各种变换及功能调用等。驱动程序一般由硬件生产厂家提供,随硬件一起捆绑销售。当硬件与计算机连接好后,在主机上插入光盘或软盘安装好驱动程序,硬件即可正常工作。现在很多计算机使用的是 Windows 10 操作系统,它对大部分常用硬件都有很好的支持功能,多数硬件都能够即插即用,这给广大用户提供了极大的方便。

2. 多媒体操作系统

操作系统是计算机必须配置的系统软件,它管理和控制着计算机系统的所有软硬件资源。多媒体操作系统是指除具有一般操作系统的功能外,还具有多媒体底层扩充模块,支持高层多媒体信息的采集、编辑、播放和传输等处理功能的系统。

多媒体操作系统通常支持对多媒体声像及其他多媒体信息的控制和实时处理,支持多媒体的输入/输出及相应的软件接口,对多媒体数据和多媒体设备的管理和控制以及图形用户界面管理等功能。也就是说,它能够像一般操作系统处理文字、图形、文件那样去处理音频、图像、视频等多媒体信息,并能够对各种多媒体设备进行控制和管理。当前主流的操作系统都具备多媒体功能,如 Microsoft 公司的 Windows 系列、美国苹果公司的 Mac 操作系统等。

3. 多媒体应用软件

多媒体应用软件是提供给用户直接使用的多媒体作品软件,是用多媒体开发工具将文本、图形、图像、声音、视频影像、动画等媒体信息编辑集成后,封装打包,使之能脱离原开发制作环境而独立运行的多媒体应用软件,如各种多媒体电子出版物、教学课件、多媒体演示系统、咨询服务系统等。用户只需按开发者提供的使用说明,安装或操作软件即可获取所需信息。

10.3.3　多媒体系统的关键技术

多媒体系统利用计算机技术和数字通信技术等处理和控制多媒体信息,多媒体开发研究的目标是将多种计算机软硬件技术、数字化声像技术和高速通信网络技术综合应用,实现对多种媒体信息获取、加工、处理、传输、存储和表现。它涉及计算机技术、数字化处理技术、音视频技术、网络通信技术等多学科的综合应用技术。在这些跨学科的高新技术中,关键性技术有以下几种:

1. 多媒体压缩和解压缩技术

在多媒体计算机上运行的多媒体信息要求能够快速实时地传输处理,用传统的模拟信号方式是无法实现的。模拟方式的多媒体信息在复制、传输的过程中容易丢失,产生的噪声和误差很大,更主要的是,根本不可能在数字计算机中加工和处理。数字多媒体技术的发展,突破了传统的信息模拟化表现方式,多媒体信息采集、存储、处理、显示普遍应用了新的数字化技术,即用数字的形式来记录和表现各种媒体形式。尽管这样,由于含有文本、图形、图像、音频信息、视频影像等多种媒体类型,所占有的数据量仍然相当大,特别是音视频信息,其数据量非常惊人。这样庞大的数据量,对多媒体信息的处理、存储和传输是难以实现的,而目前高速网络的通信信道速率也是不允许的。要处理、传输、存储多媒体信息,必须对信息进行压缩,所以数据的压缩和编码技术就成为多媒体系统的关键问题。

多媒体技术基础

进行数据压缩,前提条件是多媒体系统的原始信息中存在大量的数据冗余现象。数据压缩是指按照一定的算法,将冗余的数据转换成一种相对节省空间的数据表达格式,便于信息的保存和传输,压缩后的信息必须通过解压缩才能恢复。所以,数据的压缩处理实际包括数据的压缩和解压过程,压缩是编码过程,解压是解码过程。数据压缩的方法很多,一般分为两大类:一类是无损压缩,即压缩中数据不损失,解压时数据能够完全还原;另一类是有损压缩,允许有一定的失真度。进行数据压缩,压缩比是一个关键的指标,它是指压缩前后数据量的比值,在不引起失真的情况下,其比值较大为好。另外,压缩过程中所用的算法要简单,压缩和解压速度要快,数据还原时恢复效果要好,这些是压缩处理中需要注意的问题。

多媒体信息压缩须遵循一定的标准,目前有 3 种压缩编码标准是国际流行通用的:一是静止图像压缩编码标准(JPEG),是由 ISO (国际标准化组织)和 CCITT (国际电报电话咨询委员会)共同制定,是针对静止图像压缩的标准;二是动态图像压缩编码标准(MPEG),该标准解决了视频压缩问题和视频与伴音同步的问题;三是视听通信编码标准(H.261),该标准适用于可视电话和电视会议,具有实时处理能力。

2. 多媒体存储技术

多媒体音频、视频、图像等信息虽经过压缩处理,仍需相当大的存储空间,传统的磁盘、磁带等存储介质已不能满足多媒体信息存储的需要。显然,多媒体存储技术是多媒体技术发展和应用的关键。光盘存储器解决了多媒体信息存储空间的问题,因为光盘具有存储容量大、读写速度快、保存时间长、价格便宜等优点。随着电子技术和计算机网络的飞速发展,移动硬盘、U 盘、网盘又成为了目前存储设备的主流。

随着数字化进程的加速,更多新型存储媒体和存储技术正在不断涌现,超高密度、超大容量、超高速度的存储介质正成为各大研究机构攻克的堡垒。超级光盘技术、全息光存储、近场光存储、荧光多层存储等下一代超高密度存储技术,为未来的信息保存描绘了光明灿烂的前景。蓝光盘、活动式的激光驱动器、磁盘阵列等也将在今后的存储天地中一展风采。网络存储、虚拟存储、智能存储等全新的存储方式已在逐渐走向成熟。

3. 多媒体数据库技术

多媒体数据库技术用于管理多媒体数据库,它是多媒体技术与数据库相结合的产物。与传统数据库相比,多媒体数据库中处理的数据发生了较大变化,数据对象不再只是单一的字符、数值,出现了图形、图像、声音、视频影像和动画等多样而复杂的多媒体信息。庞大的数据量和复杂的数据类型,对数据库管理系统的数据组织、控制管理提出了新的要求。

多媒体数据库要在较短的时间内完成多媒体信息的检索、替换、增删、存储和传输,从功能要求和体系结构上都与传统的数据库有较大的差别,主要表现在以下几方面:多媒体数据库体系结构更复杂、多媒体数据库的管理难度更大、基于内容的非精确匹配的数据库查询方式难实现。

目前,多媒体数据库的研究还处于不断发展的过程中,许多的理论和技术还需要研究和探索。随着技术的进步,多媒体数据库的技术和应用将逐渐完善和成熟。

4. 多媒体网络通信技术

多媒体网络通信技术的广泛应用对人类社会产生了重大影响。它是多媒体技术、网络技术和现代通信技术的有机结合,使计算机交互性、网络的分布性和多媒体信息的综合性融为一体。为我们提供了全新的信息服务方式,如多媒体电子邮件、实时视频会议、计算机支持的协同工作,远程教育和远程医疗等。

多媒体网络通信涉及众多的技术领域。要通过通信网络传输多媒体信息,让大流量的连续媒体在网上实时传输,要求网络带宽及包交换协议必须适应,同时对于多媒体技术本身的数据压缩、各媒体间的时空同步等技术也提出了更高的要求。多媒体网络的带宽、信息交换方式以及高层协议,都将直接影响传输及服务的质量。因此,多媒体通信网络要求具有足够的带宽,必须满足多媒体通信的实时性和可靠性要求,还要保证媒体间同步传送的需要。如宽带综合业务数字网,其传输介质采用同步光纤网,信息交换方式采用异步传输模式。数据传输速率可达到 2.4 Gbit/s,在其上可以传输高保真的立体声,普通和高清晰度的视频,是多媒体通信的理想环境。

实现多媒体数据的远程传送,通信系统必须提供有力的支撑。现在,多媒体通信技术的发展已打破了传统通信单一媒体、单一电信业务的通信系统格局,从语音处理为主转向多种媒体形式,能实现实时快速传输功能的信息高速公路为人们提供了人性化的交流环境。多媒体通信是综合性技术,它要求系统必须同时兼有集成性、交互性、同步性特征,解决多媒体数据压缩、通信带宽及高速可靠传送、信息实时同步等关键性技术问题。

5. 多媒体同步技术

同步是指在多媒体终端上显现的视频画面、声音和文字均以同步方式工作。当几种媒体被集成后,它们构成了一个整体,在进行还原回放时,必须同步。如视频信息播放时,伴音应与口形相吻合,演播幻灯片时解说词与正在显示的内容相对应等。同步是多媒体系统中的一个关键性问题,特别是在远程通信中,多媒体同步技术显得更为重要。因为传输的多媒体信息在时空上都是相互约束、相互关联的,多媒体通信系统必须正确反映它们之间的约束关系,同步技术与系统中的许多因素有关,如通信系统、操作系统、数据库、文件及应用形式等。因此,多媒体系统中同步应在不同的层面上考虑。

6. 虚拟现实技术

虚拟现实技术是多媒体技术发展的更高层次,是一项综合集成技术,涉及计算机图形学、仿真技术、传感技术、网络技术、人工智能等领域。虚拟现实技术的本质就是通过计算机对外界客观物理现实进行模拟和仿真,利用三维图形生成技术、多传感交互技术以及高分辨显示技术,生成三维逼真的虚拟环境,为人们构造一个虚幻世界。让人们不受时空的限制,置身于一个虚拟环境中,去感受和体验已经过去或未来还没有发生的各种事件,观察和研究各种假设条件下事物发生和发展的过程,为人们更进一步认识和探索宏观与微观世界提供了全新的方法和手段。虚拟与现实技术所模拟的三维仿真环境,能够给人以身临其境般的真实感受,能够让人置身于其中去共同参与。使用者戴上特殊的头盔、数据手套等传感设备,或利用键盘、鼠标等输入设备,便可进入虚拟空间,成为虚拟环境的一员,进行实时交互,感知和操作虚拟世界中的各种对象,从而获得真实的感受和体会。目前,虚拟现实技术已广泛应用于航空航天、医学实习、建筑设计、军事训练、体育训练、娱乐游戏等许多领域。

虚拟现实涉及多学科、多领域的技术应用,其中比较关键的技术有大规模数据场景建模技术、动态实时的立体听觉、视觉生成技术、三维定位、方向跟踪、触觉反馈等传感技术和设备、交互技术及系统集成技术等。

多媒体技术基础

10.4　多媒体技术相关软件

多媒体作品制作过程中,多媒体处理对象是一些多媒体素材。制作和处理这些素材,需要相应的工具软件,这些工具软件称为素材制作软件。素材制作软件是一个大家族,能够制作素材的软件很多,分别有文字编辑软件、图像处理软件、动画制作软件、音频处理软件、视频处理软件等。由于素材制作软件各自的局限性,因此,在制作和处理稍微复杂一些的素材时,往往使用几个软件一起来完成。

10.4.1　多媒体素材处理软件

多媒体作品中大都包含文本、图形、图像、音频、视频影像、动画等多种媒体素材。多媒体创作的前期工作就是要进行各种媒体素材的采集、设计、制作、加工和处理,完成素材的准备。

这些工作需要使用众多的素材采集制作软件。不同的媒体,用到的软件工具也不同。

1. 文本素材制作工具

文字素材一般用文字处理软件输入编辑后获得,常用的文字编辑软件有微软公司Office 系列的 Word、金山公司的 WPS、Windows 系统自带的写字板、记事本等。其中,Word 的应用最为广泛,它具有强大的文字编辑排版、图文混排、表格制作功能,可以完成普通及特殊文档的排版要求。除了录入处理外,还可以用 OCR (光学字符识别)软件对含文字的图片资料进行文字识别并转换成文本素材资料,另外,手写输入、语音输入也是文字素材获取的重要手段。

2. 图形图像素材工具.

图像处理软件是用于处理图像信息的各种应用软件的总称。图像处理软件的主要作用是对构成图像的数字进行运算、处理和重新编码,以此形成新的数字组合和描述,从而改变图像的视觉效果。实现图像处理功能的软件很多,从专业级软件到流行的家用软件、"傻瓜"软件等。就其功能而言,软件各具特色。例如,专业级软件有 Adobe Photoshop,应用型软件有 ACDSee,还有国内很实用的大众型软件如光影魔术手、彩影、美图看看、美图秀秀等。

在多媒体作品开发过程中,图像处理软件主要实现图像浏览、图像获取、加工处理图像和图像文件格式转换等功能。下面介绍几款常用的图像处理软件。

(1) Adobe Photoshop

Photoshop 是 Adobe 公司旗下最为出名的图像处理软件之一,提供最专业的图像编辑与处理功能。通过直观的用户体验、更大的编辑自由度以及大幅提高的工作效率,可更轻松地使用其无与伦比的强大功能。

(2) 美图看看和美图秀秀

美图看看是目前最小最快的万能看图软件,完美兼容所有主流图片格式,拥有简洁干净的界面,用户好评度极高。美图看看采用自主研发的图像引擎,专门针对数码照片优化,使大图片的浏览性能全面提升。

美图秀秀是一款很好用的免费图片处理软件,简单易用。独有的图片特效、美容、拼图、场景、边框、饰品等功能,加上每天更新的精选素材,可以很快做出影楼级的图片,还能一键分享到新浪微博等。继 PC 版之后,美图秀秀又推出了 iPhone 版、Android 版、iPad 版及网页版。

（3）ACDSee

ACDSee 是目前流行的数字图像处理软件,广泛应用于图片的获取、管理、浏览、优化、分享等领域,基本上成为多媒体开发人员必备的软件。使用 ACDSee 可以从数码照相机和扫描仪高效获取图片,进行便捷的查找、组织和预览,并且可以进行图像的加工处理。

3. 音频处理软件

音频处理软件的作用是把声音数字化,并对其进行编辑加工与合成,制作出用户需要的声音效果,以及保存声音文件等。

音频处理软件主要包括音频数字化转换软件和音频编辑软件。

音频数字化转换软件用于声音转换成数字化音频数据,使计算机能够处理声音。具有代表性的软件是 EasyCD-DAExtractor,该软件用于把音乐光盘中的音轨批量转换成 MP3、WAV 格式的数字化音频文件。

音频编辑软件可对数字化声音进行剪辑、编辑、合成和处理,还可对声音进行声道模式变换、频率范围调整、生成各种特殊效果、采样频率变换、文件格式转换等。下面介绍几款常用的音频处理软件。

（1）GoldWave Editor

GoldWave Editor 是一款集声音编辑、播放、录制和转换的音频工具,体积小巧,功能却不弱。可打开的音频文件很多,包括 WAV、OGG、VOC、IFF、AIF、AFC、AU、SND、MP3、MAT、DWD、SMP、VOX、SDS、AVI、MOV、APE 等音频文件格式,也可以从 CD/VCD/DVD 或其他视频文件中提取声音。内含丰富的音频处理特效,从一般特效如多普勒、回声、混响、降噪到高级的公式计算（利用公式在理论上可以产生任何你想要的声音）,效果非常多。

（2）Windows 自带的"录音机"程序

Windows 系统在其附件中都带有一个叫"录音机"的小程序,它不但可以播放、录制 WAV 格式的音频文件,还可以对 WAV 文件进行音量的增大和减小、对音频加速或减速、添加回音、进行反转等处理。另外,还可以对多个 WAV 文件进行合并,将两个 WAV 文件进行混合等。

（3）Adobe Audition

Adobe Audition 是一款专业的音频编辑软件,提供音频混合、编辑、控制和效果处理功能。它支持 128 条音轨、多种音频特效和多种音频格式,可以很方便地对音频文件进行修改和合并。使用它,可以轻松创建音乐,制作广播短片。

Audition 专为在照相室、广播设备和后期制作设备方面工作的音频和视频专业人员设计,可提供先进的音频混合、编辑、控制和效果处理功能。最多混合 128 个声道,可编辑单个音频文件,创建回路并可使用 45 种以上的数字信号处理效果。Audition 是一个完善的多声道录音室,可提供灵活的工作流程并且使用简便。无论是要录制音乐、无线电广播,还是为录像配音,Audition 中恰到好处的工具均可满足,它是 CoolEditPro2.1 的更新版和增强版。

4. 视频处理软件

视频和动画没有本质的区别,两者的表现内容和使用场合稍有不同。视频来源于数字

多媒体技术基础

摄像机、数字化的模拟摄像资料、视频题材库等，常用于表现真实的场景。普通视频信息的处理通常依靠专用的非线性编辑机进行，对于数字化的视频信息，则需要专门的工具软件来进行编辑和处理。下面介绍几款常用的视频处理软件。

（1）Corel Video Studio

Corel Video Studio（会声会影）是友立公司（Ulead，已被 Corel 公司收购）推出的一款非线性编辑软件，它的可视化操作界面和多变的特效被广大非专业人员应用并且制作出了高水平的视频。虽然功能较 Premiere 单一，但其操作简单、容易上手，是初学者的最佳选择。

（2）Adobe Premiere

Premiere 是 Adobe 公司的一款非常优秀的基于非线性编辑设备的音视频非线性编辑软件，它配合相关硬件被广泛地应用于广告制作、电影剪辑等。在电视台或专业视频处理领域，Premiere 结合专业的视频处理硬件系统可以制作出高水准的视频作品，在普通的计算机上，配合压缩卡或输出卡也可制作出视频作品和 MPEG 压缩影视作品。它的功能十分强大，可以实现如影音素材的转换和压缩、视频/音频捕捉和剪辑、视频编辑等功能，同时又支持丰富的过渡效果和运动效果。

10.4.2 多媒体平台软件

当各种素材制作完成后，需要使用某种软件把它们结合在一起，放在一个平台上，形成一个相互关联的整体，生成操作界面、添加交互控制、数据管理等功能，能够完成这些功能的软件就是所谓的"平台软件"。

平台软件有高级程序设计语言、用于多媒体素材连接的专用软件，还有既能运算、又能处理多媒体素材的综合类软件等。下面介绍几款多媒体平台软件。

1. PowerPoint

PowerPoint 是微软公司 Office 办公系列软件之一。它运行在 Windows 环境中，人们通常把用 PowerPoint 制作的多媒体作品简称 PPT。它主要用于制作幻灯片、演示文稿、电子讲义等，是一款简单易学的多媒体平台设计软件，设计过程无需专业的程序设计思想和手段，但同样可以开发出具有丰富演示效果和良好视觉效果的多媒体产品。因此，PowerPoint 也成为教师制作课件、公司进行产品演示的首选软件。

2. Visual Basic

Visual Basic（VB）是一款由微软公司开发的包含协助开发环境的事件驱动编程语言。VB 拥有图形用户界面（GUI）和快速应用程序开发（RAD）系统，可以轻松地使用 DAO、RDO、ADO 连接数据库，或者轻松地创建 ActiveX 控件。程序员可以轻松使用 VB 提供的组件快速建立一个应用程序。用户使用 VB 可以通过控件这一程序模块完成多媒体素材的连接、调用以及交互性程序的制作。

3. Authorware

Authorware 是著名的多媒体软件公司——Macromedia 公司（现已被 Adobe 公司收购）开发的专业多媒体平台设计制作软件。它设计开发多媒体软件时，基于设计图标和程序流程图，而无须编写大量的代码。Authorware 本身还有大量的系统函数和变量，方便简洁，易学易用，设计出的多媒体软件交互性强，富有较强的表现力。

它是一款有着辉煌历史的多媒体制作软件,但遗憾的是,Adobe 早就停止了 Authorware 的开发计划,而且并没有为 Authorware 提供其他相同产品作替代。

10.5　本章小结

本章简要介绍了多媒体技术的基本概念,包括媒体、多媒体及多媒体技术的定义,讨论了多媒体技术的特点;简要介绍了多媒体技术的应用及发展前景;侧重介绍了多媒体计算机系统的组成,其中包括硬件组成、软件组成和关键技术;最后介绍了多媒体技术相关软件。

习　　题

1. 单项选择题

(1) 以下(　　)不属于国际电信联盟对媒体的分类。

    A. 互动媒体　　　　B. 表示媒体　　　　C. 感觉媒体　　　　D. 存储媒体

(2) 要对声音、图像等多媒体数据进行数字化的根本原因是(　　)。

    A. 数字化的声音、图像质量更好　　　　B. 更节省空间

    C. 更易于网络传输　　　　D. 计算机只能处理二进制数字

(3) 以下(　　)不属于多媒体技术的特点。

    A. 集成性　　　　B. 线性　　　　C. 多样性　　　　D. 交互性

(4) 以下(　　)不属于衡量数据压缩技术性能的重要指标。

    A. 压缩比　　　　B. 算法复杂度　　　　C. 规范化　　　　D. 恢复效果

(5) 以下不属于多媒体输入设备的是(　　)。

    A. 数码相机　　　　B. 扫描仪　　　　C. 打印机　　　　D. 摄像头

2. 填空题

(1) 常用的媒体元素主要包括文本、图形、_____、_____、视频和动画等。

(2) _____技术是一种专门用于网络多媒体信息传播和处理的新技术,该技术能够在网络上实现传播和播放同时进行的实时工作模式。

(3) _____又称显示媒体,是指获取和显示的设备。

(4) 表示媒体是为了加工、处理和传输感觉媒体而人为研究、构造出来的媒体,一般以_____的形式描述。

(5) 一个完整的多媒体计算机系统是由_____和_____两部分构成。

3. 判断题

(1) 多媒体技术是指利用计算机把文本、图形、图像、音频、视频、动画等多种信息一体化,使之建立逻辑连接,集成为一个具有交互性的系统。　　　　　　　　(　　)

(2) 像素分辨率是衡量数码摄像头质量的重要指标之一,所以对于数码摄像头来说,是像素越高越好。　　　　　　　　(　　)

(3) 存储媒体用于传输表示媒体的物理载体,如电话线、电缆、光纤、电磁波等。(　　)

(4) 多媒体系统涉及了计算机技术、数字化处理技术、音视频技术、网络通信技术等多学科的综合应用技术。　　　　　　　　(　　)

（5）多媒体创作的前期工作主要是进行各种媒体素材的采集、设计、制作、加工和处理工作。　　　　　　　　　　　　　　　　　　　　　　　　　　　　　（　　）

4. 简答题

（1）简述多媒体技术的基本特点。

（2）简述多媒体技术的发展前景。

（3）简述多媒体系统的关键技术。

图书资源支持

感谢您一直以来对清华版图书的支持和爱护。为了配合本书的使用,本书提供配套的资源,有需求的读者请扫描下方的"书圈"微信公众号二维码,在图书专区下载,也可以拨打电话或发送电子邮件咨询。

如果您在使用本书的过程中遇到了什么问题,或者有相关图书出版计划,也请您发邮件告诉我们,以便我们更好地为您服务。

我们的联系方式:

地　　址:北京市海淀区双清路学研大厦 A 座 714

邮　　编:100084

电　　话:010-83470236　010-83470237

客服邮箱:2301891038@qq.com

QQ:2301891038(请写明您的单位和姓名)

资源下载:关注公众号"书圈"下载配套资源。

资源下载、样书申请

书圈

获取最新书目

观看课程直播